W0214274

ATLAS DER MENSCHLICHEN ANATOMIE

HERAUSGEBER
Philippe Auzou

REDAKTION
Marion Quentin

ENTWURF UND GESTALTUNG
Alain da Cunha

ZEICHNUNGEN
Dominique Guéveneux

MEDIZINISCHE BERATUNG
Dr. Claude Estève und Dr. Marc Zaffran
für die deutsche Ausgabe: Dr. Eberhard Wormer

ATLAS DER MENSCH

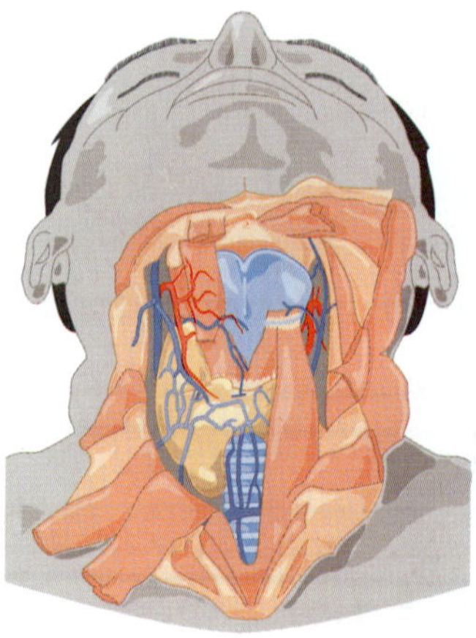

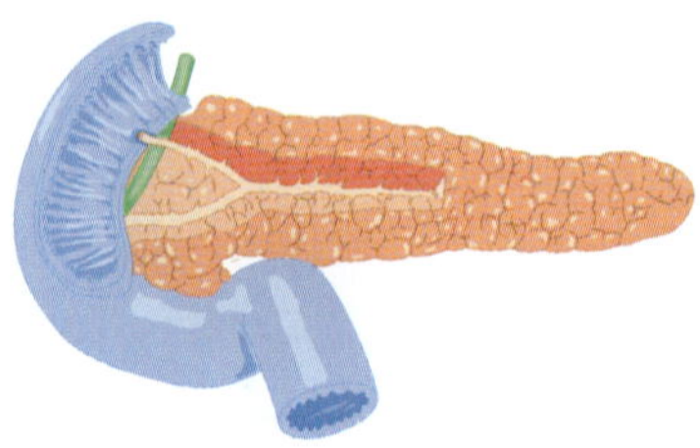

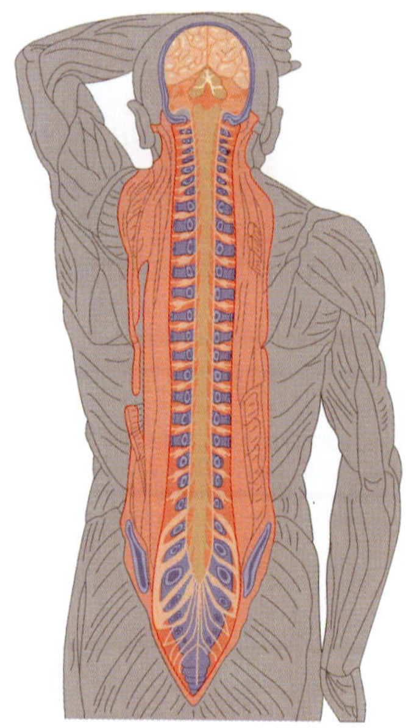

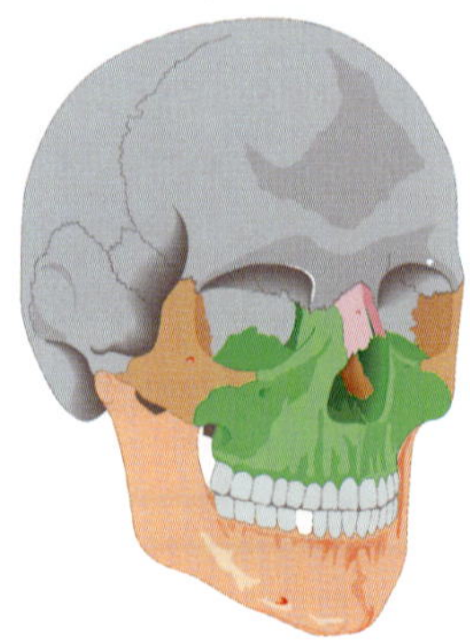

© Éditions Philippe Auzou, Paris, 1997
© Copyright der deutschsprachigen Ausgabe by Gondrom Verlag, Bindlach 1999
Koordination und Produktion der deutschen Ausgabe:
MediaCompactService Schabert
Aus dem Französischen von Susanne Staatsmann
Alle Rechte vorbehalten
ISBN 3-8112-1676-7

LICHEN ANATOMIE

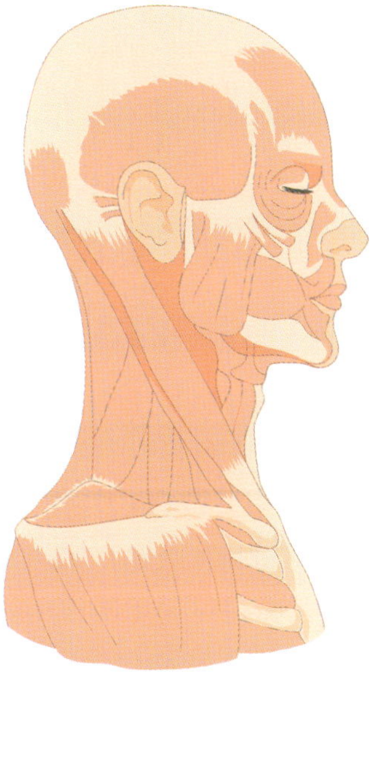
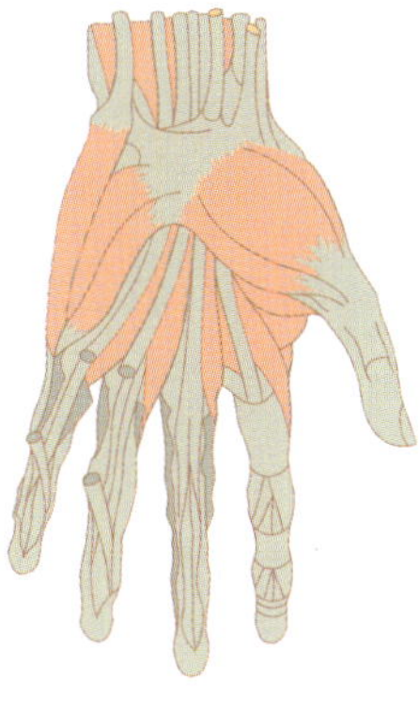
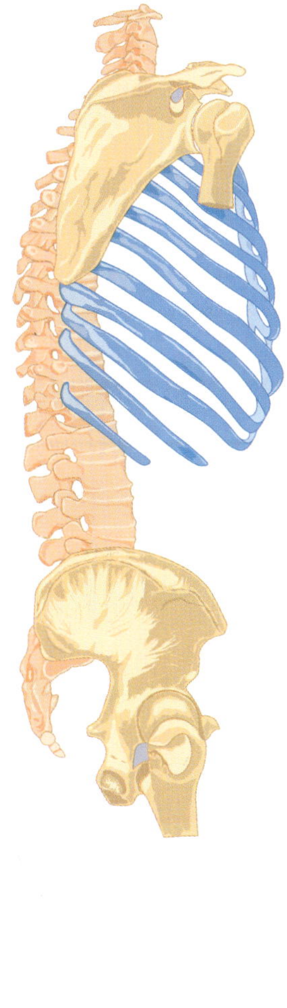
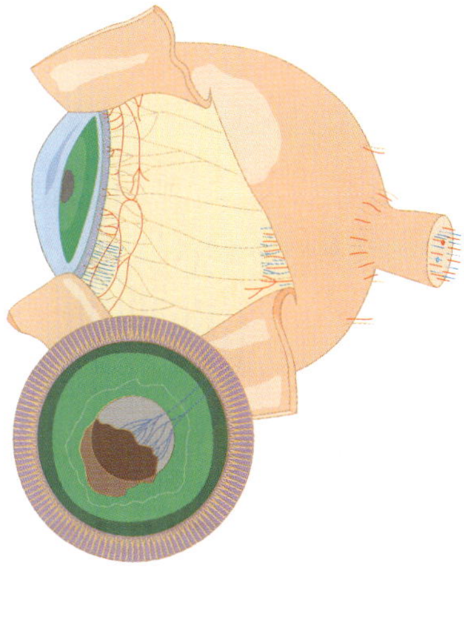

Gondrom

INHALTSVERZEICHNIS

DIE ZELLEN

EINE ZELLE ist eine vollständige lebende Einheit, die nach Einfärbung im Licht- oder Elektronenmikroskop untersucht werden kann. Anatomisch stellt die Zelle einen aus mehreren Bestandteilen zusammengesetzten kleinen Membransack dar.

DIE ZELLEN

Es gibt Zellen mit einem oder mehreren Zellkernen. Der Zellkern besteht aus Nukleoproteinen. Er kann entsprechend der Zellform in kugelförmigen Zellen rundlich oder oval sein, in abgeflachten Zellen scheiben- und in länglichen Zellen stäbchenförmig.

Die Größe des Zellkerns ist nicht zwingend proportional zur Größe der Zelle, und seine Form kann je nach Reifestadium der Zelle unterschiedlich sein. Im Inneren des Zellkerns lassen sich verschiedene Bestandteile unterscheiden. Am wichtigsten sind ein oder mehrere Kernkörperchen (Nucleoli) und das Kerngerüst (Chromatin). In den kugeligen Kernkörperchen werden Reservestoffe gespeichert, die von der Zelle für die Chromosomenproduktion benötigt werden. Das Chromatin erscheint nach Färbung bei feingeweblicher (histologischer) Untersuchung als Klümpchen oder ähnelt einem Fadenknäuel. Chromatin ist die Grundsubstanz der Chromosomen. Das sogenannte Sexchromatin (oder Barr-Körperchen) ist eine fädige Struktur, die dem Kern oder der Innenseite der Kernmembran anhaftet und vor allem bei der Frau vermehrt vorhanden ist: Das weibliche Geschlecht wird durch zwei X-Chromosomen bestimmt.

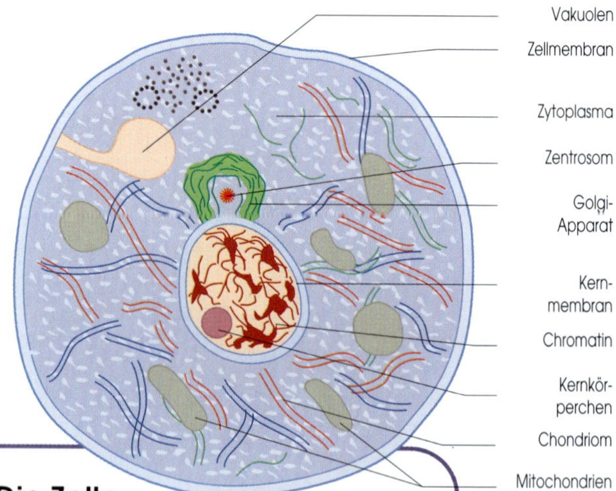

Die Zelle

Die Zelle ist die Grundeinheit lebender Materie, ihre kleinste strukturierte Masse. Bei Säugetieren schwankt die Größe der Zelle zwischen sieben und 40 Mikrometer (ein Mikrometer = ein tausendstel Millimeter). Man geht davon aus, daß der menschliche Körper aus etwa hunderttausend Milliarden Zellen besteht, die je nach der Funktion, die sie im Organismus übernehmen, in verschiedene Gruppen differenziert sind.

Die aus zahlreichen Elementen bestehende Zelle ist die Grundeinheit lebender Materie.

Der Zellkern schwimmt in einer Grundsubstanz (Kernsaft, Karyolymphe), die von einer Kernhülle umgeben ist. In dieser Kernsubstanz befinden sich zwei für das Leben der Zelle essentielle Stoffe: die Desoxyribonukleinsäure (DNS) und die Ribonukleinsäure (RNS). DNS und RNS enthalten die individuelle genetische Information und genetische Informationen, die allen Individuen einer Gattung gemeinsam sind. Diese genetische Kodierung bestimmt die Gestaltung und Funktion des gesamten Körpers.

Der Zellkörper ist mit Zytoplasma angefüllt, in dem sich noch zahlreiche andere Zellbestandteile befinden. Das Zytoplasma

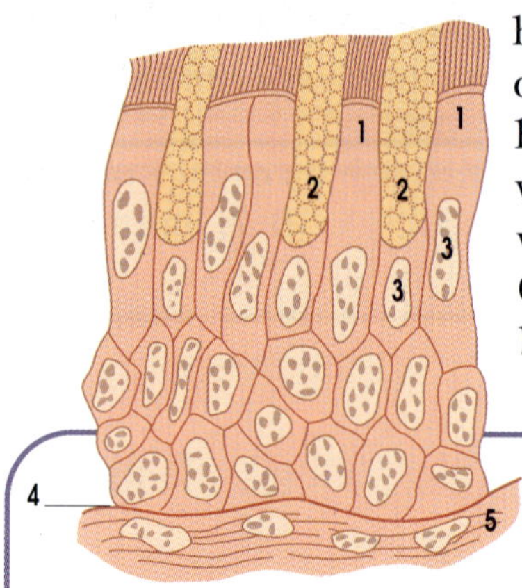

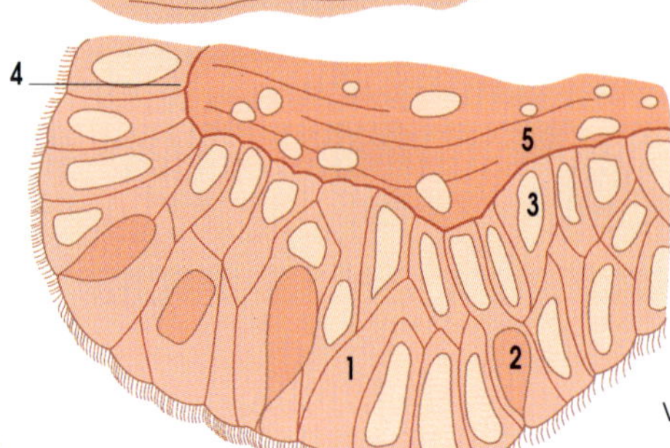

Die Funktion der Zellmembran

Die aus einer dichten und elastischen Substanz bestehende Zellmembran begrenzt das Zytoplasma nach außen und erfüllt vielfältige Aufgaben. Sie gibt der Zelle ihre Form, gewährleistet den Kontakt mit der Umgebung und regelt dank ihrer selektiven Durchlässigkeit (Permeabilität) für Substanzen, die in die Zelle hinein- und aus ihr hinaustransportiert werden, den Stoffaustausch.

Schnitt durch die Zellmembran, die die äußere Grenze des Zytoplasmas darstellt:
1. Epithelzellen mit Flimmerhärchen
2. Schleimhautzellen
3. Zellkerne
4. Basalmembran
5. Bindegewebe

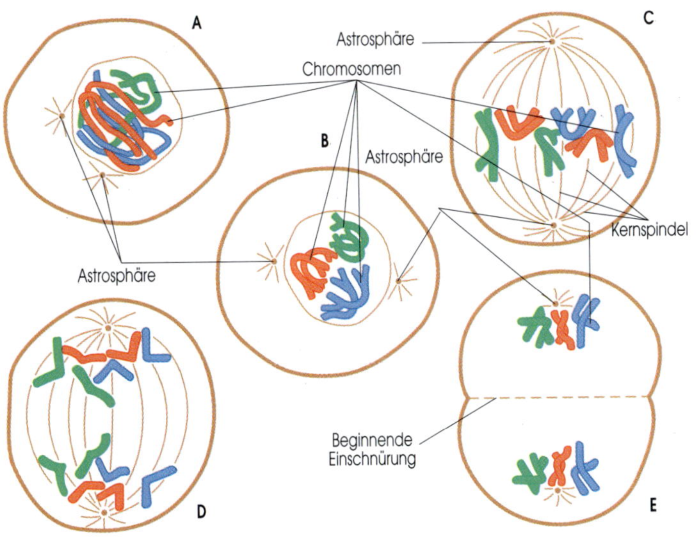

Die Zellteilung oder Mitose. Jede Zelle ist Ergebnis der Teilung einer anderen Zelle.
A: Erscheinen der Chromosomen im Kern.
B: Identische Verdoppelung der Chromosomen.
C: Erscheinen der Kernspindel, die die Astrosphären an den beiden Polen verbindet. Die Kernmembran hat sich aufgelöst.
D: Die identischen Chromosomen wandern zu den gegenüberliegenden Zellpolen.
E: Wiederaufbau von zwei mit der Ausgangszelle identischen Tochterzellen, die dieselben Informationen tragen.

ist eine durchsichtige, gelatineartige Masse, deren äußere Begrenzung die Zellmembran darstellt.

Das Zytoplasma enthält außer dem Zellkern die Mitochondrien, den Golgi-Apparat, die Vakuolen und das aus den Zentralkörperchen (Zentriolen) bestehende Zentrosom. Der in der Nähe des Zellkerns gelegene Golgi-Apparat ist eine Art länglicher Membransack, der wie die Mitochondrien eine wichtige Rolle für den Energiestoffwechsel der Zelle spielt. Die Vakuolen sind kleine Bläschen. Sie nehmen die von der Zelle produzierten löslichen Substanzen und Abfallstoffe auf, die dann entweder ausgeschieden oder als Reservesubstanzen (Fett, Stärke, Eiweiß) gespeichert werden. Das Zentralkörperchen liegt am Zellkern an und ist für alle Bewegungen der Zelle von großer Bedeutung. Im Zytoplasma befinden sich in sehr geringer Menge noch weitere Elementarstoffe wie Schwefel, Chlor, Kobalt, Kupfer, Gold, Eisen und Zink, die erst mit modernsten Untersuchungsmethoden nachgewiesen werden konnten.

Die Mitochondrien

Mitochondrien kommen in jeder tierischen und pflanzlichen Zelle vor. Sie dienen dazu, Enzyme bereitzustellen, die die Grundlage für die in der Zelle ablaufenden chemischen Reaktionen sind. Sie sind das Kraftwerk der Zelle.

DIE ZELLTEILUNG

Eine besondere Eigenschaft der Zelle ist ihre Fähigkeit, sich durch Teilung zu vermehren. Dieses Phänomen heißt Mitose.

Die Mitose vollzieht sich in verschiedenen Phasen. In der ersten Phase lösen sich die Kernkörperchen auf, das Zentrosom spaltet sich in zwei Teile (Zentriolen), die an die beiden sich gegenüberliegenden Zellpole wandern. An diesen zwei neu entstandenen Zentriolen bilden sich Strahlungsfiguren (Astrosphären). Im Zellkern entstehen aus dem Chromatin die stäbchenförmigen Chromosomen, deren Anzahl bei jeder tierischen Gattung konstant ist: Jeder Mensch besitzt 46 Chromosomen.

In der zweiten Zellteilungsphase verschwindet die Kernmembran. Der Kernsaft vermischt sich jetzt mit dem Zytoplasma. Die beiden Zentriolen sind durch Strahlungsfiguren miteinander verbunden, die zusammen die Zentralspindel bilden.

Die Chromosomen ordnen sich in der Mitte der Spindel an und teilen sich dann. Auf diese Weise entstehen zwei komplette neue Chromosomensätze. Zu diesem Zeitpunkt befinden sich also insgesamt 92 Chromosomen in einer Zelle.

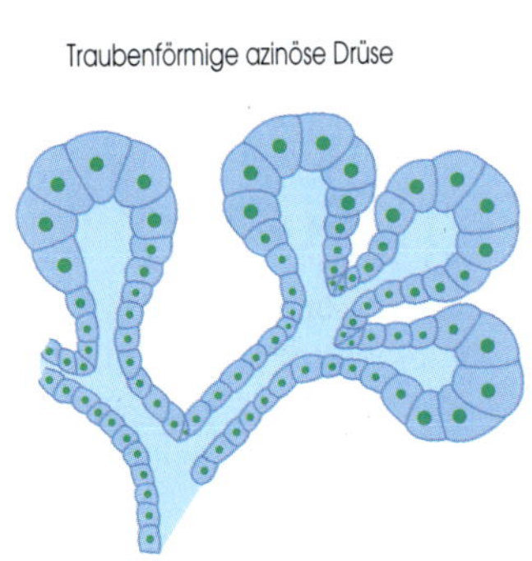

Das Drüsenepithel kann verschiedene Formen von Drüsenzellen aufweisen (die Zellkerne sind grün gekennzeichnet), die bestimmte Substanzen aus dem Blut aufnehmen und andere an die Umgebung abgeben.

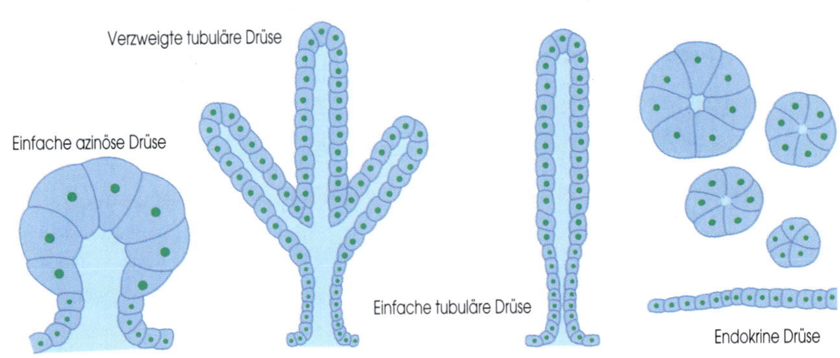

In der dritten Phase, der Migrationsphase, gleiten die neu entstandenen Chromosomensätze (mit je 46 Chromosomen) langsam an den Fäden der Zentralspindel entlang, gelangen an die Zellpole und bilden im Bereich der Zentriolen zwei gleichartige Chromosomensterne.

In der vierten Phase werden die Chromosomen an den beiden Zellpolen wieder zu Chromatin. An jedem Zellpol entsteht ein neuer Zellkern mit Kernmembran. Das Zytoplasma schnürt sich ein, und in jeder nun entstandenen neuen Zelle befinden sich die gleichen Zellbestandteile (zum Beispiel der Golgi-Apparat und Mitochondrien).

Das Ergebnis der Zellteilung sind nun zwei klar voneinander abgegrenzte Zellen, die sich unabhängig voneinander weiter teilen können.

DAS GEWEBE

Gewebe entsteht dadurch, daß sich Zellen vervielfältigen und differenzieren. Jedes Gewebe besteht aus einem Verband von Zellen, der durch eine bestimmte Struktur und physiologische Funktion gekennzeichnet ist. Die wichtigsten Gewebearten sind das Parenchym und das Mesenchym.

Zum Parenchym gehören Gewebearten wie das Epithelgewebe, das fast ausschließlich aus Zellen besteht. Zum Mesenchym gehören interzellular substanzreiche Gewebearten wie das Bindegewebe.

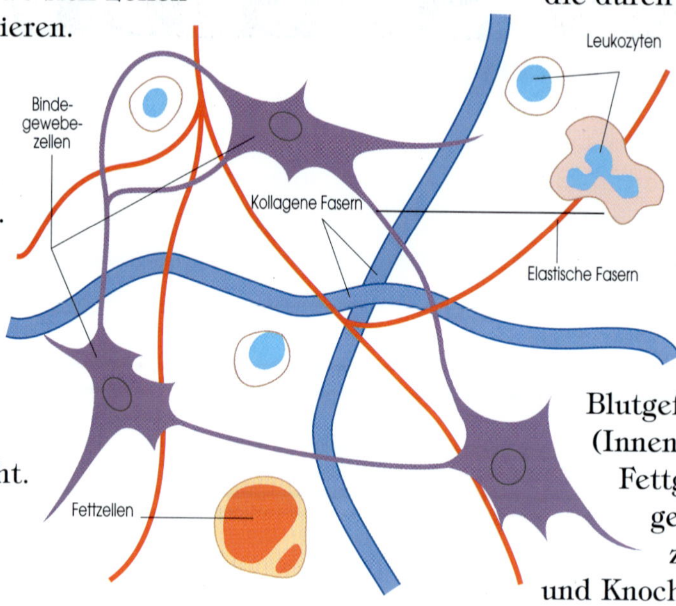

Die verschiedenen Elemente des Bindegewebes. Es handelt sich um ein Stützgewebe, das alle Epithelgewebe begleitet und alle Organzwischenräume ausfüllt.

• **Das Parenchym.** Das Epithelgewebe bedeckt die Oberflächen des menschlichen Körpers und kleidet die inneren Hohlräume aus. Wenn es aus flachen, mehrschichtig übereinandergelagerten Zellen besteht, heißt es mehrschichtiges Plattenepithel wie bei der Epidermis, der obersten Hautschicht. Weitere Epithelgewebe sind das mit Flimmerhärchen ausgestattete mehrschichtige prismatische Epithel, das die Luftröhre und die Bronchien auskleidet, sowie das einschichtige prismatische Epithel der Magen- und Darmschleimhaut. Das Darmepithel dient dem Stoffaustausch. Das Drüsenepithel hat eine dreifache Funktion: Es nimmt lebenswichtige Substanzen aus dem Blut auf und verarbeitet sie zu besonderen flüssigen Stoffen (Sekrete), die in den Organismus abgegeben werden. Drüsenzellen haben zwei verschiedene Pole: einen durchbluteten Pol und einen Pol, der Sekrete absondert.

• **Das Mesenchym.** Zum Mesenchym gehören vor allem Binde- und Stützgewebe, die je nach Lokalisation und Funktion unterschiedlich aussehen können. Das Mesenchym stützt das Epithelgewebe und füllt alle Organzwischenräume aus. Es umgibt Organe mit einer widerstandsfähigen faserhaltigen Kapsel und bildet im Inneren der Organe ein durchgehendes Gerüst. Das Mesenchym besteht aus sternförmigen Zellen, die durch Zytoplasmafortsätze und eine halbflüssige Interzellularsubstanz, die durch kollagene und elastische Fasern gebildet wird, miteinander verbunden sind. Man unterscheidet verschiedene Arten von Bindegewebe: einfaches Bindegewebe, sehniges Bindegewebe mit vielen kollagenen zugfesten Fasern, elastisches Bindegewebe (Wände der großen Blutgefäße), Endothelgewebe (Innenwände der Herzgefäße), Fettgewebe (Organfett), Knorpelgewebe (enthält die Interzellularsubstanz Chondrin) und Knochengewebe, das durch die Einlagerung von Kalziumsalzen besonders widerstandsfähig ist. Man unterscheidet Gewebe auch nach seiner Form und Funktion: Muskelgewebe, das aus länglichen kontraktilen Zellen besteht, und Nervengewebe, das Neuronen enthält, die Reize empfangen (Sensibilität), Befehle des zentralen Nervensystems weiterleiten (Motorik) und Sinneseindrücke verarbeiten (sensorisches System).

Muttergewebe, das in den Fruchthüllen eines Embryos entsteht, wird intraembryonales Mesenchym genannt – außerhalb liegendes Muttergewebe heißt extraembryonales Mesenchym.

DAS SKELETT

Das Skelett wird durch Knochen gebildet und ist das Gerüst des Körpers. Durch die Beweglichkeit der Gelenke ermöglicht das Skelett dem Menschen, sich mit Hilfe der Muskelaktivität zu bewegen und zu gehen. Die Form der Knochen ist unmittelbar von ihrer Funktion und den auf sie einwirkenden Muskelkräften bestimmt.

DIE STRUKTUR DER KNOCHEN

Knochen bestehen zum größten Teil aus Knochengewebe. Dies ist Bindegewebe mit einer charakteristischen Zusammensetzung aus Kalziumsalzen (87 Prozent).

Es gibt zwei Arten von Knochengewebe, die verschiedene Funktionen erfüllen: kortikales (kompaktes) Knochengewebe und trabekuläres (schwammartiges) Knochengewebe.

- **Das kortikale** Knochengewebe bildet den äußeren Teil des Knochens, die Rinde, die wie eine knöcherne Säule durchgehend eine gleichmäßige Festigkeit aufweist. Das kortikale Gewebe macht den Knochen widerstandsfähig und richtet das Skelett auf.

- **Das trabekuläre** Knochengewebe befindet sich im Innern des Knochens, vor allem in den beiden aufgetriebenen Enden der längeren Knochen. Es ist mit feinen Knochenbälkchen durchzogen, die Hohlräume frei lassen, und es bildet das Knochenmark, in dem die Blutzellen erzeugt werden und der Knochenstoffwechsel stattfindet.

Man unterscheidet drei Knochentypen nach ihrer Form: die langen Knochen, die kurzen Knochen und die platten Knochen.

- **Die langen** Knochen haben meist eine zylindrische, längliche Form. Ihr Mittelstück (Diaphyse) besteht vor allem aus kortikalem Gewebe. Im Zentrum der langen Knochen befindet sich die Markhöhle mit dem Knochenmark. Die beiden Endstücke der langen Röhrenknochen sind kolbenartig aufgetrieben und heißen Epiphysen.

Das Innere der Epiphyse besteht weitgehend aus Schwammsubstanz (Spongiosa), die Außenfläche wird von geringeren Mengen

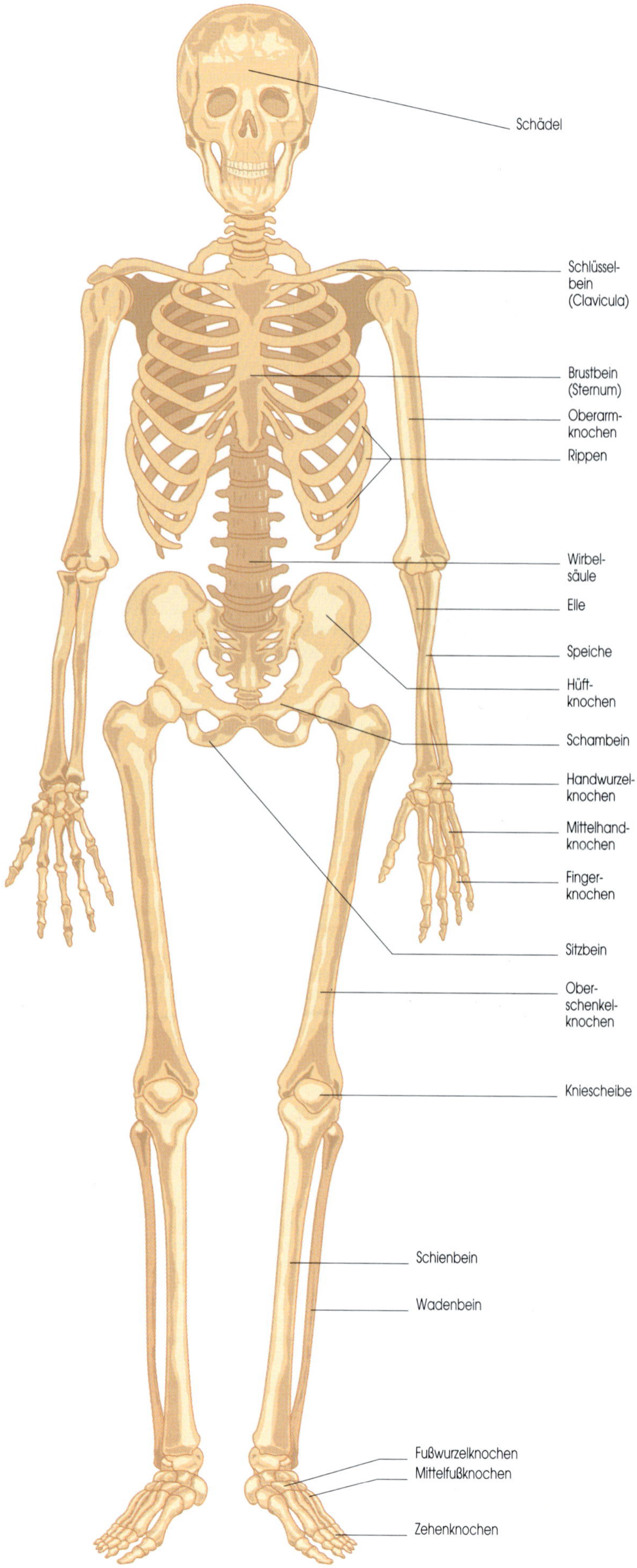

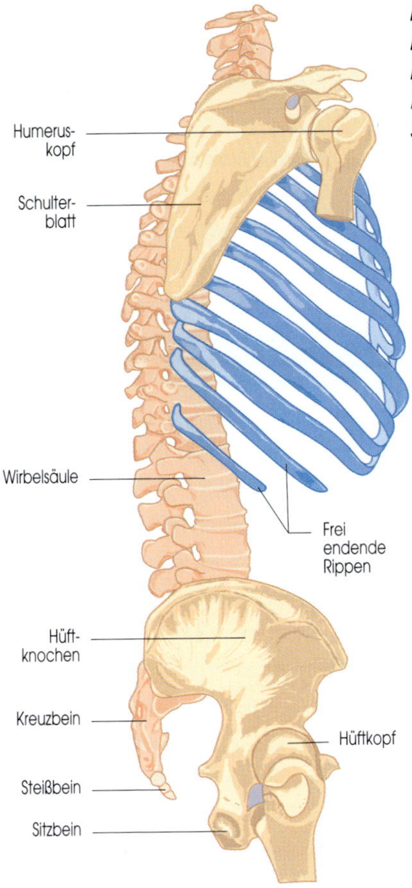

In der Welt der Physik ist alles eine Frage der Grundstruktur. Gleichgültig, ob man ein Haus, eine Brücke, eine Maschine oder ein Flugzeug bauen möchte oder ein geistiges Werk plant (Gemälde, Finanzierungsplan, Handlungsplan), immer ist eine Struktur notwendig, der sich alle erforderlichen Bauteile unterordnen. Ein Beispiel für solch ein strukturiertes Grundprinzip ist das menschliche Skelett.

Die Mikrostruktur der Knochen

Durch das Mikroskop betrachtet, besteht eine Knochenlamelle aus einer Grundsubstanz und zahlreichen sternförmig angeordneten Zellen (Osteozyten), die miteinander durch Fortsätze verbunden sind. Im kompakten Knochengewebe der Rindenschicht sind die Osteozyten ringförmig um einen Kanal (das Haverssche Kanälchen) angeordnet, der Kapillargefäße und Nervenfasern enthält.

Die Osteozyten sind an der ständigen Erneuerung der Knochensubstanz beteiligt. Ihre Anzahl nimmt mit zunehmendem Alter ab.

Die Grundsubstanz enthält reichlich Eiweiß und Kalziumsalze. Diese Substanzen sind für das Knochengewebe typisch; sie geben dem Knochen Härte und Stützkraft. Wenn man einen Knochen verbrennt, bleibt Asche übrig, die nur aus Kalziumsalzen (Kalziumphosphat und -karbonat) besteht. Legt man den Knochen dagegen in Salzsäure, bleibt nur die weiche elastische Grundsubstanz zurück.

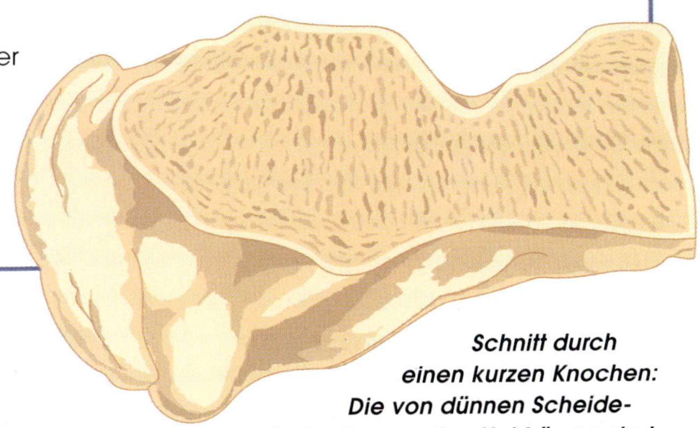

Schnitt durch einen kurzen Knochen: Die von dünnen Scheidewänden begrenzten Hohlräume sind deutlich sichtbar. Hier befindet sich das Knochenmark, in dem Blutzellen gebildet werden.

kortikalen Gewebes abgeschlossen, das seinerseits von Gelenkknorpel bedeckt ist. Während des gesamten Knochenwachstums sind Epiphyse und Diaphyse durch eine Knorpelbildungszone getrennt, die man Epiphysenfuge oder Metaphyse nennt. Die Metaphyse ist für das Längenwachstum des Knochens verantwortlich. Die Knochendicke entsteht dadurch, daß sich nach und nach neue Knochenschichten ablagern.

Die wichtigsten Röhrenknochen sind: Oberarmknochen (Humerus), Elle (Ulna) und Speiche (Radius), Oberschenkelknochen (Femur), das Schienbein (Tibia) und das Wadenbein (Fibula).

- **Die kurzen** Knochen haben eine gedrängte Form und bestehen aus Schwammgewebe, das von einer oberflächlichen Schicht kortikalen Knochengewebes bedeckt wird. Sie befinden sich hauptsächlich in den Händen und Füßen.

- **Die platten** Knochen verdanken ihren Namen der Tatsache, daß sie im Vergleich zu den anderen Knochenarten eine größere Oberfläche besitzen und dünner sind. Ihre Zusammensetzung entspricht dem Aufbau anderer Knochen. Platte Knochen sind beispielsweise die Knochen des Schädels, des Schulterblattes, des Hüftbeins und der Rippen.

Alle Knochen sind unabhängig von ihrer Form von einer faser- und gefäßreichen Knochenhaut (Periost) überzogen, die das Längenwachstum ermöglicht, die Grundlage des Dickenwachstums bildet, den Knochen schützt und Ansatzpunkte für sehnige Muskelfasern bildet.

DIE KNOCHENBILDUNG

Die Knochen entstehen entweder aus Bindegewebe (Schädeldachknochen, Gesichtsknochen) oder aus einem Knorpelmodell (Röhrenknochen).

- **Die meisten platten Knochen** entstehen aus Bindegewebe. Dieser Vorgang wird durch das

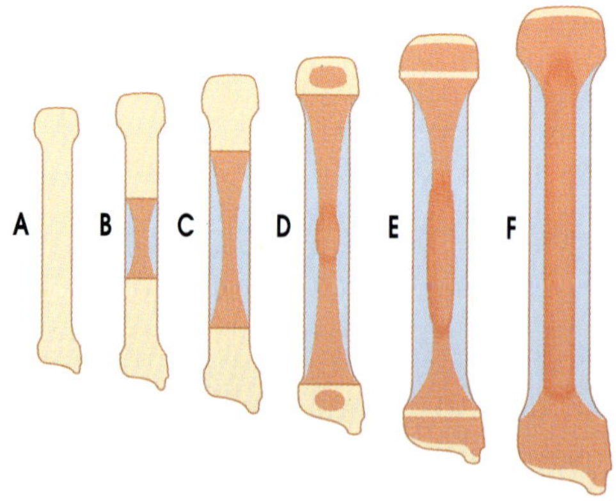

Wachstumsschema eines Röhrenknochens: Vor der Geburt bestehen die langen Knochen aus Knorpel (A). Nach der Geburt (B, C) bildet sich ein Verkalkungszentrum im Knochenschaft (Diaphyse), in dem Knorpel in Knochen umgewandelt wird. Die Epiphysen beginnen zu verknöchern (D), im Innern des Knochens erscheint der Markkanal. Zwischen den Epiphysen und der Diaphyse liegt die Epiphysenfuge (E), die das Längenwachstum des Knochens ermöglicht und im Erwachsenenalter (zwischen 20 und 25 Jahren) verschwindet (F).

Erscheinen bestimmter Zellen, der Osteoblasten, eingeleitet. Im Laufe des Knochenbildungsprozesses (Ossifikation) werden diese Zellen im Knochen eingeschlossen und differenzieren sich zu Osteozyten. Der fetale Knochenbildungsprozeß des Schädeldaches beginnt im Knochenzentrum und setzt sich bis zu einer an der Peripherie des Knochens gelegenen Membran fort, die einen Knochen vom anderen trennt. Diese Membran ist bei der Geburt des Kindes auf kleine Gebiete, die Fontanellen, begrenzt.

• **Die Röhrenknochen** entstehen dagegen aus einem Knorpelmodell. Im Inneren des Knorpels erscheinen kurz vor, vor allem aber nach der Geburt des Kindes Verkalkungspunkte, in denen Knorpel in Knochen umgewandelt wird. Solche Verkalkungspunkte gibt es in den Röhrenknochen in der Diaphyse und in beiden Epiphysen.

Zwischen Diaphyse und Epiphyse zeigt sich während der Wachstumsphase eine Zwischenzone (Metaphyse oder Epiphysenfuge), an der das Längenwachstum des Knochens stattfindet. Obwohl der größte Teil des Wachstums im 19. Lebensjahr beendet ist, verschwinden die Epiphysenfugen erst im 25. Lebensjahr.

Das Dickenwachstum des Knochens geht von der Knochenhaut (Periost) aus. Aus einem Stückchen Periost, das einem lebenden Knochen entnommen und unter die Haut verpflanzt wird, kann eine hauchdünne Knochenschicht entstehen. Die periostale Aktivität dauert zwar das ganze Leben, verlangsamt sich jedoch mit zunehmendem Alter. Der Knochendurchmesser wird also beim Erwachsenen nur sehr langsam größer.

Dennoch nimmt die Dicke der Knochenrinde nicht zu, denn an ihrer Innenseite werden Knochenzellen wieder abgebaut, so daß die Stärke der Knochenrinde konstant bleibt. Mit zunehmendem Alter verringert sich ihre Dicke jedoch. Das Dickenwachstum des Knochens ist vor allem für die Knochenmarkhöhle von Bedeutung, in der sich viele Gefäße sowie Mark- und Fettzellen befinden.

DIE SCHÄDELKNOCHEN

Das Schädelskelett besteht aus dem Hirnschädel und dem Gesichtsschädel.

• **Der Hirnschädel.** Man unterscheidet die Knochen, die die Wölbung des Schädeldaches bilden und das Gehirn schützen, und die Knochen der Schädelbasis, die am Wirbelansatz beweglich sind. Vier Knochen bilden das Schädeldach: das Stirnbein, das Hinterhauptbein und die beiden Scheitelbeine.

Das vorne am Schädel liegende Stirnbein grenzt mit seinem unteren Teil an das obere Dach der Augenhöhlen. Es weist zwei schwache Wölbungen auf, die die bei jedem Menschen unterschiedlich ausgeprägten Stirnhöcker bilden.

Das Hinterhauptbein bildet den hinteren Teil des Hirnschädels. An seinem unteren Ende befinden sich eine Öffnung für das verlängerte

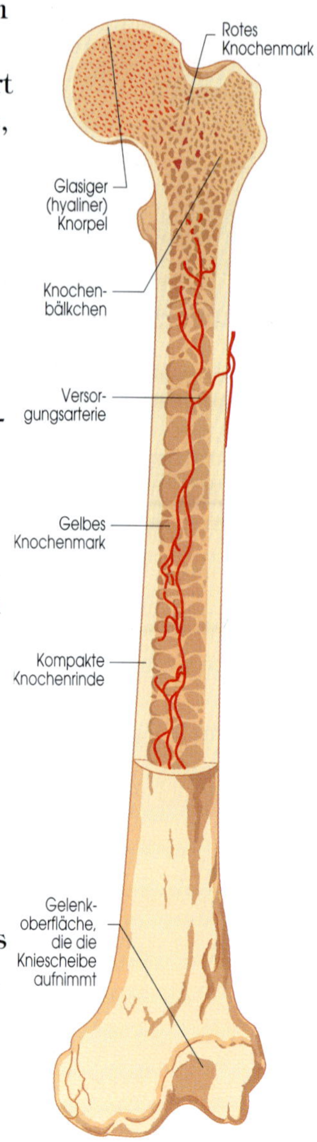

Teilweise aufgeschnittener Oberschenkelknochen: In den von einer dünnen Schicht Knochenrinde und Gelenkknorpel überzogenen Epiphysenendstücken befindet sich der größte Teil des roten Knochenmarks. Der mittlere Teil des Knochens enthält die mit gelbem Knochenmark gefüllte Markhöhle. Sie ist von Knochenrinde umgeben und von einer Versorgungsarterie durchzogen.

Rückenmark, das sogenannte Hinterhauptloch, und zwei Gelenkhöcker, die mit dem ersten Halswirbel (Atlas) ein Gelenk bilden und dadurch die Beweglichkeit des Kopfes gewährleisten.

Die beiden Scheitelbeine befinden sich seitlich zwischen dem Hinterhauptbein hinten und dem Stirnbein vorne.

Die Verbindungslinien zwischen diesen Knochen (Nähte)

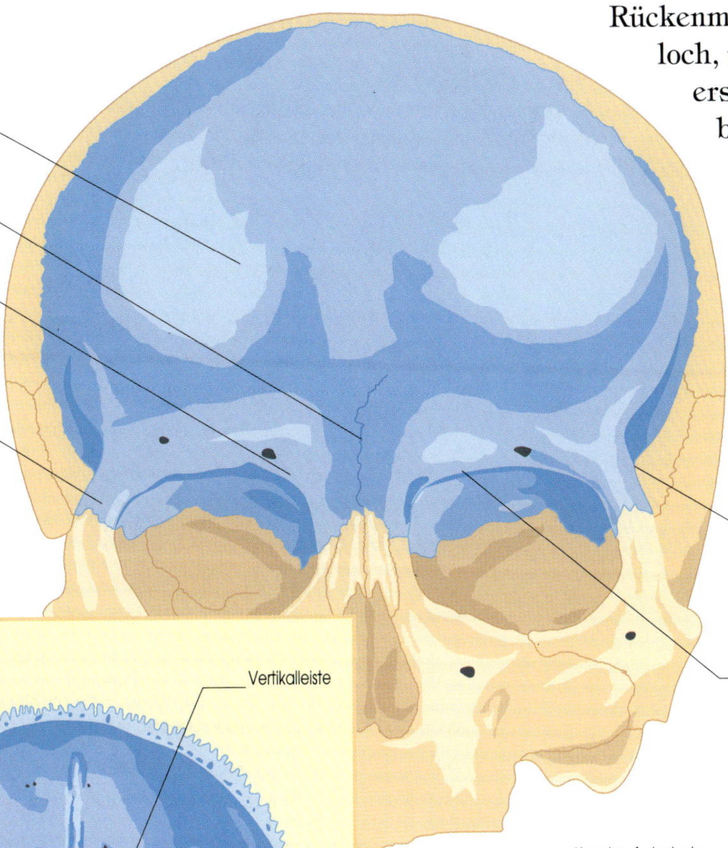

Das vorne liegende Stirnbein bildet gemeinsam mit dem Hinterhauptbein und den beiden Scheitelbeinen den Hirnschädel. In der Vorderansicht sieht man die beiden Wölbungen, die die bei jedem Individuum unterschiedlich stark ausgeprägten Stirnbeinhöcker bilden. Die Ansicht des Schädelinnern (Endokranialansicht) (A) zeigt den muschelartigen Innenaufbau, die Unteransicht (B) die Einkerbung des Siebbeins. Sie trennt die beiden Augenhöhlen.

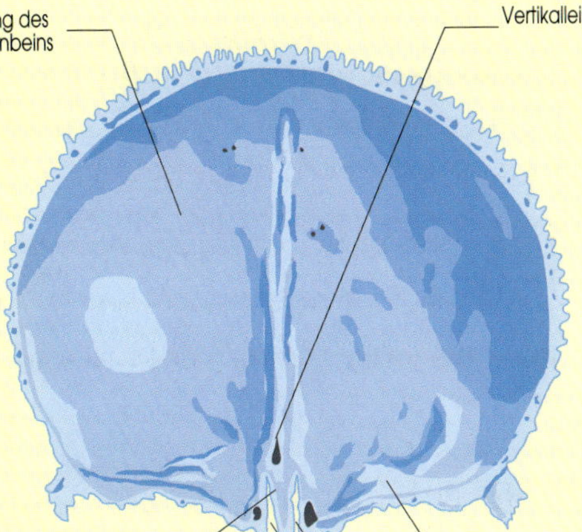

A

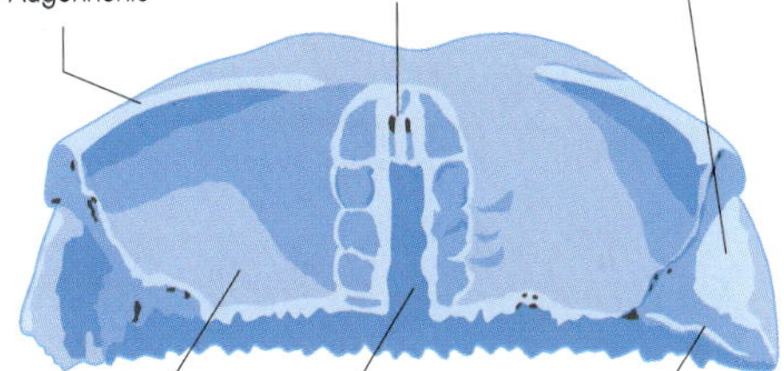

B

Das Hinterhauptbein von innen: Das Hinterhauptloch ist die Durchtrittsstelle des Rückenmarks. Die vier Schädelgruben werden durch den inneren Höcker des Hinterhauptbeins, die Verbindungsstelle der Hinterhauptschollen und der Vertikalleiste, begrenzt.

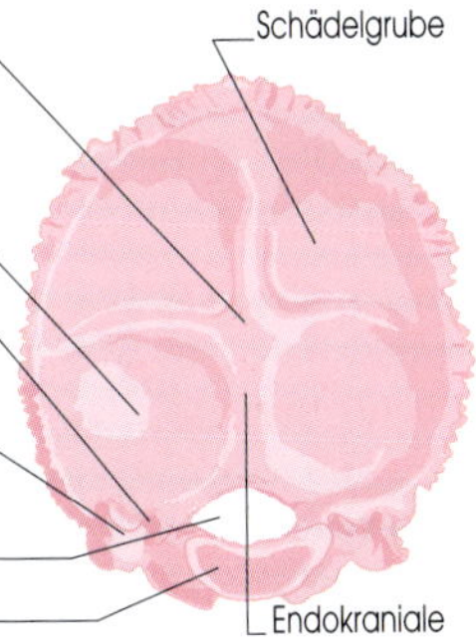

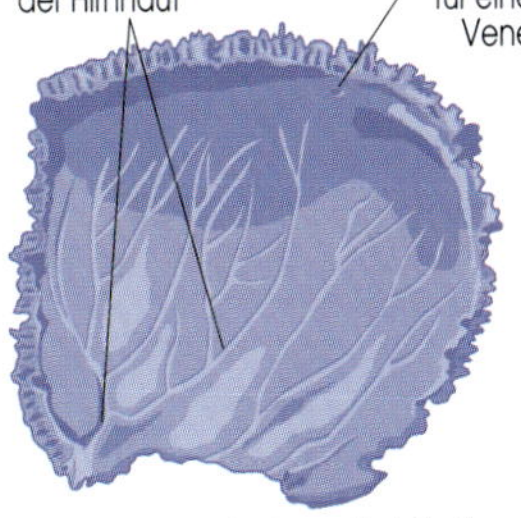

Endokranialansicht des Scheitelbeins

Das Hinterhauptbein von hinten: Die Lambdanaht (in Form des griechischen Buchstabens Lambda), die das Hinterhauptbein mit den beiden Scheitelbeinen verbindet, ist deutlich sichtbar.

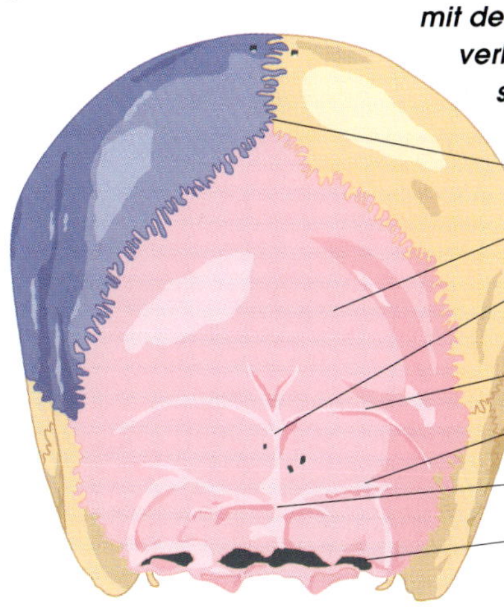

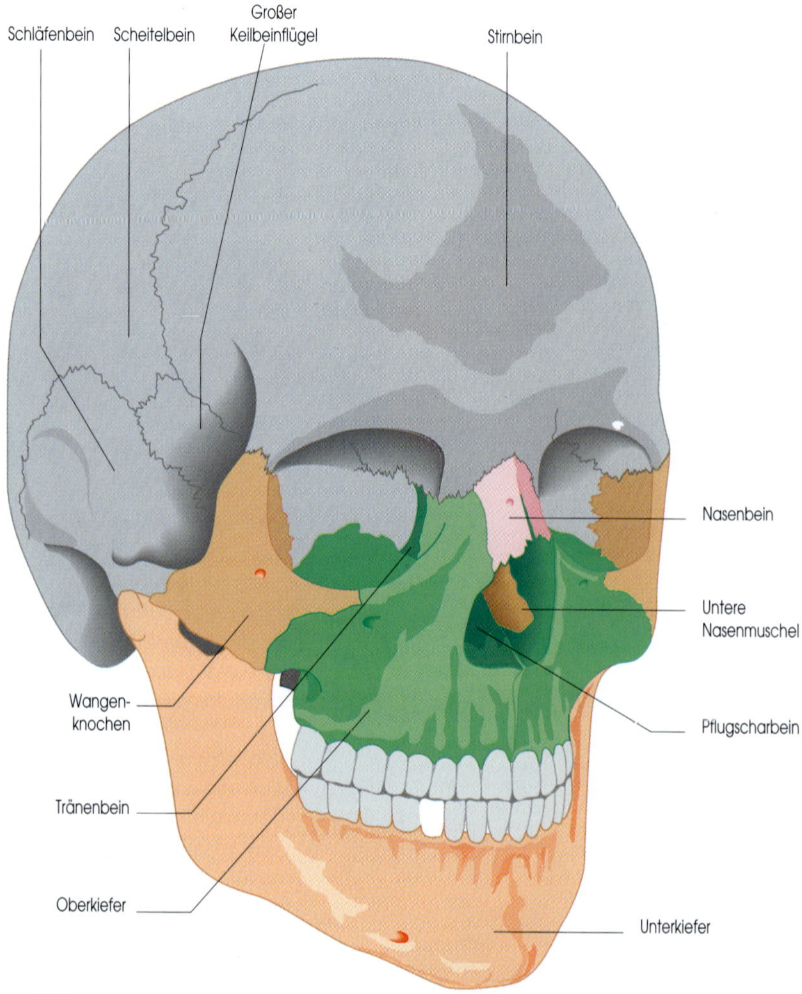

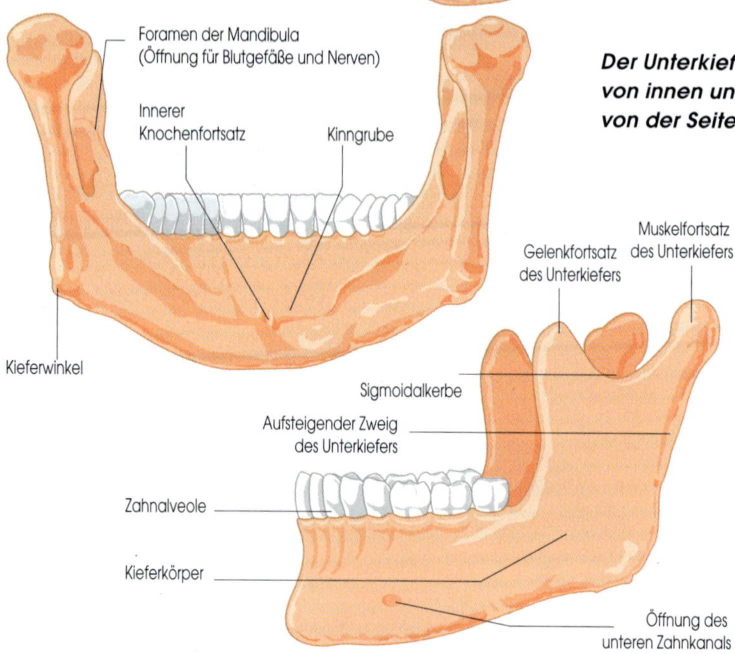

Der Unterkiefer von innen und von der Seite

Die Knochen des Gesichtsschädels bilden vier Höhlen: die beiden Augenhöhlen, die Nasenhöhle und die Mundhöhle. Auf der rechten Seite wurden einige Knochen gesondert abgebildet (die Farben entsprechen dem oben abgebildeten vollständigen Schädel):
A und B: Ansicht des Tränenbeins von außen und innen.
C und D: Ansicht der beiden Nasenbeine von außen und innen.
E: Vorderansicht der beiden Gaumenbeine.

sind stark gezackt. Man unterscheidet die Pfeilnaht zwischen den beiden Scheitelbeinen an der Mittellinie des Schädels, die Lambdanaht (in Form des griechischen Buchstabens Lambda) zwischen den Scheitelbeinen und dem Hinterhauptbein sowie die Kranznaht vorne zwischen dem Scheitelbein und dem Stirnbein. Diese Nähte tragen zur Stabilität des Schädels bei, sind jedoch durch die behaarte Kopfhaut nicht tastbar. Sie sind beim Neugeborenen und Kleinkind als bindegewebige Zwischenräume (Fontanellen) wahrnehmbar, durch die bei vorsichtigem Tasten der Herzschlag zu spüren ist. Es gibt die Stirnfontanelle, die sich an der Verbindungsstelle der zukünftigen Kranznähte und der Pfeilnaht befindet, die Hinterhauptfontanelle am Treffpunkt der Pfeilnaht und der Lambdanähte und die Seitenfontanellen (die paarigen Keilbeinfontanellen und Warzenfontanellen) zwischen Schläfen-, Scheitel-, Stirn- und Keilbein.

• **Die Knochen der Schädelbasis.** Während das Schädeldach das Gehirn bedeckt und schützt, hat die knöcherne Schädelbasis die Aufgabe, das Schädeldach zu stützen. Diese Stützfunktion übernehmen neben dem Stirnbein vorne und dem Hinterhauptbein hinten vor allem die beiden Schläfenbeine und das Keilbein.

Das Keilbein besteht aus einem massiven Knochenkörper und zwei seitlichen Verlängerungen, den großen und kleinen Keilbeinflügeln. Auf der Oberseite des Knochenkörpers befindet sich eine kleine Vertiefung, der Türkensattel, in dem die Hypophyse liegt. Auf beiden Seiten dieser Kerbe verlaufen durch zwei Öffnungen die Sehnerven. Dieser Knochen gehört zur Abgrenzung der Nasenhöhle; er bildet nach vorne einen knochigen Sporn aus, auf dem das eigentliche Nasenbein aufsitzt.

Das Schläfenbein weist eine komplizierte Form auf. Im Zentrum der schuppenähnlichen Platte liegt der äußere Gehörgang und eine Kapsel für den inneren Gehörgang. Auf der Außenfläche verläuft

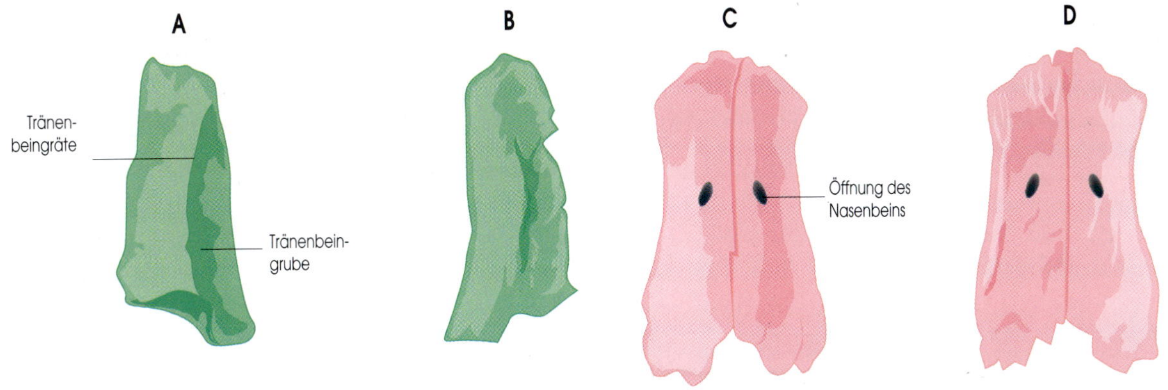

Die Schädelbasis hat zahlreiche Öffnungen

Die Öffnungen sind Durchtrittsstellen für Nerven und Gefäße. Durch den Augenhöhlenspalt gelangen die für die Bewegung zuständigen Nerven und Blutgefäße der Augen. Im zerrissenen Loch (Karotiskanal) verläuft die Kopfschlagader. Im runden Loch befinden sich der Kiefernerv, in den ovalen Löchern die mittleren Hirnhauptarterien, im Hinterhauptloch das Rückenmark und im Drosselloch (Foramen jugulare) die Halsvene.

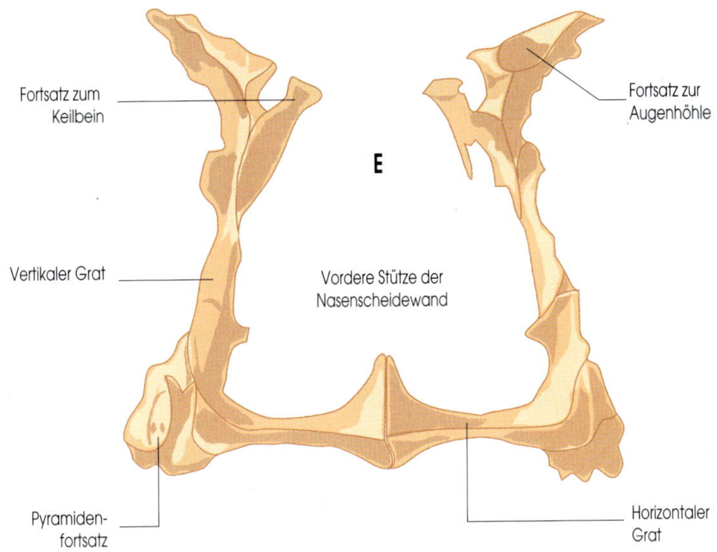

horizontal nach vorne eine Leiste, die in den Jochfortsatz mündet. Nach hinten ist der Warzenfortsatz (Processus mastoideus), ein rauher, luftgefüllter Knochen, zu tasten, der mit dem Innenohr in Verbindung steht.

• **Die Knochen des Gesichtsschädels** bilden drei Knochenhöhlen: die Augenhöhlen, die Nasenhöhle und die Mundhöhle.

Die Augenhöhle wird oben vom Stirnbein, seitlich und unten hingegen vom Jochbein begrenzt. Das Jochbein bildet rechts und links die Vorwölbung der Backenknochen; es nimmt vorne mit dem Kieferknochen und dem Nasenbein Verbindung auf, nach oben mit dem Stirnbein. Der übrige Teil der Augenhöhle wird vom großen Keilbeinflügel, zur Nase hin vom Tränenbein und vom Gaumenbein gebildet. Das Gaumenbein stellt mit dem Jochbein und dem Kieferknochen die Basis der Augenhöhle dar. Zur Nase hin wird die Wand der Augenhöhle vom Siebbein begrenzt. Die seitlichen Oberflächen dieses Knochens gehören zur Augenhöhle, die Innenseite zur Nasenhöhle. Das Siebbein liegt hinter dem Stirnbein und bildet eine durchlöcherte Platte, durch die die Riechnerven aus der Nasenhöhle treten. Hier ermöglichen die Nervenendigungen der olfaktorischen Nerven die Geruchswahrnehmung.

Die Nasenhöhle liegt zwischen den beiden Augenhöhlen, über der Mundhöhle und unter der vorderen Schädelgrube. Sie bildet nach vorne eine birnenförmige Öffnung (zwischen den Nasenbeinen und dem Oberkiefer). Die Nasenhöhle wird durch die Nasenscheidewand in zwei Nasenhöhlen unterteilt. Diese Wand besteht aus einem an der unteren Seite des Siebbeins befestigten Sporn und einer dünnen Knochenplatte, dem Pflugscharbein. Der Boden der Nasenhöhle ist der Gaumen (der aus dem Kiefer hervorgeht). Das Dach und die seitliche Begrenzung werden durch die Unterseite des Siebbeins und einen Teil des Oberkiefers gebildet. An der seitlichen Wandung der Nasenhöhlen befinden sich je drei in sich gewundene Nasenmuscheln. Zwischen Nasenhöhlen und Augenhöhlen besteht durch den Tränenkanal eine Verbindung. Durch ihn gelangen Tränen aus dem Auge in die Nasenhöhlen. Von ihnen gehen weitere Höhlen (Sinus) ab, die ihren Namen von den jeweiligen Knochen erhalten, in die sie eingebettet sind. Es gibt die Stirnhöhle, die Kieferhöhle, die Keilbeinhöhle und die Siebbeinhöhle. Eine Entzündung dieser Hohlräume nennt man Nasennebenhöhlenentzündung (Sinusitis).

Die Mundhöhle wird im wesentlichen von zwei Knochen gebildet: den zwei an der Mittellinie zusammentreffenden Oberkieferbeinen und dem Unterkiefer (Mandibula). Der Oberkiefer steht vorne mit den Jochbeinen, nach oben mit den Nasenbeinen und nach innen mit dem Gaumenfortsatz in Verbindung. Mit den Nasenbeinen bildet er einen Teil der Nasenhöhle. Beide Oberkieferbeine formen den Gaumen, der gleichzeitig der Boden der Nasenhöhle ist. Der untere Rand der Oberkieferknochen bildet den oberen Zahnbogen und die Zahnalveolen, in die die Zähne hineinwachsen.

Der Unterkiefer ist abgesehen von den Gehörknöchelchen der einzige bewegliche Knochen des Schädels. Er hat die Form eines nach hinten offenen Hufeisens und verfügt seitlich über zwei aufsteigende Verlängerungen, die mit der Unterseite des Schläfenbeins ein Gelenk bilden. Der Körper des Unterkiefers weist ebenfalls Alveolen für die untere Zahnreihe auf. Die Kiefervorrichtung ermöglicht insgesamt den Kauvorgang.

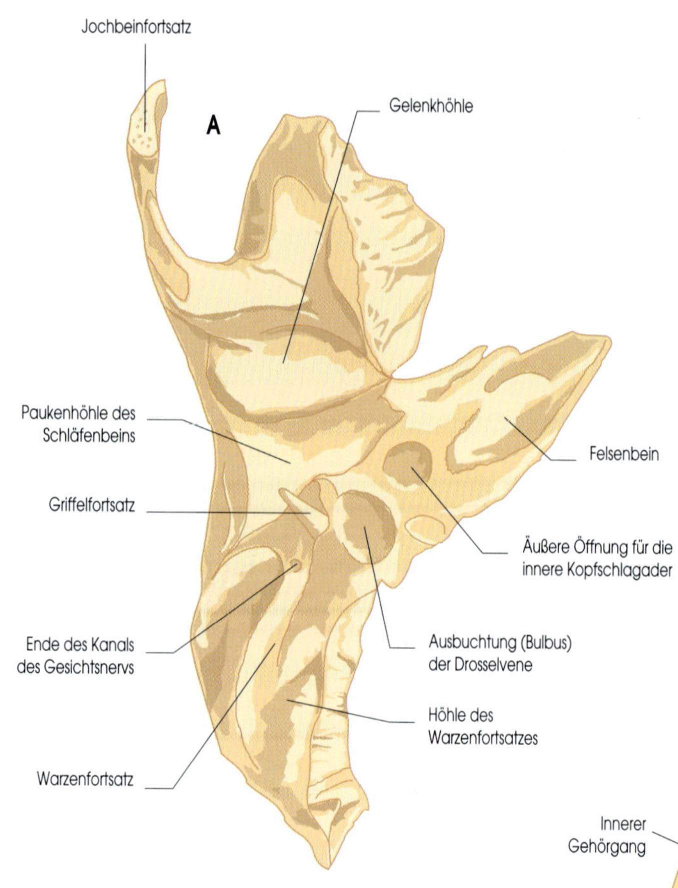

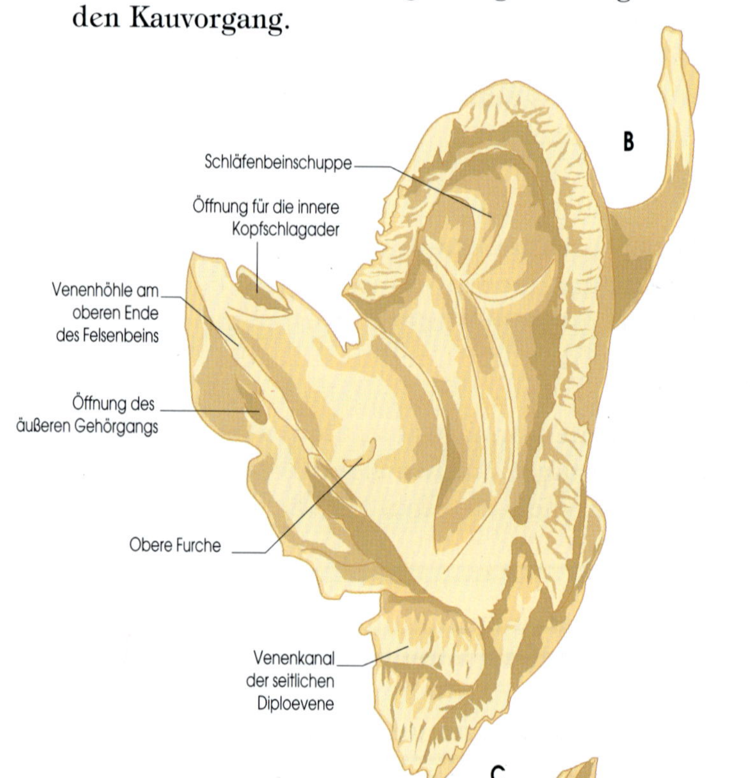

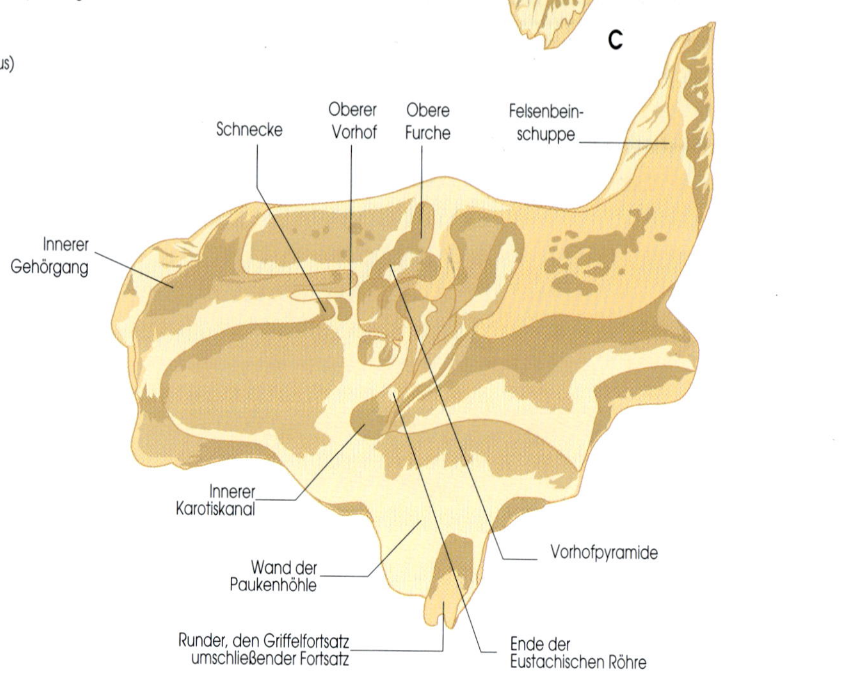

Drei Ansichten des massiven und kompliziert gebauten Schläfenbeins und der verschiedenen Hohlräume des Hörapparates:
A: Ansicht von unten
B: Ansicht von innen
C: Querschnitt

DIE WIRBELSÄULE

Die Wirbelsäule, auch Rückgrat genannt, besteht aus 33 Knochen oder Wirbeln, die sich in fünf Gruppen unterteilen lassen: sieben Halswirbel, zwölf Brustwirbel, fünf Lendenwirbel, fünf zusammengewachsene Kreuzbeinwirbel sowie vier zusammengewachsene Steißbeinwirbel.

Die Wirbel weisen Gemeinsamkeiten je nach Lage, aber auch Besonderheiten auf. Alle Wirbel bestehen aus einem zylindrischen Wirbelkörper, dessen Dicke von seiner Lage abhängt, und aus einem knöchernen Wirbelbogen. Die übereinanderliegenden Wirbel bilden den Wirbelkanal, in dem das Rückenmark liegt.

Am Wirbelbogen befinden sich vertikal knöcherne Fortsätze: die oberen und unteren Gelenkfortsätze, die die Verbindung mit den darüber- und darunterliegenden Wirbeln darstellen, seitlich die Querfortsätze, die die Gelenkflächen für die Rippen bilden, und nach hinten die Dornfortsätze, die von außen mehr oder weniger deutlich sichtbar sind, je nachdem, wie dünn die Haut ist. Die Wirbelfortsätze sind die Ansatzstellen für Muskelsehnen, die die Bewegung der Wirbelsäule erlauben.

Die Querfortsätze der sieben Halswirbel weisen Öffnungen auf, die übereinander einen Kanal für die Wirbelarterien und Wirbelvenen bilden. Der erste Halswirbel (Atlas) nimmt durch eine Gelenkfläche an der Schädelbasis Verbindung mit dem Hinterhauptbein, nach unten mit dem zweiten Halswirbel (Axis) auf. Diese beiden Wirbel haben eine besondere Form, die die seitlichen Drehbewegungen

Wie viele Knochen hat das Skelett?

Das Skelett eines erwachsenen Menschen besteht aus 203 Knochen – abgesehen von zusätzlichen Knochen oder „Sesambeinen", die sich in der Nähe bestimmter Gelenke befinden und deren Anzahl bei jedem Menschen unterschiedlich ist.

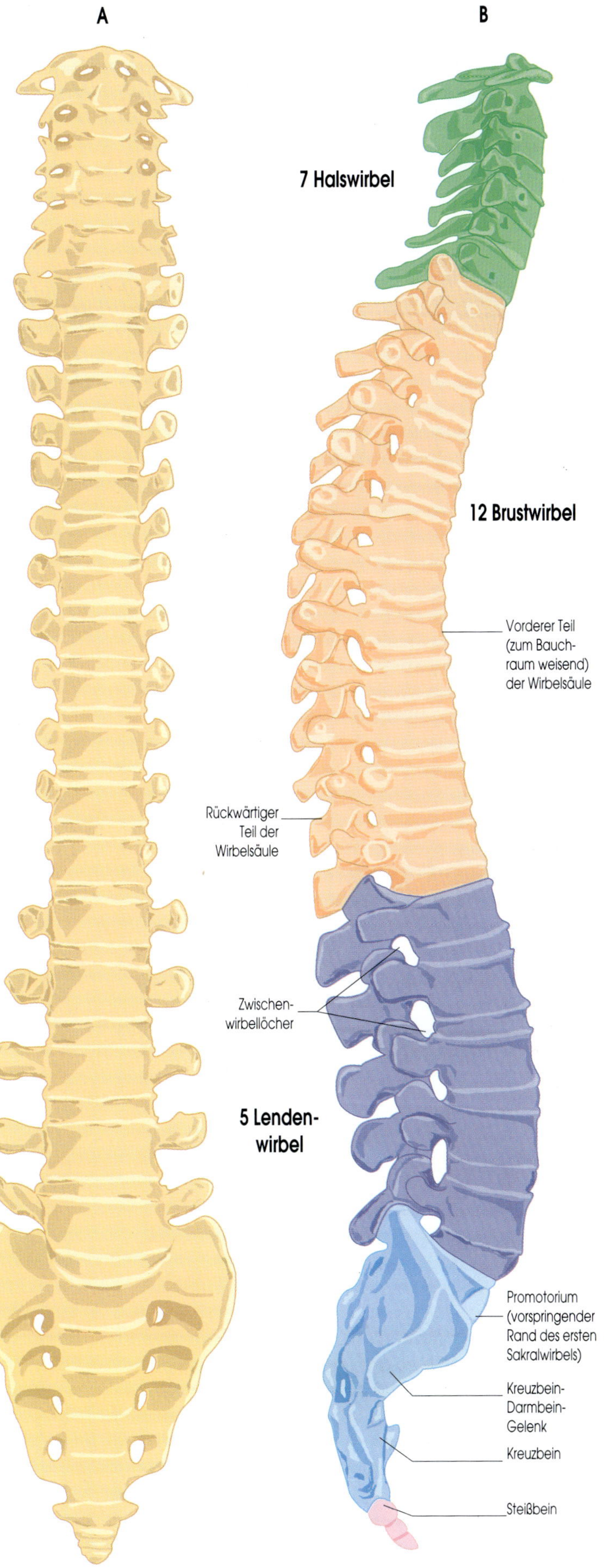

Die Wirbelsäule mit ihren vier Krümmungen (nach vorne und hinten) von vorne (A) und von der Seite (B).

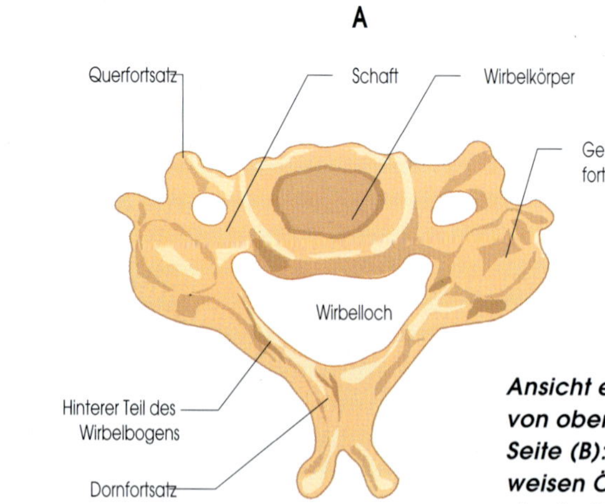

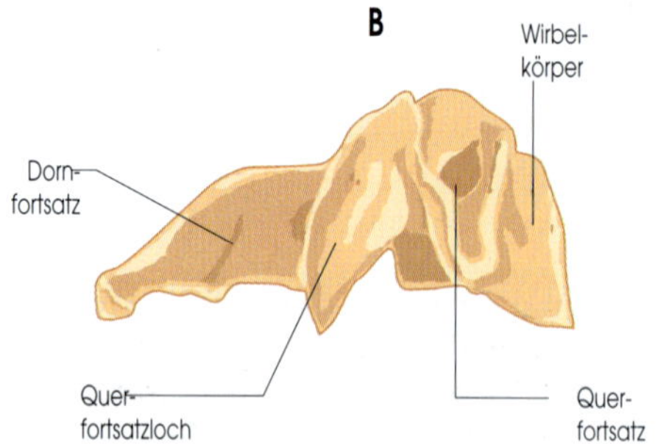

Ansicht eines Halswirbels von oben (A) und von der Seite (B): Die Fortsätze weisen Öffnungen auf, durch die die Wirbelgefäße verlaufen.

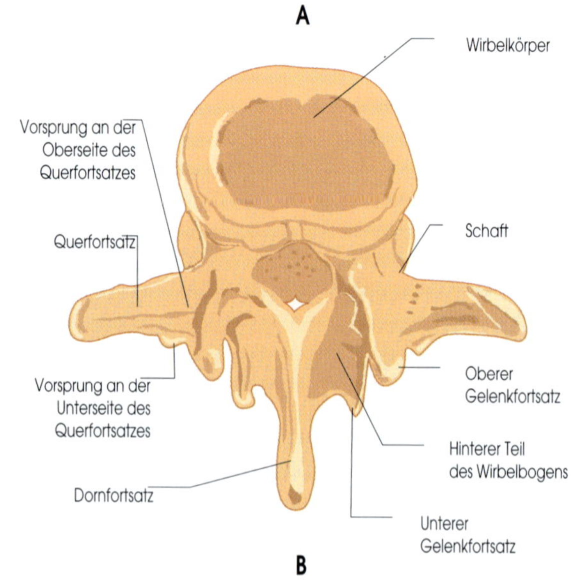

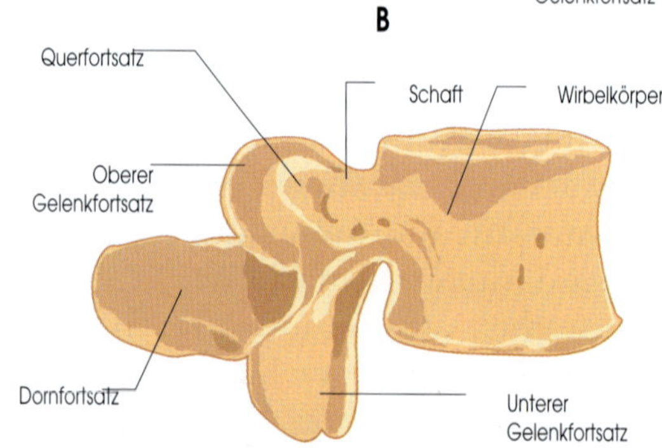

Ansicht eines Lendenwirbels von unten und von der Seite: Die Querfortsätze sind stärker entwickelt.

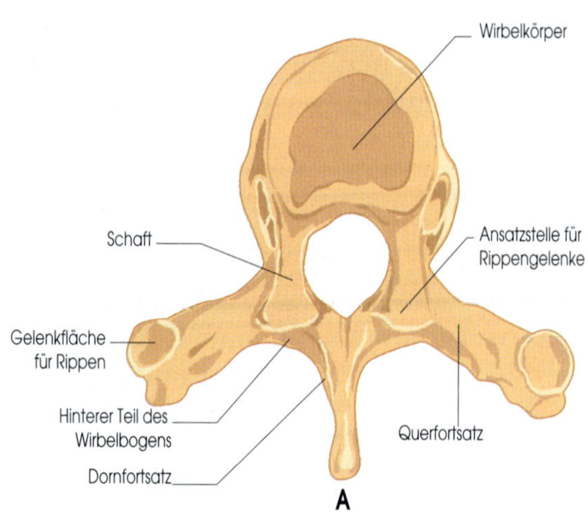

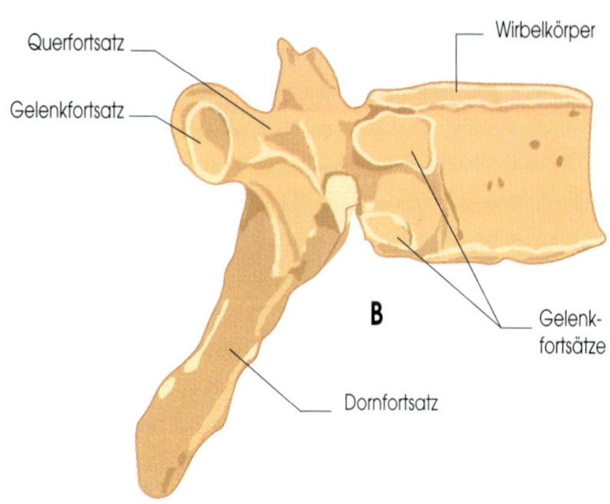

Ansicht eines Brustwirbels von oben (A) und im Profil (B): Seitlich sind die Gelenkflächen für die ansetzenden Rippen erkennbar.

des Kopfes ermöglicht. Der Dornfortsatz des siebten Halswirbels ist der erste Wirbel, der sich am Übergang vom Nacken zum Rücken tasten läßt.

Die zwölf Brustwirbel weisen an den Querfortsätzen ein zusätzliches Gelenk auf: die Verbindungsstelle zu den Rippen.

Die fünf Lendenwirbel, die aufgrund der höheren Gewichtsbelastung massiver ausgebildet sind, sind nach vorne gekrümmt (Lendenlordose). Das Kreuzbein besteht aus den fünf Kreuzwirbeln, die beim Fötus noch beweglich sind, im Laufe der Entwicklung jedoch miteinander verwachsen.

Die vier oder fünf Steißbeinwirbel sind ebenfalls verwachsen. Sie sind im Vergleich zu den darüberliegenden Wirbeln verkümmert und stellen den Überrest eines tierischen Schwanzes dar. Das Steißbein steht mit dem Kreuzbein in gelenkiger Verbindung. Diese Gelenkverbindung kann sich während einer Entbindung bei der Frau lösen.

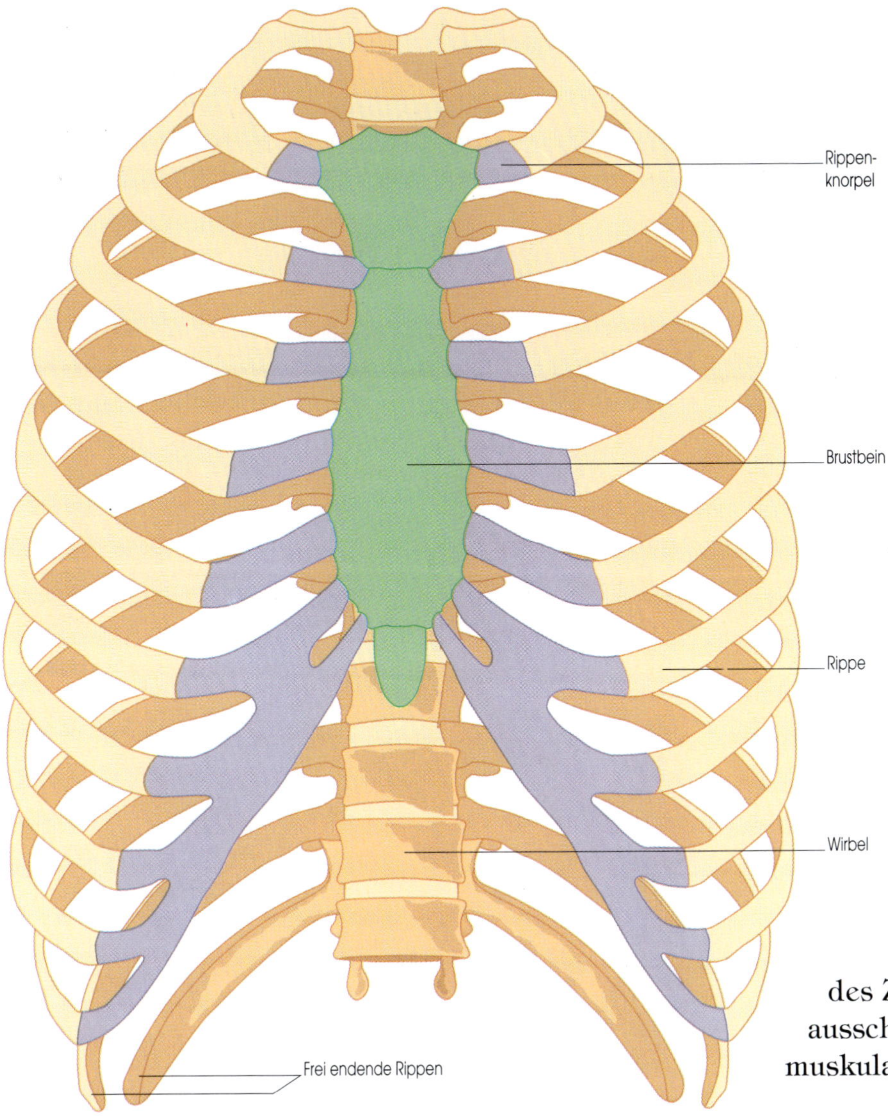

Was ist das Brustbein?
Das Brustbein (Sternum) ist eine Knochenplatte, die einem römischen Schwert ähnelt. Das Brustbein besteht aus drei zusammengewachsenen Knochen: dem Schwertgriff am oberen Ende, an dem die Schlüsselbeine ansetzen, dem verlängerten Brustbeinkörper, an dem sich seitlich sieben Kerben für die Verbindung mit den sieben oberen Rippenknorpeln befinden, und dem unteren Teil, dem Schwertfortsatz.

Der Brustkorb von vorne: Er wird nach vorne vom Brustbein, nach hinten von der Wirbelsäule gebildet. Beide Teile sind durch die Rippen miteinander verbunden. Die sieben ersten oder echten Rippen bilden mit den Einkerbungen des Brustbeins gelenkige Verbindungen. Die drei folgenden falschen Rippen sind durch Knorpelfortsätze mit der siebten Rippe verschmolzen.

DIE THORAXKNOCHEN

Der Thorax besteht vorne aus dem Brustkorb und dem Brustbein, hinten aus der Wirbelsäule und seitlich aus den Rippen.

• **Der Brustkorb** weist nach oben eine Öffnung für die Luft- und Speiseröhre und Blutgefäße auf. Nach unten wird er vom Zwerchfellmuskel abgeschlossen, der gemeinsam mit der Zwischenrippenmuskulatur beim Atmungsvorgang eine Rolle spielt. Im Brustkorb liegen verschiedene Organe: auf beiden Seiten die Lungen mit den Bronchien und den Gefäßen, in der Mitte das Herz und die Brustschlagader (Aorta), hinten die Speiseröhre, seitlich die beiden Hohlvenen und der Milchbrustgang.

Die Form des Brustkorbs wird durch das Geschlecht bestimmt. Beim Mann ist der Thorax eher kegelförmig, da Männer stärker mit Unterstützung des Zwerchfells atmen. Bei der Frau, die fast ausschließlich mit Hilfe der Zwischenrippenmuskulatur atmet, ist der Thorax eher eiförmig.

• **Zwölf Rippenpaare** hat der Mensch. Zehn von ihnen bilden den Brustkorb. Die verbleibenden Rippenpaare sind unvollständig und heißen frei endende Rippen. Die Rippen bilden Kreisbögen, die zunächst nach unten und nach vorne, dann nach oben zur Körpermitte hin verlaufen, wo sie am Brustbein (Sternum) befestigt sind. Die sieben oberen Rippenpaare setzen jeweils mit eigenem Knorpel direkt am Sternum an, während die drei darunterliegenden Paare (falsche Rippen) in einen gemeinsamen Knorpel münden, mit dem sie am Knorpel der siebten Rippe ansetzen. Dies soll die Einatmung erleichtern, denn die Atemhilfsmuskulatur zieht die Rippen tendenziell in eine horizontale Lage, wodurch zunächst das Volumen des Brustkorbs beziehungsweise das Luftvolumen in den Lungen vergrößert wird. Auf der unteren Innenseite jeder Rippe verlaufen gut geschützt Gefäße und Nerven der Zwischenrippenmuskulatur, die die Rippen miteinander verbindet.

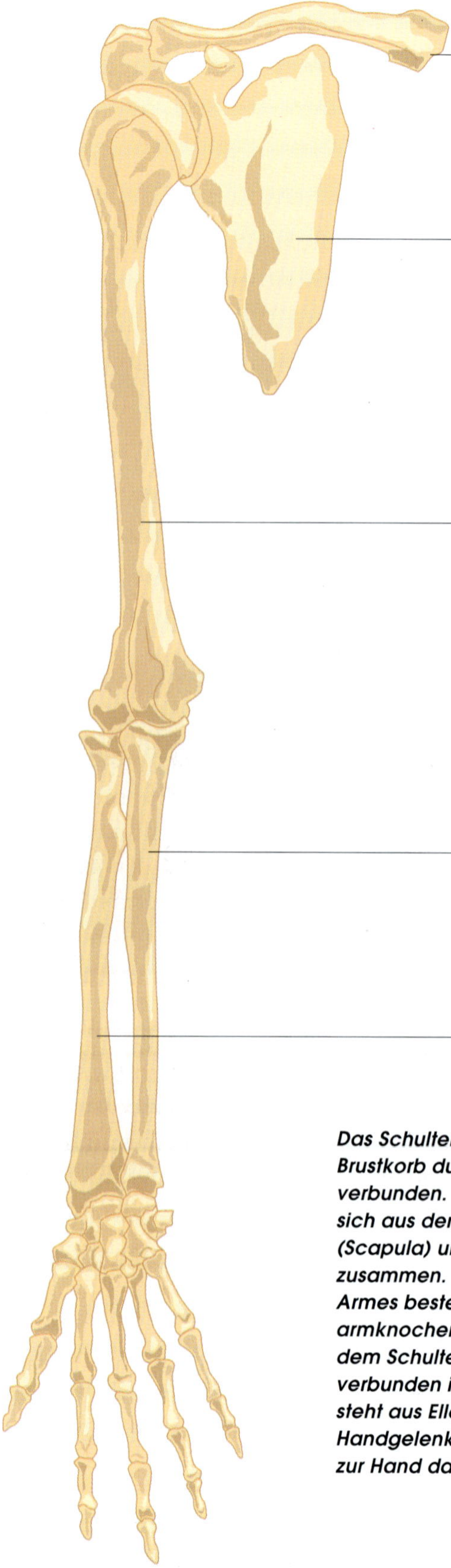

Das Schultergelenk ist mit dem Brustkorb durch das Schlüsselbein verbunden. Der Schultergürtel setzt sich aus dem Schulterblatt (Scapula) und dem Schlüsselbein zusammen. Der obere Teil des Armes besteht aus dem Oberarmknochen (Humerus), der mit dem Schulterblatt gelenkig verbunden ist. Der Unterarm besteht aus Elle und Speiche. Das Handgelenk stellt die Verbindung zur Hand dar.

DIE KNOCHEN DER GLIEDMASSEN

Das Skelett der Gliedmaßen (Beine und Arme) läßt sich in drei Abschnitte unterteilen: Der erste Abschnitt besteht aus einem einzelnen Knochen, der den Rumpf mit der Gliedmaße verbindet. Der zweite Abschnitt besteht aus zwei Knochen, der dritte aus zahlreichen Knochen (Hand- oder Fußwurzel), an die die Finger und Zehen anschließen. Die Arme verfügen über einen großen Bewegungsspielraum. Ihr Knochengerüst ist feiner, während die Beine robuster gebaut sind.

• **Die oberen Gliedmaßen.** Der Arm ist mit dem Thorax durch den Schultergürtel verbunden, der aus zwei Knochen, dem Schlüsselbein und dem Schulterblatt, besteht. Vorne bildet das Brustbein mit dem Schlüsselbein die gelenkige Verbindung zum Brustkorb. Hinten stellt die Schulterblatt-Rückenmuskulatur die Verbindung her.

Das Schlüsselbein ist ein platter Knochen, der vom oberen Brustbein bis zum äußersten Teil des Schulterblattes, der „Schulterhöhe“ (Acromion), reicht. Er steuert die Bewegungen der Schulter. Das Schulterblatt ist eine Knochenplatte, die vorwiegend aus kortikalem Knochen besteht. Es ist fast dreieckig und liegt auf der rückwärtigen Seite des Brustkorbs über den sieben ersten Rippen. Auf der rückwärtigen Oberfläche verläuft nach außen und aufsteigend die Schulterblattgräte, die in die Schulterhöhe mündet, welche mit dem Schlüsselbein eine gelenkige Verbindung eingeht. Die Schulterblattgräte teilt das Schulterblatt in eine obere und eine untere Grube. In diesen Gruben liegen die Ober- und Untergrätenmuskeln, die für die Armbewegungen zuständig sind. Am äußeren Winkel des Schulterblattes befindet sich die Gelenkfläche für den Oberarmkopf.

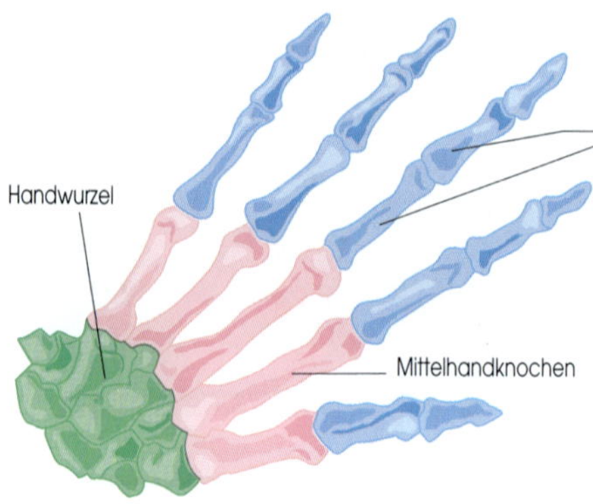

Die Hand besteht aus den Handwurzelknochen (acht kleine Knöchelchen), den Mittelhandknochen (fünf Knochen) und den aus 14 Gliedern bestehenden Fingerknochen.

Der Oberarmknochen (Humerus) ist ein langer Knochen, der am oberen Ende den runden Humeruskopf aufweist. Dieser bildet mit der Gelenkpfanne des Schulterblattes das Schultergelenk. Hinter

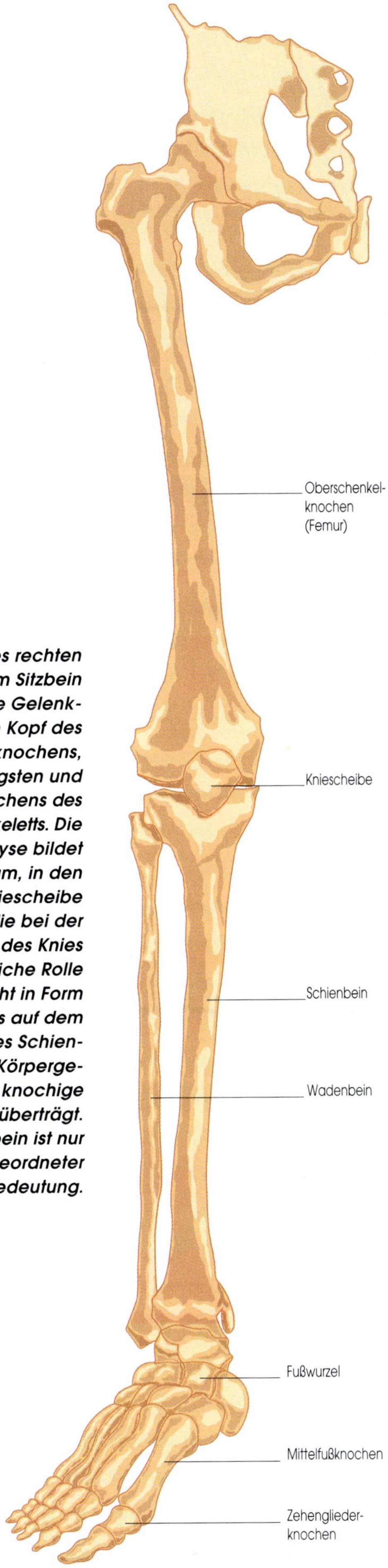

Gelenke des rechten Beins: Am Sitzbein befindet sich die Gelenkpfanne für den Kopf des Oberschenkelknochens, des längsten und dicksten Knochens des menschlichen Skeletts. Die untere Epiphyse bildet einen Hohlraum, in den sich die Kniescheibe einfügt, die bei der Gelenkfügung des Knies eine maßgebliche Rolle spielt. Sie ruht in Form eines Prismas auf dem oberen Ende des Schienbeins, das das Körpergewicht auf das knochige Fußgewölbe überträgt. Das Wadenbein ist nur von untergeordneter Bedeutung.

dem Humeruskopf liegt der große Höcker des Oberarmbeins (Tuberculum majus), an dem die Sehnen der vom Schulterblatt ausgehenden Rotationsmuskeln ansetzen. Die untere Epiphyse bildet das aus zwei Gelenkflächen bestehende Endstück: Am äußeren Gelenkkörper liegt das Köpfchen, das in einer Grube die Speiche aufnimmt, innen die sogenannte Rolle (Trochlea), die mit der Elle eine gelenkige Verbindung eingeht.

Speiche und Elle bilden das Knochengerüst des Unterarms. Die Speiche liegt in der Verlängerung des Daumens, die Elle auf der Seite des kleinen Fingers. Das obere Ende der Elle bildet den Ellenhaken (Olecranon), der die Humerusrolle umschließt und den Ellenbogen bildet. Speiche und Elle sind zierlich geformt und gegeneinander verdrehbar, um die Rotationsbewegung des Handgelenks zu erleichtern. Sie bilden mit den Handwurzelknochen das Handgelenk.

Die Handwurzel besteht aus acht Knöchelchen, die in zwei Querreihen übereinanderliegen. Zur ersten Reihe, von der Speiche bis zur Elle, gehören das Kahnbein, das Mondbein, das Dreieckbein, das Erbsenbein, das mit dem Dreieckbein eine gelenkige Verbindung bildet. Zur zweiten Reihe gehören das große und das kleine Vieleckbein, das Kopfbein und das Hakenbein. Diese Knöchelchen sind so angeordnet, daß sie nach vorne ein kleines Gewölbe und einen Kanal für die Beugersehnen der Hand entstehen lassen. Die zweite Knochenreihe steht mit der zwischen Fingern und Handgelenk gelegenen Mittelhand in gelenkiger Verbindung.

Die Mittelhand setzt sich aus fünf Röhrenknochen zusammen, die die Verbindung zwischen Handwurzel und Fingergliedern darstellen. Der kürzeste dieser Röhrenknochen bildet den Daumen. An der Daumenwurzel liegen meist einige überzählige Knöchelchen, die Sesambeine. Gelegentlich befinden sich auch an anderen Knochen der Mittelhand oder an den Fingern Sesambeine.

Die Finger bestehen aus drei Fingergliedern, die eine sehr bewegliche Struktur bilden. Der gegengreifende Daumen hat nur zwei Glieder. Die Bewegung der Finger wird durch Muskelsehnen ermöglicht.

• **Die unteren Gliedmaßen.** Sie stehen über den Beckengürtel mit dem Rumpf in Verbindung. Das Becken besteht aus den beiden Hüftknochen, die nach hinten mit dem Kreuzbein gelenkigen Kontakt aufnehmen. Auch der Hüftknochen ist ein platter Knochen, dessen drei Teile erst im Erwachsenenalter verschmelzen. Der obere Teil, das Darmbein, bildet die Darmbeinschaufel und den Darmbeinkamm, an dem unter anderem die Bauchmuskeln ansetzen. Der untere Teil, das Sitzbein,

Schematische Darstellung des Ellenbogengelenks: Der Unterdruck in der Gelenkkapsel sorgt dafür, daß die Knochen in Kontakt bleiben.

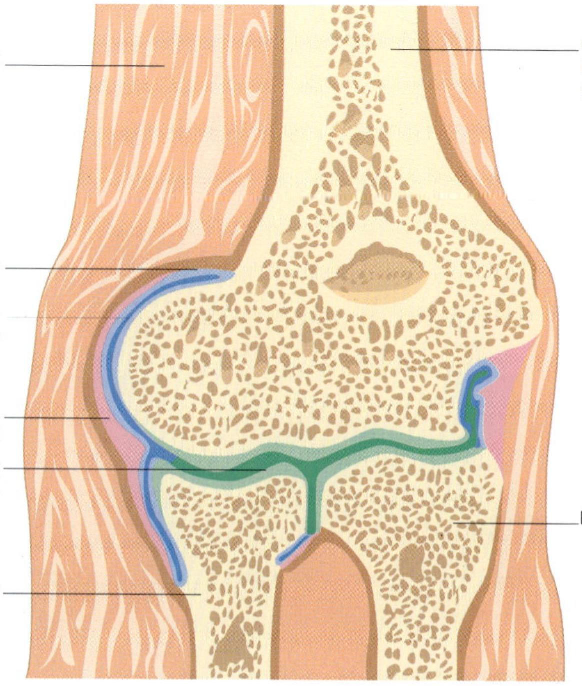

bildet die Hüftgelenkspfanne für den Femurkopf und den Sitzbeinhöcker, den unteren Teil des Gesäßes, an dem die ischiokrurale Muskulatur ansetzt, die für die Rückwärtsbewegung des Schenkels verantwortlich ist. Vorne liegen die beiden Schambeine, die mit einer Faserknorpelplatte miteinander verbunden sind und die Schambeinfuge (Symphyse) bilden.

Die aus diesen Knochen bestehenden Hüftbeine bilden das Becken, das nach hinten vom Kreuzbein abgeschlossen wird. Die Form der inneren Öffnung des Beckens ist bei Mann und Frau verschieden. Das weibliche Becken muß für den Geburtsvorgang breiter gebaut sein.

In der Geburtshilfe spricht man vom geraden Durchmesser zwischen der Schambeinfuge und dem Kreuzbein. Dieses Maß gibt Auskunft über die Möglichkeit einer natürlichen Geburt. Stehen der Durchmesser des Kindskopfes und der gerade Durchmesser des weiblichen Beckens in einem Mißverhältnis zueinander, spricht man von einem Geburtshindernis.

Das Schenkelbein (Femur) ist der längste Röhrenknochen des Skeletts, der Oberschenkel. Die obere Epiphyse besteht nach innen aus dem Schenkelhals und dem Femurkopf, der mit der Hüftgelenkspfanne des Beckens das Hüftgelenk bildet, und nach außen aus dem großen Rollhügel. Unter dem Schenkelhals liegt der kleine Rollhügel. Die Rollhügel sind die Ansatzstellen für die Rotationsmuskulatur, die den Schenkel zum Bauch hinziehen. Die untere Epiphyse des Femurs ist aufgebläht und besteht aus zwei Gelenkknorren, die mit dem Schienbeinkopf das Kniegelenk bilden.

Das Schienbein (Tibia) und das Wadenbein (Fibula) sind die Knochen des Unterschenkels. Das Schienbein ist ein solider Knochen von prismatischer Form. Ein Schienbeingrat ist am vorderen Unterschenkel deutlich spürbar. Der Schienbeinkopf bildet ein Knochenplateau, auf dem die Gelenkknorren des Oberschenkelknochens ruhen. Dazwischen liegen Knorpelscheiben (Menisken). Der untere Schienbeinkopf bildet den inneren Teil des Fußgelenks oder den inneren Knöchel. Das Wadenbein ist rauher als das Schienbein und liegt im Verhältnis zu diesem außen. Es bildet den äußeren Fußknöchel und gibt dem Fußgelenk seine Stabilität.

Die Kniescheibe (Patella) ist eine Art dreieckige Platte und sitzt vorne auf dem Kniegelenk. Sie ist von der starken Sehne des vierköpfigen Schenkelstreckers und dem Kniescheibenband umschlossen. Die Kniescheibe übernimmt eine wichtige Funktion bei der Streckung des Kniegelenks und verhindert eine Überstreckung nach vorne.

DIE GELENKE

Es gibt drei Arten stabiler Gelenkverbindungen: Gelenkbänder bestehen vor allem aus kollagenen Fasern (zum Beispiel die Zwischenknorpelmembran von Elle und Speiche). Gelenkknorpel weisen eine glasige Knorpelschicht auf und sorgen für geringe Beweglichkeit (zum Beispiel bei Rippenknorpeln). Knöcherne Gelenke gewähren dagegen vollkommene Festigkeit (zum Beispiel zwischen den Schädelknochen).

Die flexiblen Gelenkverbindungen ermöglichen je nach Gelenk einen mehr oder weniger großen Bewegungsspielraum. Die knöchernen Gliedmaßen münden in eine faserhaltige Gelenkkapsel, die auf der Innenseite mit der Synovialmembran ausgekleidet ist. Diese sondert die Gelenkschmiere (Synovia) ab, die die Gelenkflächen mit einem schleimigen Film überzieht. Oft wird die Gelenkkapsel außen von Bändern verstärkt. Sie verbinden die beiden Knochen, die das Gelenk bilden.

DIE MUSKELN

DIE MUSKELN sind die motorischen Elemente des Organismus, die durch Kontraktion und Entspannung Bewegung ermöglichen. Man unterscheidet zwischen zwei Muskelarten: der Skelettmuskulatur und der glatten Muskulatur.

Die Skelettmuskulatur ist dem Willen unterworfen. Sie verläuft über ein Gelenk, bewegt dieses und ist von quergestreifter Struktur. Man nennt diese Art der Muskulatur rote oder willkürliche Muskulatur.

Die glatte Muskulatur ist nicht an der willentlichen Bewegung des Körpers beteiligt, sondern findet sich in Organen wie zum Beispiel Herz, Darm und Blase. Diese Eingeweidemuskeln haben eine glatte Struktur. Man nennt diese Art der Muskulatur weiße oder unwillkürliche Muskulatur.

Der Herzmuskel stellt in dieser Klassifikation einen Sonderfall dar, denn er ist ein roter quergestreifter, aber unwillkürlicher Muskel. Auch die Hautmuskeln bilden eine Ausnahme, denn sie liegen unter der Haut, die sie bewegen. Sie sind nur gering entwickelt, kommen vor allem am Kopf und Hals vor und sind für Mimik und Gesichtsausdruck verantwortlich.

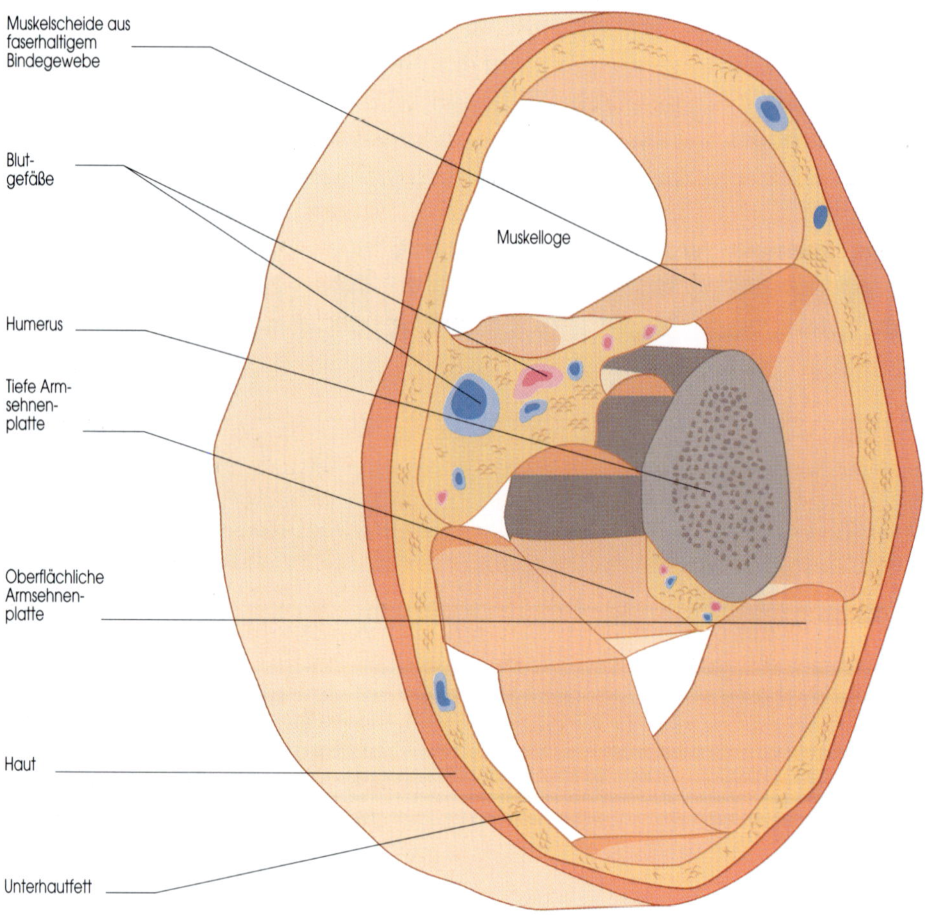

Querschnitt durch den Arm: Die Muskellogen füllen die weißen Freiräume aus.

DIE SKELETTMUSKELN

Die rote Färbung dieser Muskeln erklärt sich durch eine hohe Konzentration des Pigments Myoglobin, das strukturell mit dem Hämoglobin des Blutes vergleichbar ist. Man unterscheidet lange und breite Muskeln, die je nach Funktion in unterschiedlicher Form auftreten.

Lange Muskeln mit einer spindelähnlichen Form finden sich an den Gliedmaßen. Der dickste Teil dieser Muskelspindel heißt Muskelbauch. An ihrem Ende bilden sie Sehnen aus Bindegewebe, die an den Knochen ansetzen. Manche Muskeln haben mehrere Bäuche und Sehnen an einem Ende und am anderen Ende nur eine große Sehne, in die alle Bäuche einmünden. Dies ist beim Bizeps- und Trizepsmuskel am Oberarm und Oberschenkel und beim vierköpfigen Oberschenkelmuskel der Fall.

Andere Muskeln haben eine ringförmige Struktur und können, wenn sie sich zusammenziehen (Kontraktion), eine Körperöffnung verschließen. Zu ihnen gehören Schließmuskeln, wie zum Beispiel der Anus, und die Ringmuskeln der Augen und des Mundes. Die breiten Muskeln enden aufgrund ihrer Ausdehnung in mehreren Sehnen oder in einer Sehnenplatte oder Sehnenhaut (Aponeurose).

DIE EINGEWEIDEMUSKELN

Die Wände der weichen Organe werden teilweise aus Eingeweide- oder Viszeralmuskeln gebildet. Die Muskelfasern sind hier entweder längs, schräg oder kreisförmig angeordnet. Einige Muskelfasern bilden

Schließmuskeln, die die Öffnung bestimmter Organe oder Kanäle regulieren: der Magenpförtner am Magenausgang, der Sphinktermuskel am Ende des Gallenblasenkanals oder der willkürliche und unwillkürliche Afterschließmuskel. Die rhythmische Kontraktion dieser glatten Muskeln bewegt zum Beispiel bei der Verdauung die Nahrung im Darm (Peristaltik).

DIE MUSKELFUNKTION

Unabhängig davon, ob es sich um Skelett- oder Eingeweidemuskeln handelt, wird jede Muskelbewegung durch einen Reiz (Stimulus) ausgelöst. Der Ursprung dieses Reizes kann thermischer (warm oder kalt), mechanischer (Schlag, Stich, Druck) oder elektrischer Natur sein. Im Labor bedient man sich letztgenannter Methode, um die Reizbarkeit und Kraft eines Muskels zu untersuchen, da Intensität und Dauer eines elektrischen Impulses absichtlich verändert werden können. Beim Menschen werden diese Reize immer über motorische Nerven zum Muskel geleitet, der dann mit einer Kontraktion reagiert: Der erregte Muskel verkürzt sich und wird gleichzeitig dicker, ohne jedoch seine Masse zu vergrößern. Eine Kontraktion setzt Wärme frei. Ein weiteres Kennzeichen des Muskels ist seine Dehnbarkeit (Elastizität). Der Muskel nimmt sowohl nach einer Dehnung als auch nach einer Kontraktion seine ursprüngliche Form wieder an. Diese Eigenschaften erlauben Bewegungen wie Strecken und Beugen, wobei sich eine Muskelgruppe kontrahiert, während die Gegenspieler (die für die Gegenbewegung zuständig sind) sich dehnen lassen. Nur so wird Bewegung möglich.

Skelettmuskeln kontrahieren sich wesentlich schneller als die glatten Muskeln.

Die Arbeit, die ein Muskel leistet, hängt von der Kraft ab, die er entwickeln kann, also von seiner

Die Struktur der Muskeln

Das Perimysium ist eine dünne bindegewebige Muskelhülle, die die Oberfläche der roten Muskeln bedeckt. Es bildet nach innen Häutchen aus (Endomysium), die den Muskel in Muskelfaserbündel unterteilen. Jede Muskelfaser formt einen dünnen und zwischen drei und zwölf Zentimeter langen Zylinder aus, der nur wenige Dutzend Mikrometer dick ist. Jede Faser besitzt mehrere Zellkerne, die in einer Grundsubstanz schwimmen und Proteine (Aktin und Myosin) enthalten, deren Position die Kontraktion und Entspannung des Muskels erlaubt. Die besondere Anordnung dieser Fasern ergibt eine doppelte Streifenstruktur: eine weniger deutliche Längsstreifung und eine klare Querstreifung, die diesen Muskeln ihren Namen verleiht. Jede Faser wird von einem Blutgefäß genährt und steht mit zwei Nerven in Verbindung. Der motorische Nerv leitet den Bewegungsimpuls zum Muskel, der sensorische Nerv leitet Informationen über den Zustand des Muskels und das Ausmaß seiner Kontraktion an das zentrale Nervensystem weiter.

Auch die glatten Muskeln bestehen aus Fasern. Diese sind jedoch nur 22 bis 560 Mikrometer lang und zwischen vier und 22 Mikrometer dick. Die Fasern besitzen nur einen einzigen Zellkern und weisen keine Streifung auf. Die Nervenaktivität dieser unwillkürlichen Muskulatur wird vom vegetativen Nervensystem gesteuert.

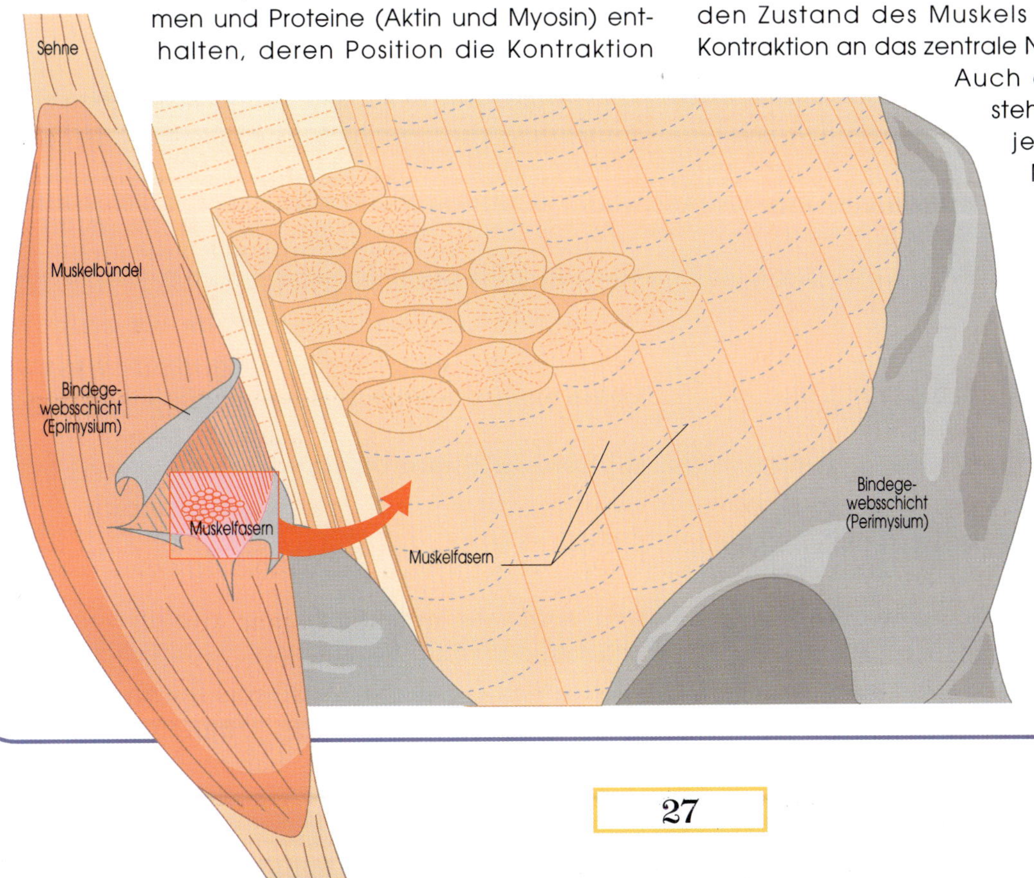

Der quergestreifte Muskel besteht aus einzelnen Muskelfaserbündeln. Die Vergrößerung links zeigt das Innere eines solchen Faserbündels.

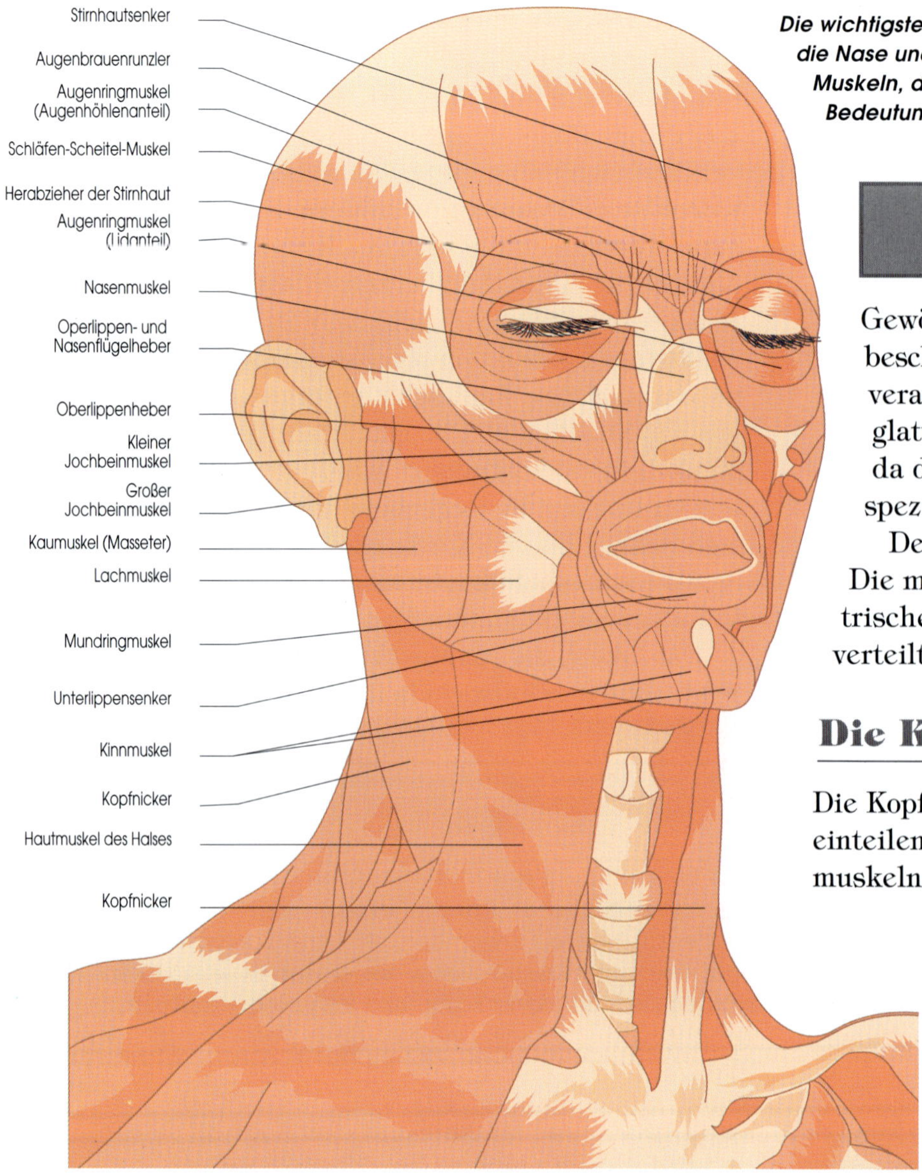

Die wichtigsten Gesichtsmuskeln: Die Hautmuskeln, die die Augen, die Nase und den Mund umgeben, heißen auch mimische Muskeln, denn sie sind für den Gesichtsausdruck von großer Bedeutung.

Masse. Die Masse wird von der im Muskel enthaltenen Anzahl der Muskelfasern bestimmt. Die von den Muskeln produzierte Wärme läßt die Körpertemperatur ansteigen. Bei einem Radrennfahrer oder Marathonläufer kann sie im Wettkampf 39 bis 40 Grad Celsius erreichen. Wer friert, sollte sich deshalb bewegen.

Muskeln brauchen für ihre Aktivität „Nahrung“. Diese besteht vorwiegend aus Zucker, Fett- und Eiweißstoffen (Protein), die im Organismus vorhanden sind oder mit der Nahrung aufgenommen werden.

Sauerstoff ist ein weiterer notwendiger Muskelnährstoff und wird durch das im Blut vorhandene Hämoglobin transportiert. Dies erklärt die große Anzahl von Blutgefäßen in den Muskeln. Körperliches Training verhilft dem Muskel dazu, neue Gefäße zu bilden und auf diese Weise seine Kraft und Ausdauer zu steigern.

DIE MUSKELN DES OBERKÖRPERS

Gewöhnlich werden nur die Skelettmuskeln beschrieben, die für die Bewegungen des Körpers verantwortlich sind. Die Beschreibung der glatten Muskulatur wird selten näher erläutert, da diese Muskulatur in jedem Organ sehr spezifische Funktionen erfüllt.

Der Mensch verfügt über 327 Skelettmuskeln. Die meisten von ihnen befinden sich in symmetrischer Anordnung über beide Körperhälften verteilt.

Die Kopfmuskulatur

Die Kopfmuskulatur läßt sich in zwei Kategorien einteilen: die Hautmuskeln und die Skelettmuskeln.

- **Zahlreiche Hautmuskeln** befinden sich im Bereich des Kopfes. Ohne diese Muskeln wären Mimik und Gesichtsausdruck nicht möglich.

  Das Schädeldach wird von einem langen Hautmuskel bedeckt, der Kopfschwarte. Man unterscheidet drei Teile: einen vorderen Teil (Stirnmuskel oder Aufmerksamkeitsmuskel, da er die Stirn in Falten legt), einen mittleren (Sehnenhaube) und einen hinteren Teil (Hinterhauptmuskel, der durch seine Kontraktion die behaarte Kopfhaut nach hinten zieht). Drei schwach entwickelte Hautmuskeln liegen im Bereich der Ohren, die beim Menschen im Gegensatz zu manchen Tierarten nur geringe Ohrbewegungen zulassen.

Auf der Stirn liegt der Stirnhautsenker, der durch seine Kontraktion Querfalten verursacht und dem Gesicht einen bedrohlichen Ausdruck verleihen kann.

Der Augenringmuskel liegt rund um das Auge. Man kann das Auge mit diesem Muskel öffnen und schließen.

Der Wangenknochen wird vom Jochbeinmuskel bedeckt, der den Mund in die Breite verlängert (etwa beim Lachen) und die Mundwinkel nach oben zieht. Die Oberlippe wird vom Oberlippen- und Nasenflügelheber nach oben gezogen. Er verleiht dem Gesicht einen Ausdruck von Abscheu, da er die Mundwinkel unbewegt läßt und die Nasenlöcher weitet.

Der Viereckmuskel der Unterlippe setzt am Unterkiefer an. Er zieht die Unterlippe nach unten und außen: Der Mund drückt Ekel aus. Der Ringmuskel der Unterlippe setzt an den Mundwinkeln an und erlaubt Bewegungen des Mundes wie Küssen und Saugen. Der Lachmuskel bringt Ärger oder starkes Lachen zum Ausdruck. Der Mundringmuskel rund um den Mund gewährleistet Öffnen und Schließen des Mundes.

Der Backenmuskel liegt auf der Wange zwischen Schläfe, Nase und Unterkiefer. Mit ihm kann man die Mundwinkel nach hinten ziehen und gleichzeitig die Lippen so spitzen, daß Ausblasen des Atems oder Pfeifen möglich ist. Alle bisher aufgeführten Muskeln werden von einem einzigen Nerv, dem Gesichtsnerv, angeregt, der zum siebten Paar der Hirnnerven gehört.

• **Die Skelettmuskeln,** die den Unterkiefer bewegen, heißen Kaumuskeln. Es gibt auf jeder Körperseite vier solcher Muskeln: den Schläfenmuskel, den eigentlichen Kaumuskel (Masseter) und den inneren und äußeren Flügelmuskel. Die Schläfenmuskeln und der Kaumuskel ziehen den Kiefer nach oben, der äußere Flügelmuskel schiebt den Kiefer nach vorne, während der innere Flügelmuskel ihn anhebt.

Die Halsmuskeln

Der vierseitige Halshautmuskel (Platysma) dehnt sich seitlich am Hals sehr weit aus. Er zieht die Mundwinkel nach unten und zur Seite, legt die Haut am Hals in Querfalten und zieht die Haut der Brust nach oben.

Die anderen Skelettmuskeln des Halses sind in vordere, seitliche und hintere Muskeln eingeteilt.

Die vorderen Halsmuskeln sind nach ihrer Lage über oder unter dem Zungenbein benannt. Der Kopfwender ist der wichtigste Halsmuskel. Er entspringt an Brust- und Schlüsselbein und setzt am Warzenfortsatz des Schläfenbeins an. Er dreht bei einseitiger Kontraktion den Kopf zur Seite, bei beidseitiger Verkürzung hebt oder neigt er den Kopf. Die oberen vier Zungenbeinmuskeln verbinden das Zungenbein mit dem Unterkiefer und der Schädelbasis: der Unterkiefer-Zungenbein-Muskel, der

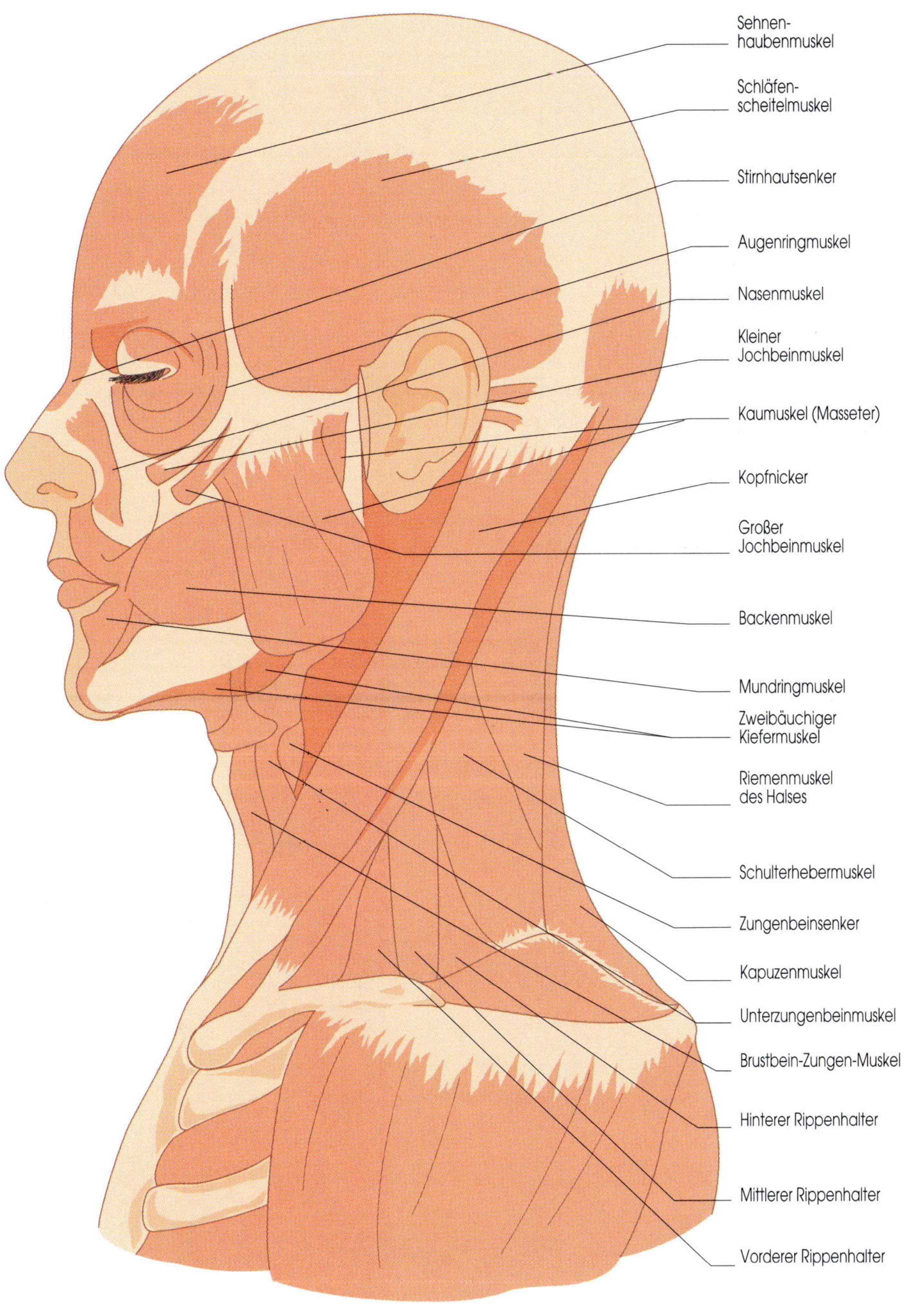

Kinn-Zungenbein-Muskel, der Griffel-Zungenbein-Muskel und der zweibäuchige Kiefermuskel. Diese Muskeln spielen beim Schluckvorgang eine Rolle, indem sie den Unterkiefer senken oder das Zungenbein anheben.

Die vier unteren Zungenbeinmuskeln erstrecken sich vom Zungenbein zum Brustbein und wirken bei der Absenkung des Kehlkopfes mit: Es handelt sich um den Brust-Zungenbein-Muskel, den Brustbein-Schildknorpel-Muskel, den Schulter-Zungenbein-Muskel und den Schildknorpel-Zungenbein-Muskel.

Die seitlichen Muskeln sind die Treppenmuskeln, die an den Wirbeln und den Rippen ansetzen. Sie ermöglichen die Weitung des Brustkorbs und somit die Einatmung.

Die hinteren Treppenmuskeln wirken bei der Bewegung der Halswirbelsäule mit.

Die Muskeln des Rumpfes

Man unterscheidet zwischen Bauch- und Rückenmuskulatur:

Die Bauchmuskulatur besteht beidseitig aus dem geraden Bauchmuskel, den inneren und äußeren schrägen Bauchmuskeln und dem queren Bauchmuskel, der die Innenwand der Bauchhöhle bildet. Der gerade Bauchmuskel ist ein bandförmiger und von einer Sehnenscheide umgebener Muskel, der vom Brustbein bis zum Schambein reicht. Er ermöglicht ein Vorbeugen des Oberkörpers. Er hebt außerdem das Becken und gewährleistet die Krümmung

Die Thoraxmuskeln

Man unterscheidet die Brustkorb-Arm-Muskeln, die den Brustkorb mit den Armen verbinden, von den eigentlichen Brustmuskeln, die von der Wirbelsäule zu den Rippen verlaufen. Die Brustkorb-Arm-Muskeln bilden die Brustmuskulatur. Der große Brustmuskel, der sich vom Brust- und Schlüsselbein zum Oberarmbein erstreckt, bedeckt alle anderen Muskeln. Er zieht den Arm an den Körper. Ist der Arm fixiert, hebt er den Rumpf an. Der kleine Brustmuskel, der wie der ebenfalls an den Rippen ansetzende vordere Sägemuskel zur Atemhilfsmuskulatur gehört, liegt unter dem großen Brustmuskel und hebt die Rippen an.

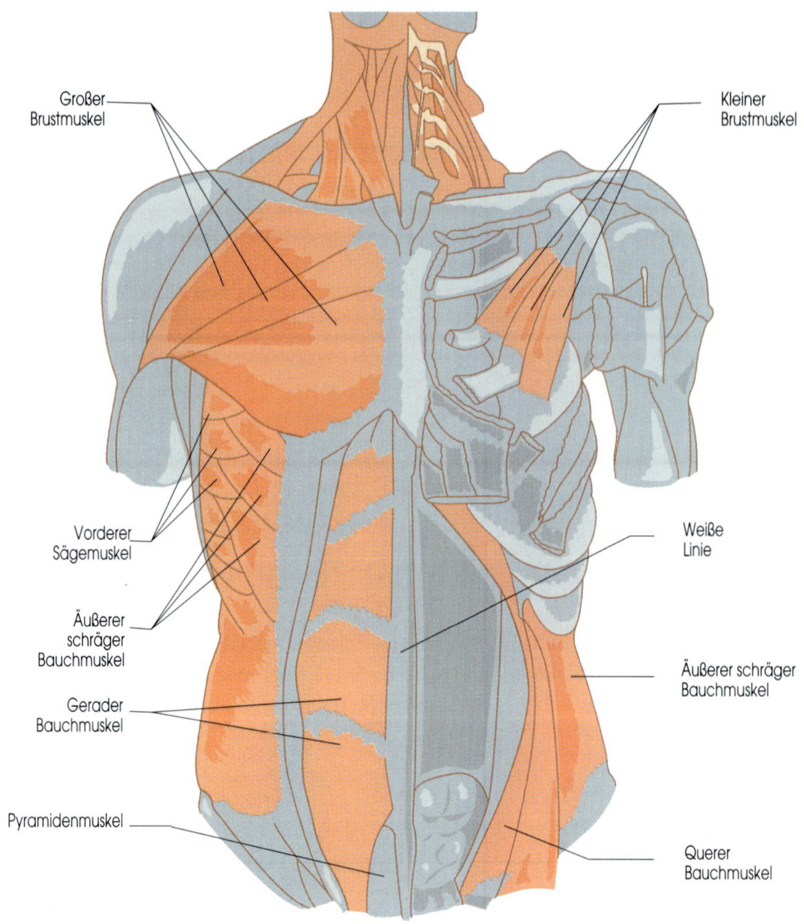

Die eigentlichen Brustkorbmuskeln sind vor allem die Zwischenrippenmuskeln, die die Rippen miteinander verbinden und die Atmung unterstützen. Die Unterrippenmuskeln, die Rippenheber und die quere Brustmuskulatur unterstützen ebenfalls die Atmung.

Das Zwerchfell ist ein Muskel, der gewölbeartig über die Bauchhöhle gespannt ist und diese vom Brustkorb trennt. Er setzt an den Rippen, den Lendenwirbeln und dem Brustbein an und wird durch den Zwerchfellnerv aktiviert. Bei der Kontraktion flacht das Zwerchfell ab und vergrößert dadurch das Volumen des Brustkorbs. Gleichzeitig wird der Druck in der Bauchhöhle erhöht, was in Verbindung mit dem Druck der Bauchmuskeln für die Entleerung des Darmes, aber auch für eine Entbindung bedeutend ist.

der Wirbelsäule. Die schrägen Bauchmuskeln setzen an den letzten Rippen und dem Darmbein an. Sie wirken bei der Hebung des Beckens mit, senken die Rippen und unterstützen die Ausatmung.

Der quere Bauchmuskel sorgt für die Einengung der Bauchhöhle und unterstützt durch seine Wirkung auf den Brustkorb die Ausatmung. Er spielt eine wichtige Rolle bei der Darmentleerung, beim Erbrechen und beim Gebären.

Zur Rückenmuskulatur gehören der viereckige Lendenmuskel und die Rückenmuskeln. Der Lendenmuskel schließt die Bauchhöhle nach hinten ab und ist verantwortlich für die seitliche Neigung der Wirbelsäule. Die unteren Rückenmuskeln liegen über dem Kreuzbein und dem Steißbein. Sie haben Schutzfunktion.

DIE MUSKELN DER GLIEDMAßEN

Die Muskeln der oberen Gliedmaßen

Der sichtbarste Muskel der Schulter ist der dreieckige Deltamuskel, der die Schulter dreht. Er entspringt an Schlüsselbein und Schulterblatt und verläuft am oberen Teil des Oberarmknochens (Humerus). Der Deltamuskel hebt den Arm an und kann ihn seitlich mit einem Winkel von bis zu 90 Grad vom Oberkörper abspreizen. Das Schulterblatt ist Ansatzfläche für fünf andere Muskeln, die alle bis zum Humerus reichen und die Rotatorenmanschette der Schulter

Die Rückenmuskeln

Man unterscheidet hier zwei Muskelgruppen: die oberflächliche und die tiefe Rückenmuskulatur.
Die oberflächlichen Muskeln sind breitflächig und setzen an den Wirbeln und den Armen an. Der Kapuzenmuskel weist eine dreieckige Form auf, zeigt sich oben an den Halswirbeln und am Hinterhauptbein sowie in der Mitte des Schulterblattes. Er neigt den Kopf nach hinten und hebt die Schultern an. Der ebenfalls dreieckige breitflächige Rückenmuskel befindet sich an den Brust- und Lendenwirbeln und am Humerus. Er zieht durch seine Kontraktion den Arm und die Schulter unter Einwärtsdrehung nach hinten und nach unten. Der hintere Sägemuskel reicht von den Wirbeln bis zu den Rippen. Der obere Teil hebt die Rippen an, während der untere Teil die Rippen senkt. Die tiefen Rückenmuskeln dienen der Bewegung der Rippen und der Wirbelsäule. Sie setzen an der Wirbelsäule und den Rippen an. Diese Muskeln wirken entweder bei der Atembewegung mit, oder sie richten die Wirbelsäule auf und halten den Körper aufrecht.

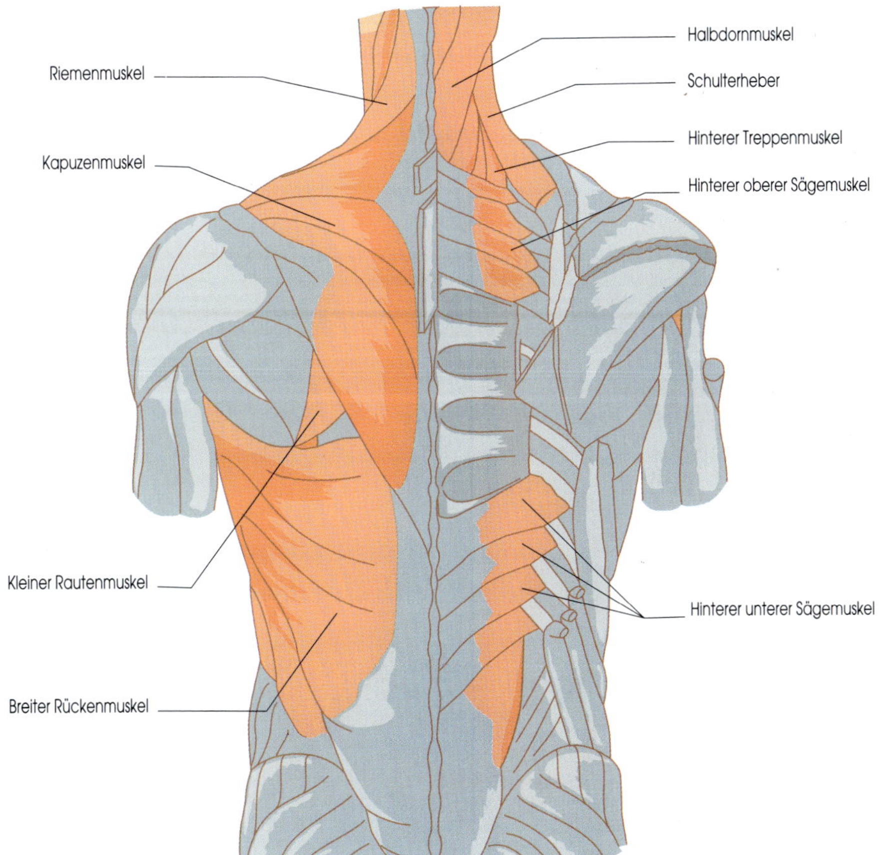

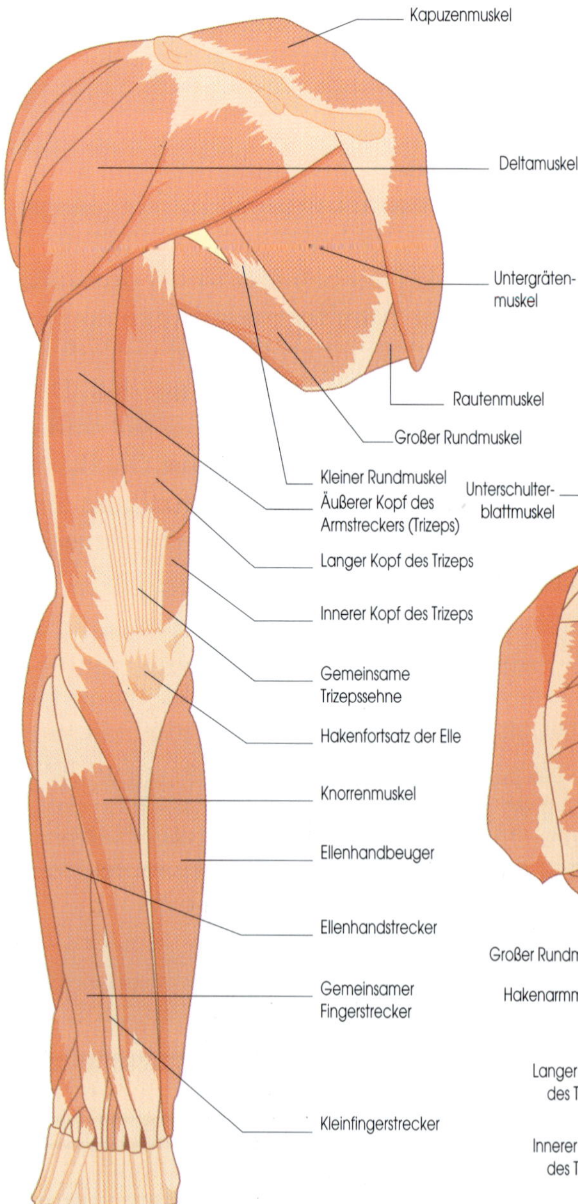

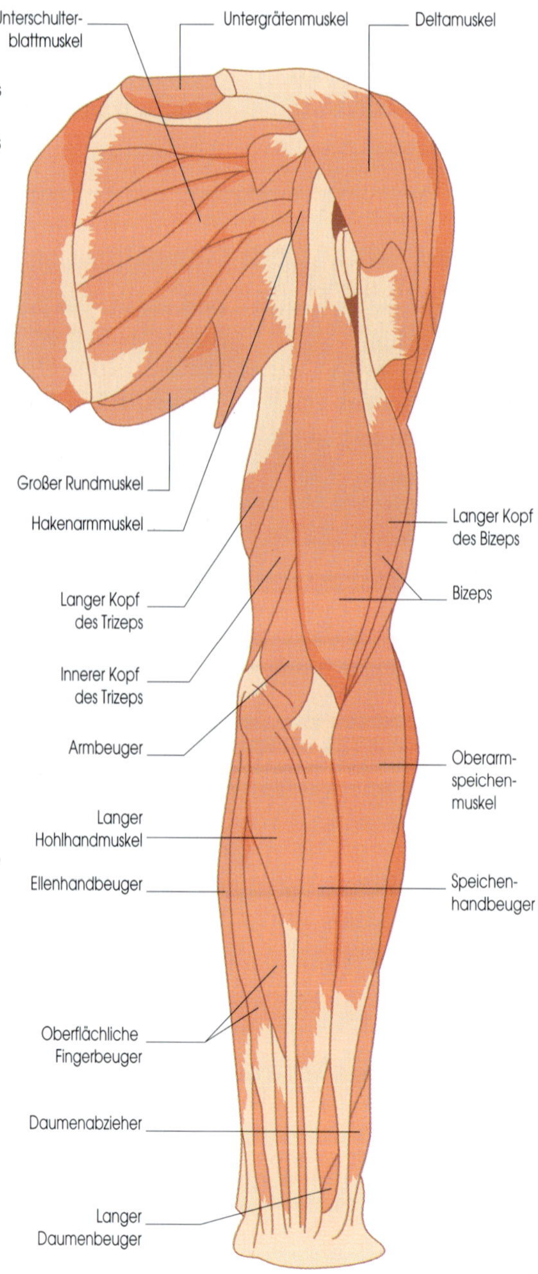

bilden. Dazu gehören der Obergrätenmuskel, der Untergrätenmuskel, der Unterschulterblattmuskel und der große und kleine Rundmuskel. Sie ermöglichen die Bewegungen der Schulter. Eine Sehnenentzündung der Schulter kann auf eine Entzündung bestimmter Sehnen dieser Muskeln zurückgehen.

Man unterscheidet am Arm zwei Muskellogen, eine vordere Loge (Bizeps, Hakenarmmuskel und Armbeuger) und eine hintere Loge (Trizeps), die funktionell paarweise verknüpft sind (Agonist und Antagonist). Der Bizeps (mit dickem Muskelbauch) setzt mit beiden Sehnen oben am Schulterblatt und unten an der Speiche an. Seine Funktion besteht darin, den Unterarm zum Oberarm heranzuziehen und den Unterarm nach außen zu drehen, so daß die Handfläche nach oben weist. Der Hakenarmmuskel reicht vom Schulterblatt bis zum Humerus, ist jedoch kleiner als der Bizeps. Durch seine Kontraktion wird der Arm nach vorne und oben geführt. Der Armbeuger verbindet den Humerus mit der Elle und beugt den Ellenbogen.

In der hinteren Muskelloge befindet sich der Trizeps mit drei Sehnen, die am Schulterblatt wie auch oberhalb und unterhalb der Mitte des Humerus ansetzen. Diese drei Muskelköpfe vereinigen sich zu einem Muskelbauch, der den hinteren Teil des Armes formt und am Hakenfortsatz der Elle (Ellenbogen) ansetzt. Er wirkt antagonistisch zum Bizeps: Während der Bizeps sich entspannt, streckt der Trizeps den Unterarm.

Die anatomische Bezugsgröße für die Beschreibung der Handmuskeln und Handhaltung ist die nach oben weisende Handfläche, deren Daumen nach außen zeigt. Die Handmuskeln sind auf der Seite des Daumens (Daumenballen) und des kleinen Fingers (Kleinfingerballen) besonders kräftig entwickelt. Zu den Daumenmuskeln gehören der lange Daumenabzieher, der den Daumen nach außen zieht, und der Daumengegensteller, der den Daumen dem kleinen Finger entgegenstellt. Der kurze Daumenabzieher unterstützt die Wirkung des langen Daumenabziehers. Der Daumenabzieher zieht den Daumen zur Handfläche, und der kurze Daumenbeuger unterstützt den langen Daumenbeuger (des Unterarms) bei der Beugung des Daumens.

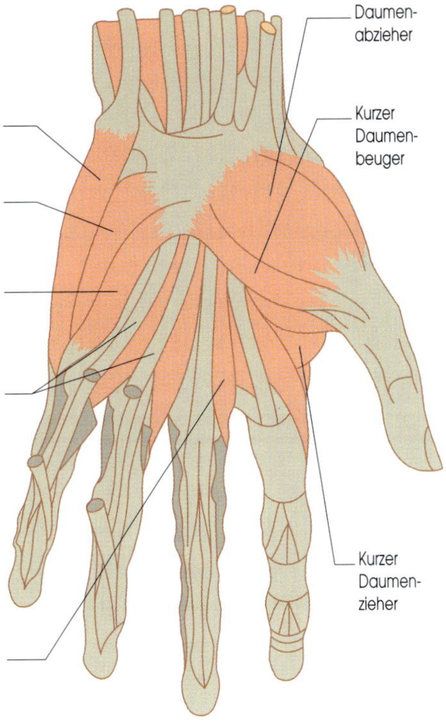

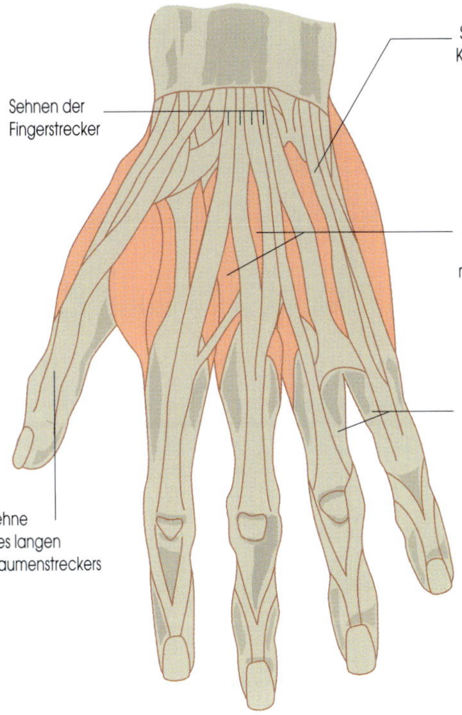

Der kurze Kleinfingerbeuger, der Kleinfingerabzieher, der den kleinen Finger nach außen zieht, und der Kleinfingergegensteller liegen auf der Seite des Kleinfingerballens. Die dünnen Wurmmuskeln, die den Zeigefinger zur Handfläche beugen und den Mittel- und Ringfinger strecken, gehören zu den Muskeln der Handfläche. Die Zwischenknochenmuskeln können die Finger zur Handachse hinziehen oder von ihr wegbewegen. Die Finger können so aneinandergelegt oder fächerförmig gespreizt werden.

Die Muskeln der unteren Gliedmaßen

Die Hüftmuskulatur setzt oben am Beckenknochen und dem unteren Teil der Wirbelsäule, unten am Oberschenkelknochen (Femur) an. Der Lenden-Darmbein-Muskel, der in der Darmbeingrube liegt, setzt am Femur an und zieht den Oberschenkel mit leichter Auswärtsdrehung zum Becken hin oder neigt den Rumpf nach vorne. Die Gesäßmuskeln verlaufen entlang der Außenseite des Beckens. Es gibt drei Gesäßmuskeln, die in mehreren Schichten übereinanderliegen. Der große Gesäßmuskel (Glutaeus maximus) streckt den Oberschenkel und ermöglicht das Aufstehen aus der Sitzposition. Der mittlere Gesäßmuskel gehört zu den Außenrotatoren. Zu dieser Muskelgruppe zählen auch kleinere Muskeln wie der birnförmige Muskel, der innere Hüftlochmuskel und der vierseitige Schenkelmuskel.

Die Schenkelmuskeln sind in drei Muskellogen angeordnet.In der vorderen Loge liegen der vierköpfige Schenkelmuskel (Quadrizeps femoris) und der Schneidermuskel. Der Quadrizeps ist ein großer, sehr kräftiger Muskel, der aus vier Muskelbäuchen besteht, die sich oberhalb der Kniescheibe zur Quadrizepssehne vereinigen und an der oberen Vorderseite des Schienbeins als Kniescheibenband ansetzen. Der Quadrizeps streckt das Bein in der Verlängerung des Schenkels. Der Schneidermuskel geht vom vorderen oberen Darmbeinstachel aus, überquert den Quadrizeps nach schräg unten und verläuft an der oberen Innenseite des Schienbeins. Er ist als Schenkelbeuger und Kniegelenkstrecker beim Gehvorgang beteiligt.

Die mittlere Muskelloge liegt innen am Bein und beherbergt die Adduktoren, deren Funktion das Heranziehen des Schenkels an die Körperachse ist. Zu den Schenkelanziehern gehört auch der Kamm-Muskel und der äußere Hüftlochmuskel.

In der hinteren Muskelloge des Oberschenkels liegen der zweiköpfige Schenkelmuskel (Bizeps femoris), der Halbsehnenmuskel und der Plattsehnenmuskel, die man auch Sitzbein-Schienbein-Muskeln nennt. Ihre Funktion besteht darin, den Unterschenkel nach hinten auf den Oberschenkel zu ziehen und bei gebeugtem Knie den Oberschenkel im Verhältnis zum Becken zu strecken. Die Muskeln des Unterschenkels sind ebenfalls in drei

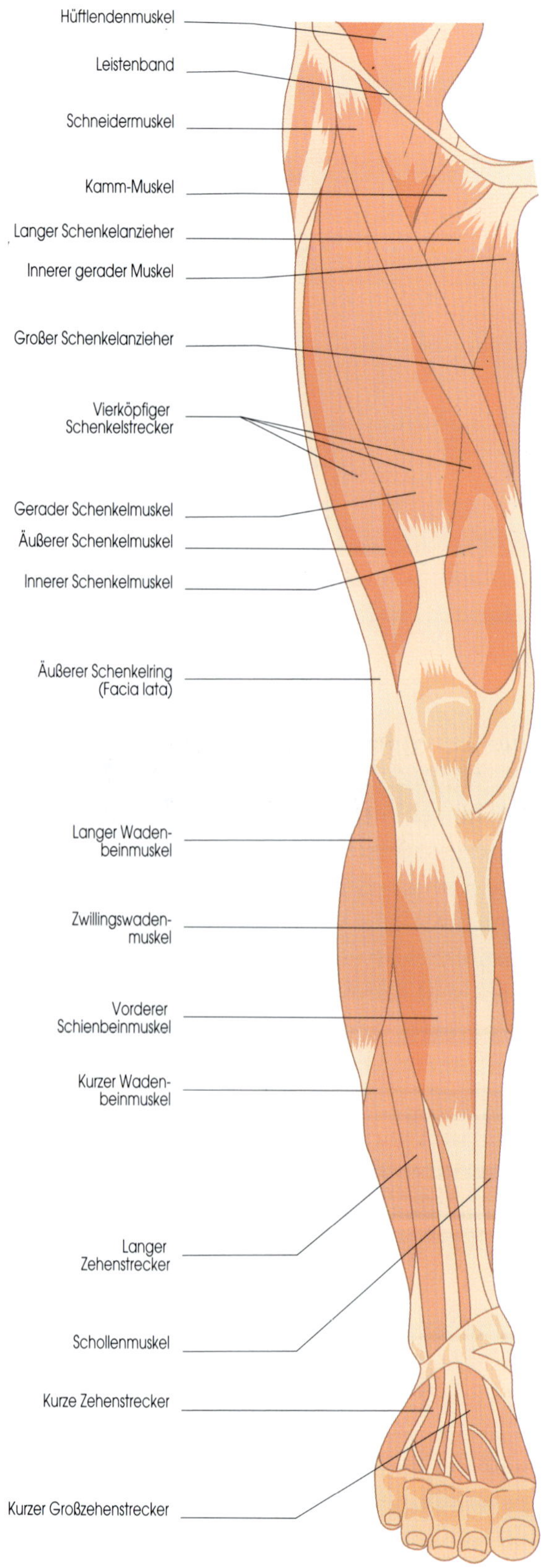

Muskellogen unterteilt. Der vordere Schienbeinmuskel, der lange Zehenstrecker und der lange Großzehenstrecker bilden die vordere und wichtigste Loge, da sie die Beugung des ganzen Fußes oder nur der Zehen ermöglichen. Der lange und der kurze Wadenbeinmuskel, die als Abziehmuskeln (Abduktoren) den Fuß nach außen anheben, bilden die seitliche Loge. Die Muskeln der rückwärtigen Loge strecken den Fuß und die Zehen und ermöglichen dadurch den Zehenstand (zum Beispiel bei Tänzerinnen). Der größte dieser Muskeln ist der dreiköpfige Wadenmuskel, der drei Muskelbäuche aufweist und in die Achillessehne mündet. Zwei Wadenmuskeln bilden den Zwillingswadenmuskel, der dritte ist der tiefer liegende Schollenmuskel. Die Achillessehne setzt an der hinteren Oberfläche des Fersenbeines an. Die anderen rückwärtigen Muskeln sind der gemeinsame Zehenbeuger, der Großzehenbeuger und der hintere Schienbeinmuskel, der entweder die Fußspitze nach außen zieht oder den Fuß nach innen dreht. Der Kniekehlenmuskel beugt das Bein und dreht es nach innen.

Der kurze Zehenstrecker, der auf dem Fußrücken liegt, zieht die Zehen nach oben. Auf der Fußunterseite befinden sich drei Muskelgruppen. Die innere bewegt die Großzehe nach außen und unten, die mittlere arbeitet bei der Beugung aller Zehen mit und die seitliche bewegt den kleinen Zeh nach außen und unten.

Auf der Vorderseite des Oberschenkels liegen die Muskeln, die die Bewegung des Beines erlauben. Der Schienbeinmuskel und die Zehenstrecker spreizen den Fuß und die Zehen.

Muskeln des rechten Beines und die oberflächliche Fußmuskulatur: Der dreiköpfige Wadenmuskel besteht aus Zwillings- und Schollenmuskel und formt die Wade.

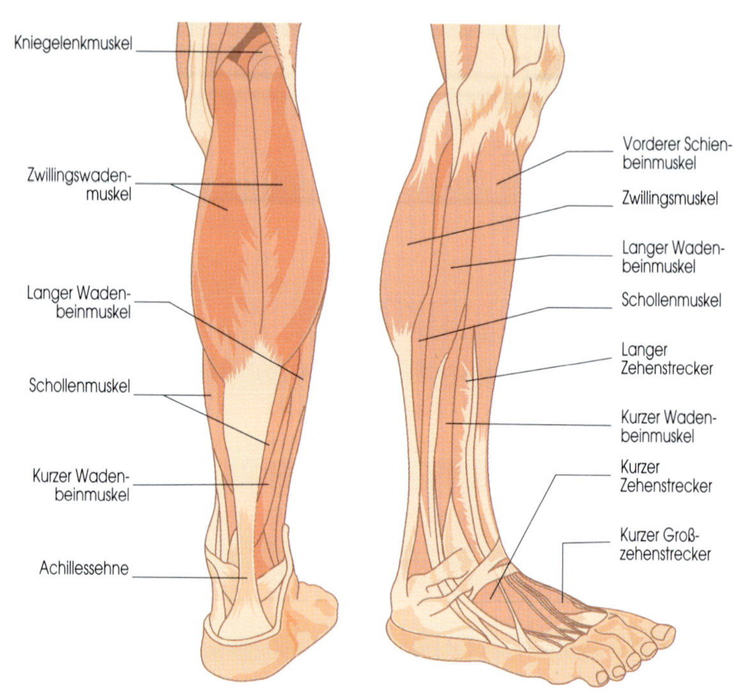

DAS NERVENSYSTEM

DAS NERVENSYSTEM ermöglicht insgesamt das Funktionieren des Organismus sowie dessen Reaktion auf Anforderungen der Umgebung. Es nimmt Reize auf, verarbeitet sie und sendet Signale an die verschiedenen Organe. Diese Funktionsweise ist bei Tieren und Menschen gleich.

Die Nerven, die direkt vom Gehirn ausgehen, heißen Hirnnerven. Nerven, die mit dem Rückenmark in Verbindung stehen, nennt man Spinalnerven. Sie gehören zum peripheren Nervensystem. Das Gehirn umfaßt das Großhirn, das Kleinhirn und das Stammhirn.

Beim Menschen werden von den Organen eingehende Informationen vom zentralen Nervensystem verarbeitet. Das zentrale Nervensystem koordiniert dann Bewegungen, die teilweise willkürlich sind. Insgesamt setzt sich das Nervensystem aus lebenswichtigen und extrem empfindlichen Teilsystemen zusammen. Schädigungen des Nervensystems sind in der Regel irreversibel, da sich Nervenzellen im Gegensatz zu anderen Zellen (Blut- oder Hautzellen) nicht neu bilden können. Die Organe des Nervensystems sind deshalb gut geschützt – das Gehirn liegt in der Hirnschale, das Rückenmark im Wirbelkanal.

Das Nervensystem besteht aus unzähligen Nervenfasern und Milliarden von Nevenzellen oder Neuronen, die Informationen aufnehmen und weiterleiten können, die von außerhalb oder innerhalb des Körpers stammen.

DAS ZENTRALE NERVENSYSTEM

Das zentrale Nervensystem setzt sich aus dem Gehirn und dem Rückenmark zusammen, das das Gehirn mit dem Rest des Körpers verbindet. Die motorischen Nerven schicken über das Rükkenmark die Signale des Gehirns an die verschiedenen Zielorgane. Die Nervenzentren im Gehirn oder im Rückenmark werden von sogenannter grauer Substanz, die aus Nervenzellen besteht, und weißer Substanz, die vor allem aus Nervenfasern besteht, gebildet.

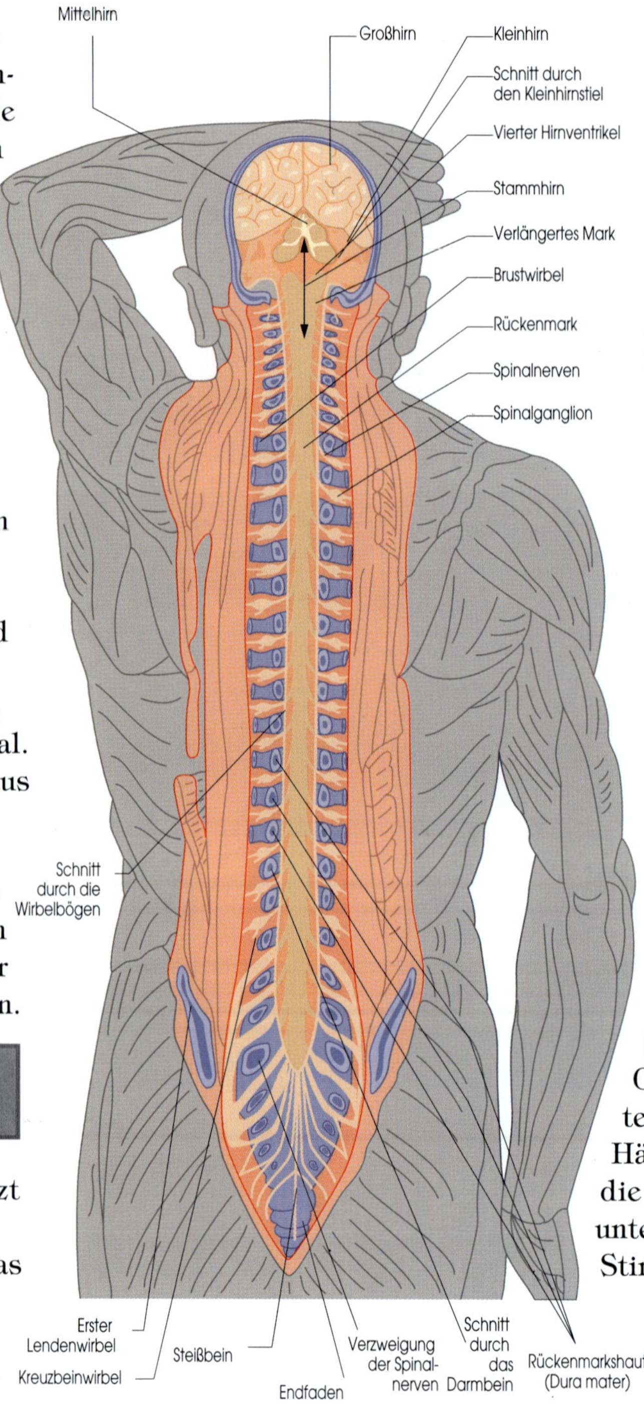

Das zentrale Nervensystem von hinten: Das Kleinhirn (Detailansicht S. 37) ist nicht abgebildet, um die Lage des Stammhirns deutlich zu machen.

Das Gehirn

Das Gehirn des Menschen unterscheidet sich vom Gehirn anderer Tierspezies durch seine Größe. Es wiegt etwa 1,5 Kilogramm, was einem Fünfzigstel des Körpergewichts entspricht. Mit vielen Milliarden Nervenzellen und Neuronen ist es sicherlich das komplexeste Gebilde des erforschten Universums. Das Gehirn besteht aus drei Teilen: dem Endhirn, dem Rautenhirn und dem Mittelhirn. Das Volumen des Endhirns entwickelte sich im Verlauf der Evolution. Aus dem Rückenmark entstand das Mittelhirn und aus diesem wiederum das Rautenhirn sowie das Endhirn. Das Endhirn besteht vorwiegend aus Nervenzellen, die die Großhirnrinde bilden. Dies ist der größte Teil des Großhirns. Eine tiefe Furche teilt das Großhirn in zwei Hälften (Hemisphären), die ihrerseits in vier Lappen unterteilt werden können. Der Stirnlappen ist Sitz des Denkens und der Erinnerung. Die beiden Hemisphären, die sich gegenseitig kontrollieren, sind durch den Balken, ein sehr dichtes, sich überkreuzendes Bündel von Nervenfasern, miteinander verbunden (die von links kommenden verlaufen nach rechts und umgekehrt). Die beiden Hirnhälften übernehmen unterschiedliche Aufgaben. Die linke Hemisphäre ist für Logik und Sprache zuständig, während die rechte Hemisphäre visuelle oder künstlerische Tätigkeiten koordiniert. In der Regel arbeiten die Hemisphären zusammen, da sie verschiedene sinnliche Funktionen kontrollieren müssen.

Unter dem Balken liegt zunächst der Thalamus, der unsere Konzentrationsfähigkeit steuert. Darunter befindet sich der für Gefühle (Freude, Vergnügen, Angst) und wichtige physiologische Funktionen (Hunger, Durst, Temperaturregulation) zuständige Hypothalamus – eine Art „Gehirn innerhalb des Gehirns". Ist der Hypothalamus gestört, ist häufig die sexuelle Aktivität abgeschwächt und das Gefühlsleben beeinträchtigt, da der Hypothalamus auch für die Steuerung des Drüsensystems (Endokrinum) zuständig ist.

Das Großhirn selbst ist schmerzunempfindlich. Man konnte deshalb bei chirurgischen Eingriffen Elektroden an verschiedenen Stellen im Gehirn plazieren und durch Beobachtung der unwillkürlichen Reaktionen des Patienten (körperliche oder visuelle Empfindungen) die betroffenen Hirnregionen lokalisieren. Man weiß beispielsweise, daß sich das Sehzentrum im Hinterhauptlappen befindet und das Hörzentrum im Schläfenlappen. In der dritten Stirnwindung liegt das Broca-Zentrum, der Sitz der Wortartikulation, und in der aufsteigenden Stirnwindung das Zentrum willkürlicher Bewegungen. Das Mittel- oder Stammhirn liegt zwischen Großhirn und Kleinhirn einerseits und Rückenmark andererseits. Es hat die Form eines etwa drei Zentimeter hohen Pyramidenstumpfes und besteht aus den absteigenden Bewegungs- und Sinnesnerven sowie dem verlängerten Rückenmark, das automatische Vorgänge wie die Atmung und den Herzschlag kontrolliert. Im Zentrum des Hirnstammes liegt ein Gebilde, das aus einem dichten Netz von Neuronen besteht. Es ist mit der Großhirnrinde verbunden, kontrolliert die Schlaf- und Wachphasen und beeinflußt die Tätigkeit des Gehirns. Bei einer Schädigung dieses Hirnteiles geht das Bewußtsein verloren (komatöser Zustand).

Das Kleinhirn

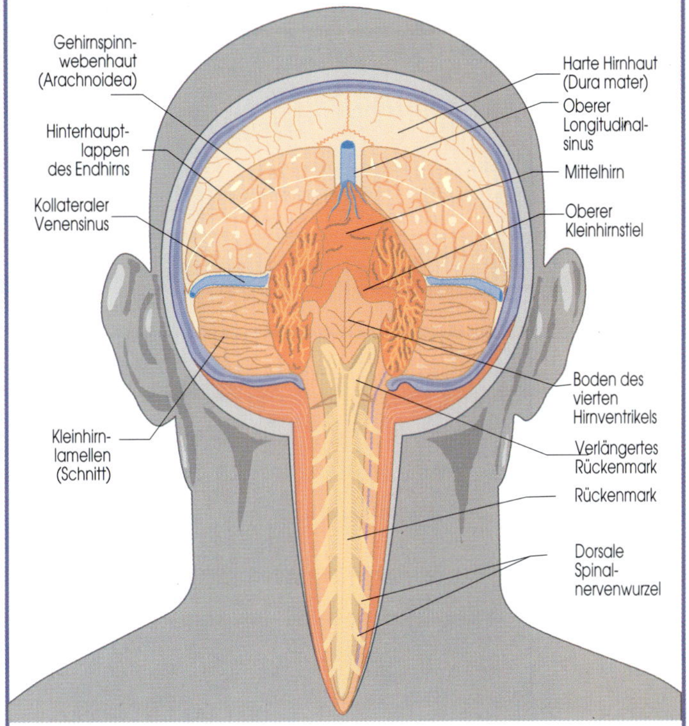

Das Kleinhirn liegt im hinteren Teil des Gehirns. Es steht mit dem Großhirn über die oberen und mit dem verlängerten Mark über die unteren Kleinhirnstiele in Verbindung. Man unterscheidet zwei durch die Kleinhirnsichel getrennte Seitenlappen und einen Mittellappen, den Kleinhirnwurm. Das Kleinhirn empfängt nervöse Impulse der im Ohr gelegenen Bogengänge und kontrolliert die von der motorischen Zone des Gehirns stammenden Befehle. Hier werden für bestimmte Aktivitäten notwendige Bewegungserinnerungen gespeichert – etwa die Feinmotorik der Fingerbewegungen. Wie das Großhirn besteht es außen aus grauer und innen aus weißer (faserhaltiger) Substanz. Das Kleinhirn kontrolliert die Bewegungskoordination. Es sichert das Gleichgewicht des Körpers. Eine Verletzung des Kleinhirns bewirkt Unsicherheit des Gangs; bestimmte komplexe Bewegungen werden ganz unmöglich.

Das Rückenmark

Das Rückenmark beginnt am Hinterhauptloch und reicht bis zum zweiten Lendenwirbel hinab, was bei einem Erwachsenen eine Länge von etwa 46 Zentimeter ergibt. Es bildet einen nach hinten abgeflachten Zylinder von einem Zentimeter Durchmesser. Das Rückenmark liegt in dem von den Wirbeln gebildeten Wirbelkanal und weist zwei Verdickungen auf, die Ursprung der zu den oberen Gliedmaßen verlaufenden Spinal-

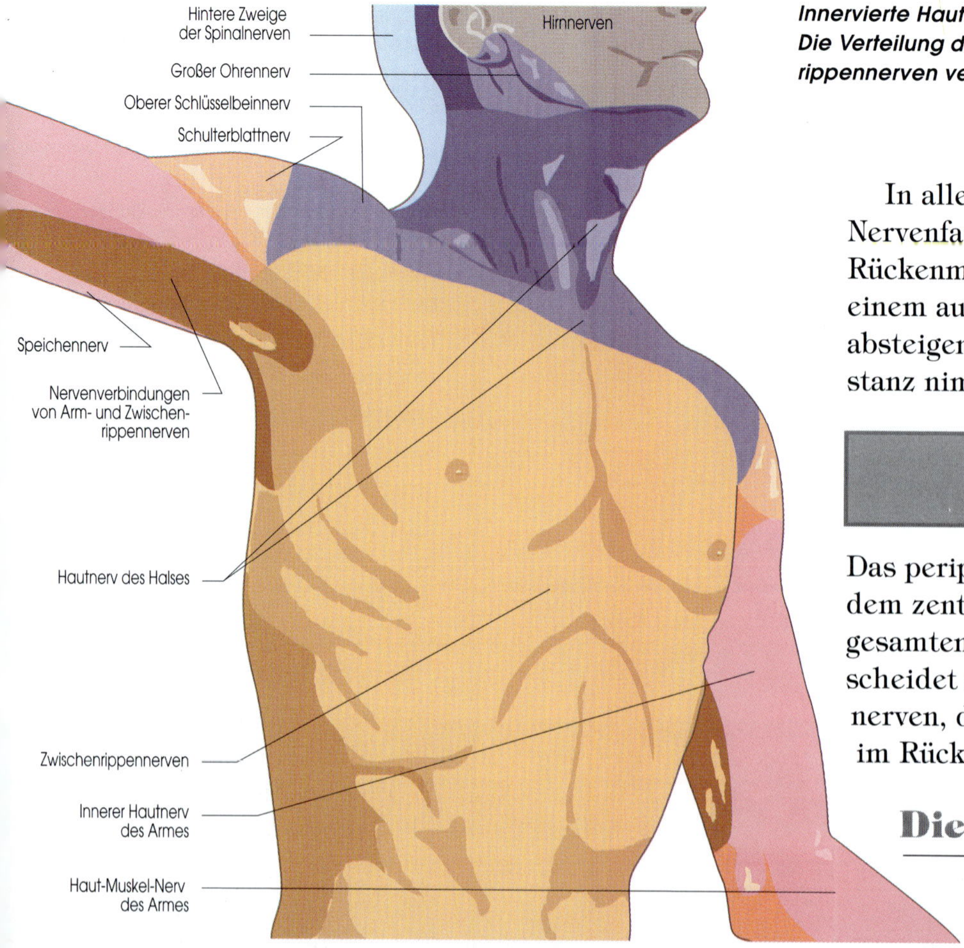

Innervierte Hautsegmente des Halses, der Arme und des Brustkorbs: Die Verteilung der vom Armnervengeflecht und den Zwischenrippennerven versorgten Körperzonen ist farblich hervorgehoben.

nerven (Halsrückenmarksanschwellung) und der zu den unteren Gliedmaßen verlaufenden Spinalnerven (Lendenrückenmarksanschwellung) sind.

Der untere Rückenmarksabschnitt ist verkümmert und nur fadenförmig ausgebildet. Das Mark weist mehrere Längsfurchen auf: eine schmale, tiefe Längsspalte vorne und eine breitere Längsrinne hinten. Jede Markhälfte hat eine vordere und hintere Seitenfurche, in welchen die Wurzeln der 31 Spinalnervenpaare entspringen. Im Gegensatz zum Gehirn liegt hier die graue Substanz, die im Querschnitt die Form eines „H" bildet, in der Mitte und die weiße Substanz außen.

Das Rückenmark füllt nicht den gesamten Wirbelkanal aus, sondern wird von der Rückenmarkshaut und der darin enthaltenen Hirn-Rückenmarksflüssigkeit (Liquor) geschützt. Die Rückenmarkshaut bildet eine Art Beutel, der weit nach unten reicht. In diesem Abschnitt wird in der Regel eine Rückenmarkspunktion (Entnahme von Rückenmarksflüssigkeit) durchgeführt, die für die Diagnose von Krankheiten des zentralen Nervensystems von großer Bedeutung ist.

In allen Rückenmarksabschnitten streben die Nervenfaserbündel in drei Richtungen: aus dem Rückenmark heraus in die Rückenmarksnerven, mit einem aufsteigenden Ast zum Gehirn und mit einem absteigenden Ast zum Steißbein. Die graue Substanz nimmt zum Gehirn hin allmählich zu.

DAS PERIPHERE NERVENSYSTEM

Das periphere Nervensystem besteht aus den aus dem zentralen Nervensystem kommenden und im gesamten Körper verteilten Nerven. Man unterscheidet zwei Arten peripherer Nerven: die Hirnnerven, die im Gehirn, und die Spinalnerven, die im Rückenmark entspringen.

Die Spinalnerven

Die Spinalnerven entspringen das gesamte Rückenmark entlang über zwei Nervenwurzeln – den vorderen Wurzeln an den Vorderhörnern und den hinteren Wurzeln an den Hinterhörnern. Diese Hörner sind Säulen aus grauer Substanz. Bevor die Spinalnerven den Wirbelkanal durch ein Zwischenwirbelloch verlassen, vereinigen sie sich zu einem Spinalnerv.

Einige Spinalnerven sind von besonderer Bedeutung. Der für die Atmung wichtige Zwerchfellnerv innerviert das Zwerchfell und entspringt im Halsgeflecht. Der Mittelhandnerv, Speichennerv und Ellennerv sind für die Innervation der Arme zuständig. Der im Bein verlaufende Oberschenkelnerv entspringt im Lendengeflecht. Der Ischiasnerv entspringt im Kreuzbeingeflecht, verläuft auf der Rückseite des Oberschenkels und teilt sich in zwei Äste auf, die das Bein und den Fuß versorgen.

Die Spinalnerven enthalten sowohl motorische als auch sensible Nervenfasern; deshalb werden sie auch gemischte Nerven genannt. Durchtrennt man die hintere Nervenwurzel, wird die Körperregion, für die der Nerv zuständig ist, gefühllos (taub). Wird die vordere Nervenwurzel durchtrennt, kommt es zu einer Lähmung der betroffenen Muskulatur.

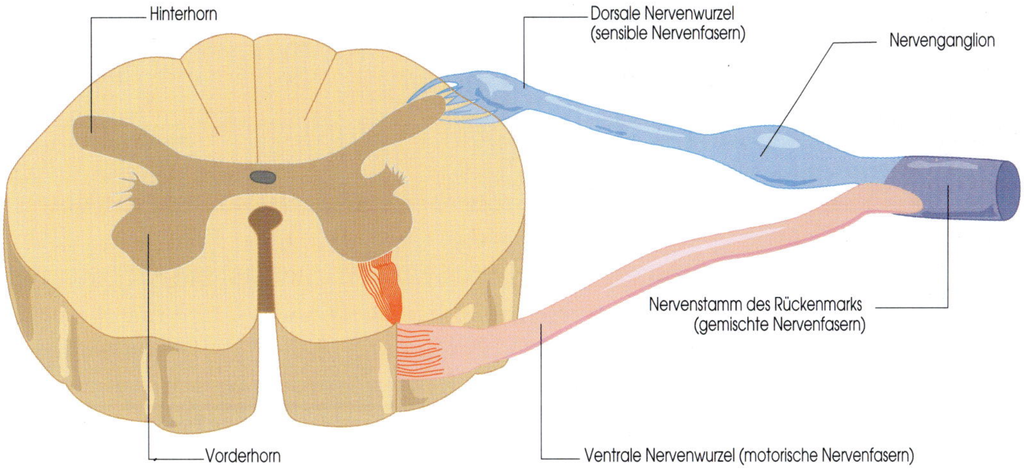

Abbildung links: Der Spinalnerv besteht aus sensiblen Nervenfasern, die der dorsalen Wurzel entspringen, und motorischen Nervenfasern, die der ventralen Wurzel entspringen.

Abbildung unten: Nervenzelle (Neuron) des peripheren Nervensystems mit der Dendritenverlängerung, die Informationen zum Zellkern weiterleitet. Axon, das den Nervenimpuls zu anderen Nervenzellen oder zu einem Muskel weiterleitet. In der Mitte sind Details eines Zellkerns dargestellt.

Die Hirnnerven

Am Übergang des Rückenmarks zum verlängerten Rückenmark verändert die graue Substanz ihre Form. Sie differenziert sich und bildet die grauen Kerne der Hirnnerven. Sie dienen der Innervation jener Körperregionen, die nicht von Spinalnerven versorgt werden. Es gibt zwölf Paare von Hirnnerven, die das Gehirn durch Löcher oder Spalten bereits innerhalb der Schädelhöhle verlassen.

Drei Hirnnervenpaare sind ausschließlich sensibel: der Sehnerv, der Riechnerv und der Hör-Gleichgewichts-Nerv. Der Hörnerv nimmt akustische Eindrücke des Innenohres auf, während der Gleichgewichtsnerv Informationen weiterleitet, die der Aufrechterhaltung des Gleichgewichtes dienen.

Fünf Hirnnervenpaare sind ausschließlich motorisch: der gemeinsame Augenmuskelnerv, der obere Augenmuskelnerv, der äußere Augenmuskelnerv (der für die Bewegungen des Auges zuständig ist), der Zungenmuskelnerv (der die Zunge bewegt) und der Nerv, der für das Heben und Senken des Kopfes und das Anheben der Schultern zuständig ist.

Ähnlich wie Rückenmarksnerven sind vier Hirnnerven auch gemischte Nerven. Folgende Hirnnerven sind mit Muskeln verbunden und verfügen in ihrem sensiblen Bereich über Ganglien:

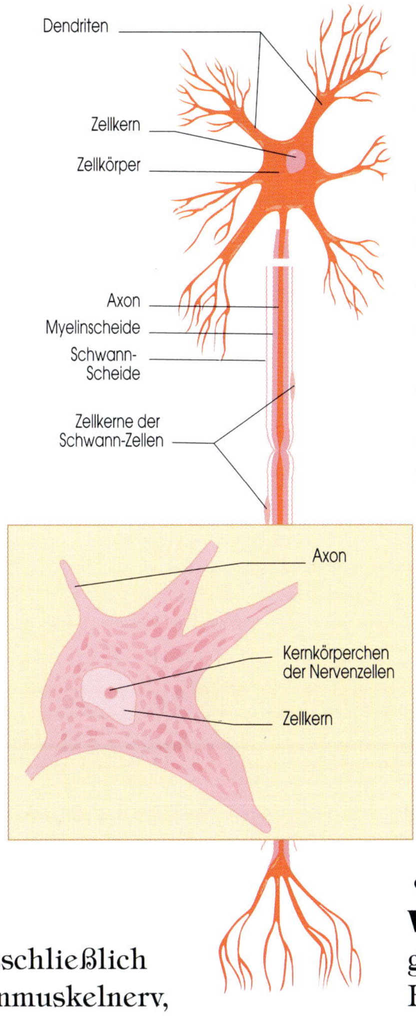

- **Der dreiteilige Nerv (Trigeminus).** Bevor er den Schädel verläßt, passiert er das Gasser-Ganglion, wo sein sensibler Teil liegt. Anschließend teilt er sich in drei Äste auf, die Sinneseindrücke des Gesichts, der Augenhöhlen, der Mundhöhle und der Nasenhöhlen aufnehmen und an das Gehirn weiterleiten. Seine motorischen Fasern dienen der Erregung der Kaumuskulatur.
- **Der Gesichtsnerv.** Seine motorische Wurzel ist der eigentliche Gesichtsnerv, der die mimische Muskulatur des Gesichtes versorgt. Zu ihm gehören auch vegetative Fasern zur Absonderung von Tränenflüssigkeit und eine sensible Wurzel, die die Geschmacksempfindungen der Zunge aufnimmt und auch vegetative Fasern für die Zungen- und Unterzungendrüse besitzt.
- **Der Zungenschlundkopfnerv.** Seine motorischen Fasern innervieren die Muskeln des Rachens und bestimmte Zungenmuskeln. Sein sensibler Teil innerviert die Schleimhäute von Rachen und Zunge.
- **Der Lungen-Magen-Nerv oder Vagusnerv.** Seine Einflußsphäre ist sehr groß und umfaßt die Organe des Halses, des Brustkorbs und des Bauches. Er gehört zum vegetativen Nervensystem (Parasympathikus) und kontrolliert lebenswichtige Funktionen.

DIE NERVEN UND DIE NERVENZENTREN

Alle Bestandteile des Nervensystems bestehen aus Zellen gleicher Bauart, den Neuronen. Ein Neuron, das eine graue Färbung aufweist, besteht aus einem

Zellkörper, der sich zu einem Nervenzellenfortsatz (Neurit oder Axon) erweitert.

Die Nervenfaser

Im Mikroskop sieht man, daß ein Nerv aus Fasern besteht, die zu Bündeln zusammengefaßt und von einer Bindegewebshülle umschlossen sind. Diese Fasern sind nicht geradlinig, sondern zickzackförmig angeordnet, was eine mäßige Dehnung des Nervs erlaubt. Eine sehr widerstandsfähige Nervenscheide aus Bindegewebe umgibt die Fasern. In ihr liegen auch die Versorgungskanäle der Nerven.

Die Nervenzelle besitzt außer dem von seiner Markscheide umgebenen Neuriten, der die Nervenfaser bildet, weitere Verlängerungen: die sogenannten verzweigten baumartigen Verlängerungen des Zellkörpers, den Dendriten. Das Neuron ist darauf spezialisiert, Nervenimpulse an benachbarte Neuronen weiterzuleiten. Man unterscheidet aufgrund der Form (zwei oder mehrere Zytoplasmafortsätze) zwei Arten von Neuronen: die bipolaren und die unipolaren Neuronen. Aufgrund physiologischer Funktionsmerkmale lassen sich vier Arten unterscheiden:

- **Die sensorischen Neuronen** leiten die Impulse von den Sinnesorganen und Nervenendigungen weiter. Die Nervenerregungsleitung verläuft von der Peripherie zum zentralen Nervensystem (zentripetal).
- **Die Effektorneuronen oder motorischen Neuronen** lösen die Muskelkontraktion aus und arbeiten zentrifugal (vom zentralen Nervensystem zur Peripherie).

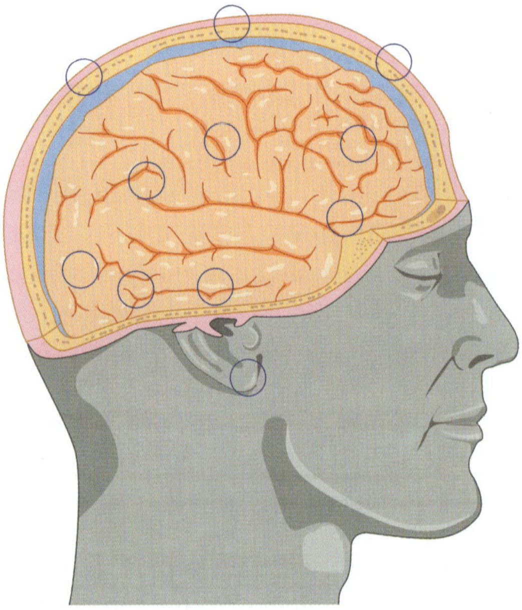

Die elektrische Aktivität des Gehirns läßt sich mit einem Elektroenzephalogramm messen. Dieses Gerät mißt mit Hilfe von Elektroden, die an bestimmten Stellen des Schädels angebracht werden, die elektrischen Spannungen. Die Ergebnisse werden auf eine Papierrolle übertragen und von einem Neurologen ausgewertet.

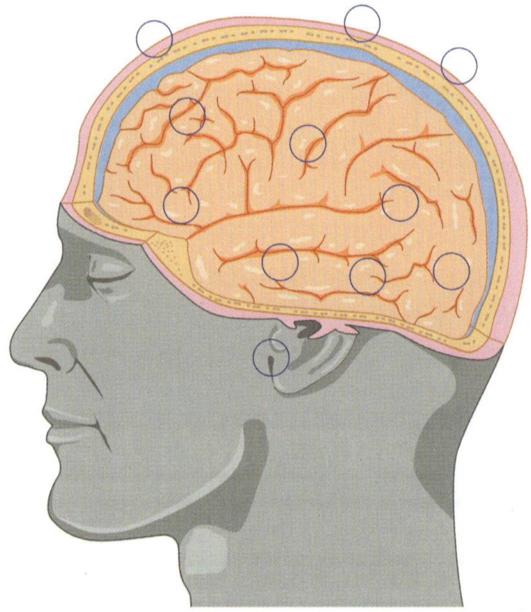

Dendriten, die sich baumartig verzweigen. Die Nervenerregungsleitung funktioniert ähnlich wie bei Muskelfasern als wellenförmig weitergeleitete elektrische Polarisation in der Nervenfaser. Die Myelinscheide beschleunigt die Geschwindigkeit dieser sprunghaften (saltatorischen) Erregungsleitung, die hundertmal schneller ist als bei markscheidenlosen Nervenfasern.

Das Neuron

Jedes Neuron besitzt ein Axon (Achsenzylinder). Der Kern der Nervenzelle teilt sich niemals, wird zylindrisch und grau, bildet den Neuriten, mit oder ohne Markscheide, und endet schließlich in

- **Die Verbindungsneuronen** leiten ihren Namen von der Tatsache ab, daß sie zwei sensorische Neuronen oder Effektorneuronen verbinden.
- **Die Neuronen mit drüsenähnlicher Aktivität** schütten Substanzen aus, die andere Neuronen erregen können.

Diese Neuronen fügen sich unter Wahrung ihrer funktionellen Besonderheiten ununterbrochen aneinander und bilden so die Nerven.

Die Nervenerregungsleitung fließt vom Zellkörper zum Axon. Dies gilt als Regel ohne Ausnahme. Man nennt diese Regel dynamische Polarisation. Durch die Nerven schicken Nervenzentren Befehle an die ausführenden Muskeln, damit diese sich zusammenziehen können.

Die wichtigsten Störungen, die durch einen Hirntumor verursacht werden können: Tumoren können sich über Monate oder Jahre entwickeln, ohne daß Beschwerden auftreten. Allgemeine Symptome sind unter anderem Kopfschmerzen, Erbrechen, intrakranieller Hochdruck oder Bewußtseinsstörungen.

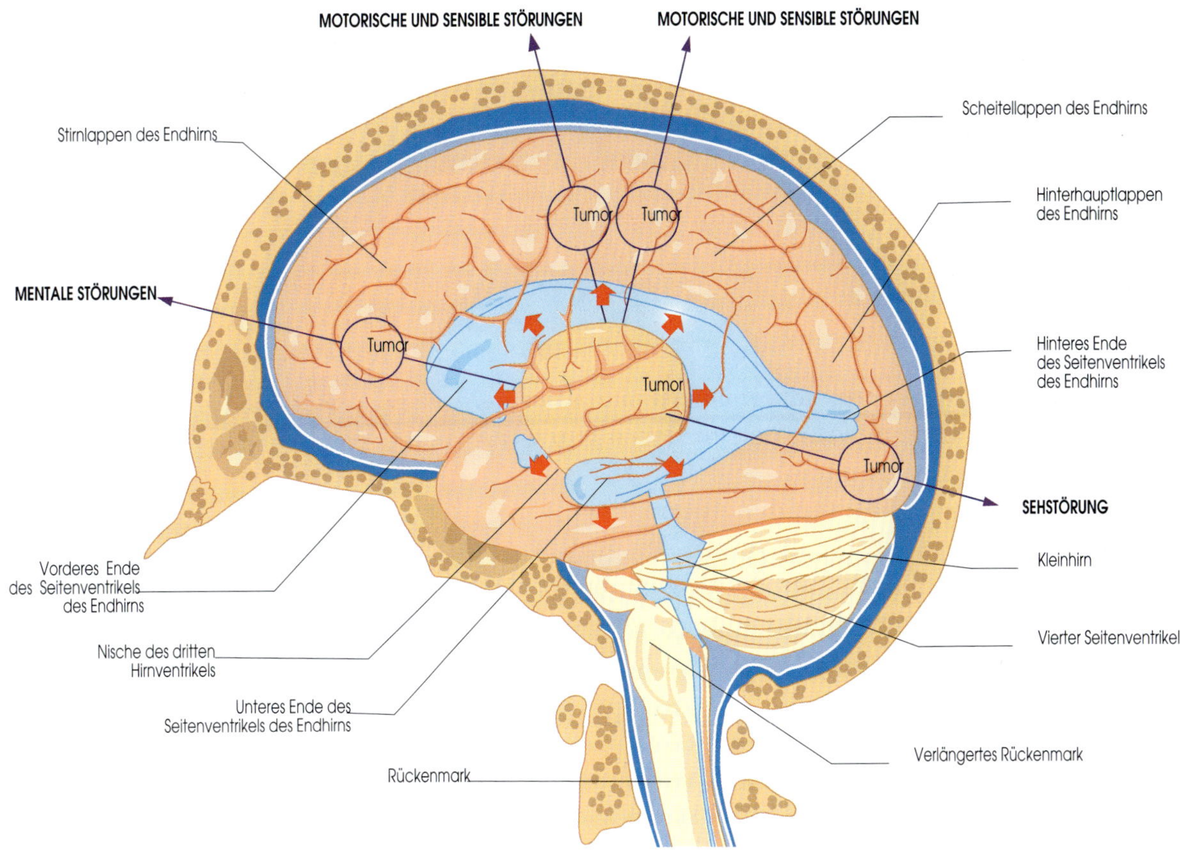

Einige dieser Bewegungen werden jedoch unabhängig von unserem Willen gesteuert – die sogenannten Reflexe. Beim Reflex wird ein Nerv durch eine an der Körperoberfläche stattfindende Wahrnehmung stimuliert. Dieser Reiz wird durch die Nervenleitungsbahnen bis ins Rückenmark und die motorischen Fasern der Vorderhörner weitergeleitet. Er kehrt von dort über die motorischen Nervenwege zu den Muskeln zurück, um eine sofortige und unwillkürliche Reaktion auf den Reiz auszulösen. Man nennt dies den Reflexbogen.

Reflektorische Vorgänge sind unabhängig vom Willen. Dennoch können sie von den Hirnhemisphären kontrolliert werden.

Während also ein Reflex uns dazu veranlaßt, unsere Hand schnell zurückzuziehen, wenn wir sie versehentlich über eine brennende Kerze halten, so können wir sie willkürlich in dieser Position lassen.

Die Hirnhemisphären sind Sitz der bewußten Empfindung, der willkürlichen Motorik, der intellektuellen Fähigkeiten und der Sinneswahrnehmungen. Die Kontrolle jeder dieser Fähigkeiten ist in einer bestimmten Hirnregion lokalisiert. Darüber hinaus haben die linke und die rechte Hirnhemisphäre unterschiedliche Schwerpunkte in der Informationsverarbeitung.

Das vegetative Nervensystem

Das vegetative Nervensystem umfaßt das sympathische Nervensystem, das unwillkürliche (vegetative) Lebensfunktionen (etwa die Darmfunktion) entsprechend den unterschiedlichen Anforderungen und im Einklang mit dem parasympathischen Nervensystem reguliert.

Zum Sympathikus gehören Nervenzentren, die sogenannten seitlichen Wirbelganglien an beiden Seiten der Wirbelsäule, und periphere Sympathikusanteile, die aus Nerven und Ganglien bestehen. Der Grenzstrang besteht aus prävertebralen Ganglien, die mit dem Hirn-Rückenmark-System über feine Nervenäste verbunden sind. Die Nervenzentren des Grenzstrangs werden nach dem Wirbelsäulenbereich benannt, in dem sie liegen: oberes Ganglion des Halsgrenzstranges, Ganglien des Brustgrenzstranges, Lendenganglion, Kreuzbeinganglion oder Steißbeinganglion. Abgesehen von diesen Wirbelzentren gibt es andere, in der Nähe der Eingeweide liegende präviszerale Zentren.

Diese Ganglien sind durch Nervenfasern miteinander verbunden, die ausgeprägte Nervengeflechte bilden. Man zählt über die ganze Länge der Wirbelsäule insgesamt 23 sympathische Ganglien-

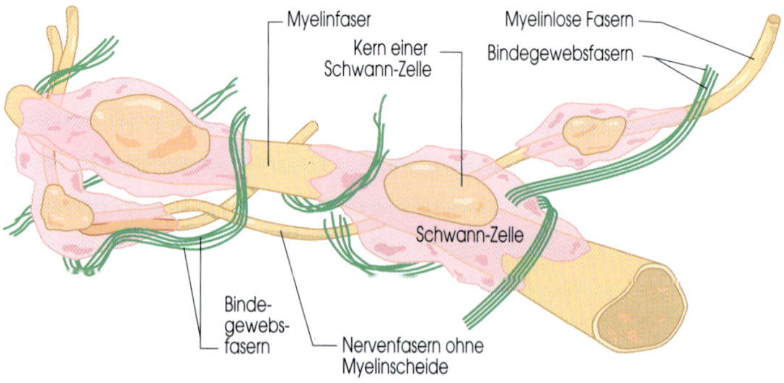

Schema einer Nervenfaser mit und ohne Myelinscheide.

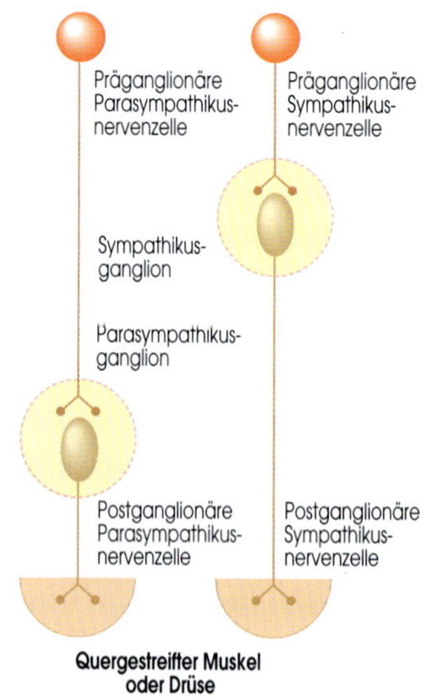

Das zentrale Nervensystem (sympathisch und parasympathisch) besteht aus aneinandergereihten Ganglien. Durch die Verbindung mehrerer Ganglien entstehen Nervengeflechte, die den Namen der Region tragen, in der sie liegen.

paare. Die sympathischen Nervenfasern sind über den Umweg der Ganglien mit den vorderen Wurzeln des Rückenmarks verbunden.

Jedes Ganglion erhält von der Wurzel einen weißen Verbindungsast und schickt einen grauen Ast zum gemischten Nerv. Aus dem Ganglion entspringen efferente (hinausführende) Nervenäste, die zu den Gefäßen und Eingeweiden führen.

Diese Nervenäste verlaufen nicht immer direkt zum Zielorgan, sondern verbinden sich mit bestimmten anderen peripheren Ganglien zu vier Nervengeflechten (Herzgeflecht, Sonnengeflecht, Gekröse-Nervenplexus und Unterbauchgeflecht), die die Eingeweide mit Sympathikusnerven verbinden. Diese Nervengeflechte arbeiten mit dem Hirn-Rückenmark-System bei der Innervation der Eingeweide zusammen. Der andere Teil des Hirn-Rückenmark-Systems, der bei der Innervation der Organe mit dem Sympathikus zusammenarbeitet, wird Parasympathikus genannt. Er besteht fast vollständig aus den Nervenverästelungen des Vagusnervs. Der Vagusnerv und der Sympathikus wirken immer gegensinnig (antagonistisch).

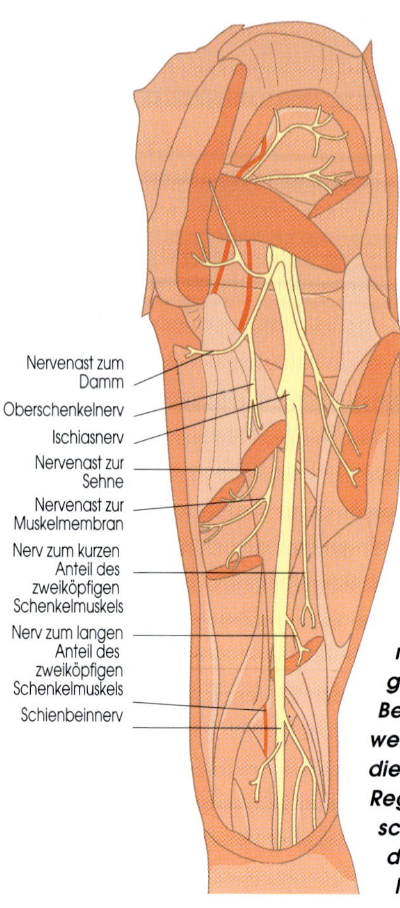

Der große Ischiasnerv versorgt mit Hilfe seiner zahlreichen Verästelungen einen großen Teil der Rückseite des Beines. Entsteht aus irgendwelchen Gründen Druck auf diesen Nerv, kommt es in dieser Region zu schmerzhaften Beschwerden. Die Abbildung zeigt die einzelnen Verästelungen im Inneren des Schenkels.

Der Parasympathikus des Gehirns gehört zu den Hirnnerven. Der Vagusnerv enthält einen eingeweidemotorischen Kern, dessen Fasern sich zum Herz, zu den Atemwegen und fast über den gesamten Verdauungstrakt erstrecken. Das parasympathische Beckenganglion innerviert den Dickdarm, die Blase und die erektilen Organe.

Die Zentren des vegetativen Nervensystems

Das vegetative Nervensystem steuert die unwillkürlichen Bewegungen wie beispielsweise den Herzschlag. Während einer Belastung nimmt die Aktivität des Sympathikus zu, im Schlaf nimmt sie ab. Voraussetzung für das Einsetzen dieser reflektorischen Aktivität ist die Erregung des im Rückenmark, im Mittelhirn oder Stammhirn gelegenen Nervenzentrums des entsprechenden Organs durch entsprechende physikalische, chemische oder hormonelle Reize. Die Aktivität dieser Zentren wird wiederum durch übergeordnete Nervenzentren im Großhirn kontrolliert. Die Erregung verursacht die Freisetzung chemischer Signalstoffe wie Adrenalin.

- **Der Sympathikus** enthält Fasern, die die Bewegung oder Sekretionsaktivität von Organen auslösen.
- **Das parasympathische Nervensystem** übt einen entgegengesetzten Einfluß aus: Es bremst die Bewegung oder Sekretionsaktivität von Organen.

DIE FÜNF SINNE

Die sinnliche Wahrnehmung ist eine notwendige Vermittlungsinstanz, die dem Organismus Informationen über Vorgänge der Umwelt vermittelt. Diese können physikalischer (Sehen, Hören, Gewichtsempfinden, Berühren) oder chemischer (Geschmack, Geruch) Natur sein. Fehlt einer der fünf Sinne, wird dies durch eine gesteigerte Wahrnehmungsfähigkeit eines oder mehrerer anderer Sinne ausgeglichen (kompensiert).

DER TASTSINN

Die Haut ist das Organ für den Tastsinn, der uns wichtige Informationen über Beschaffenheit, Form, Gewicht, Konsistenz und Temperatur von Körpern liefert.

Die Physiologie des Tastsinns

Die Haut besteht aus zwei übereinanderliegenden Schichten: der äußeren Oberhaut (Epidermis) und der tiefer liegenden Lederhaut (Dermis), unter der sich das reich mit Nervenendigungen ausgestattete Unterhautgewebe befindet. Die Haut ermöglicht die Wahrnehmung von drei verschiedenartigen Sinnesempfindungen: taktilen (Tastempfindung), thermischen (Temperaturempfindung) und schmerzhaften (oder somatischen) Reizen. Für taktile Reize sind verschiedene kleine Körperchen zuständig. Die größten (ein bis fünf Millimeter) sind die Pacini-Körperchen (Lamellenkörperchen), die in den tiefen Schichten der Lederhaut, in den Aponeurosen der Muskeln und der Knochenhaut in der Nähe der Gelenke liegen. Sie kommen in den Fingern und Handflächen mit sehr großer Häufigkeit vor. Sie verfügen über Druckempfindungsvermögen (Barästhesie) und reagieren, wenn ein Kleidungsstück oder ein Schuh drückt.

Die Meissner-Tastkörperchen sind wesentlich kleiner (unter 0,1 Millimeter) und kommen vorwiegend in der Haut der Handflächen, Fingerkuppen und Fußsohlen vor. Deshalb nehmen diese Bereiche bevorzugt Tastempfindungen wahr und lassen uns die Oberflächeneigenschaften von Körpern erkennen. Die sogenannten Ruffini-Körperchen sind über Ober- und Lederhaut verteilt. Sie geben genauestens darüber Auskunft, an welcher Stelle ein Reiz auf den Körper ausgeübt wird. Nervenendigungen, sogenannte Thermorezeptoren, die Krause-Endkolben und Golgi-Mazzoni-Körperchen sind für die Temperaturwahrnehmung zuständig.

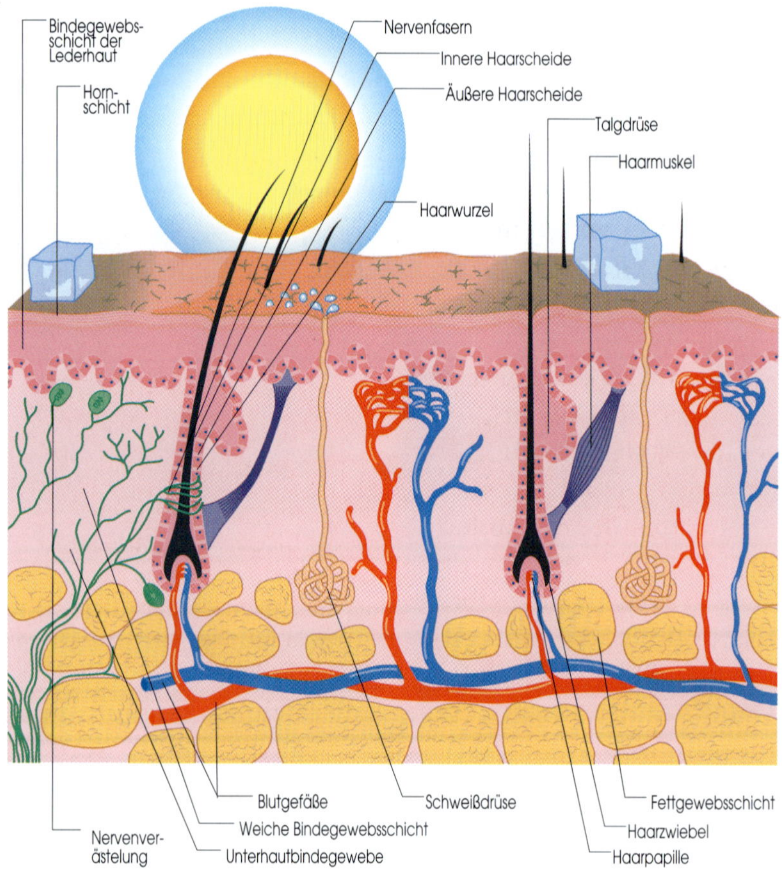

Wärme weitet die Gefäße und verstärkt die Transpiration. Kälte verengt die Gefäße.

Wärmeempfindung und Kältewahrnehmung sind getrennt: In einem Quadratzentimeter Haut eines Erwachsenen befinden sich bis zu drei Wärmerezeptoren und sechs bis 23 Kälterezeptoren.

Die Schmerzempfindung vollzieht sich mit Hilfe „freier“ Nervenendigungen. Sie bilden unabhängig von den Thermorezeptoren Schmerzpunkte und sind je nach Körperregion in unterschiedlicher Häufigkeit vorhanden. Im Durchschnitt finden sich 50 bis 200 Nervenendigungen pro Quadratzentimeter Haut.

Die Anatomie der Haut

Die Haut bedeckt die gesamte Oberfläche des Körpers (etwa 1,6 Quadratmeter) und ist eine zuverlässig schützende Umhüllung. An den natürlichen Körperöffnungen (Nasenlöcher, Mund, Anus) geht

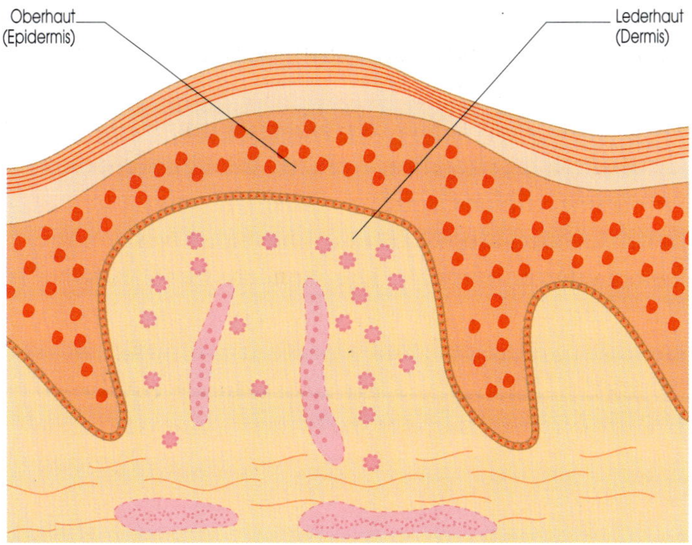

die Haut direkt in die Schleimhaut über. Die Haut ist die wichtigste Verteidigungsinstanz des Organismus, denn sie steht in ständigem Kontakt mit der Außenwelt und schützt unter anderem gegen Kälte, Schmutz und Mikroorganismen. Sie verändert sich vor allem durch Krankheit und Alter.

• **Die Epidermis.** Die Epidermis ist die sichtbare Oberfläche der Haut. Sie ist dünn, durchsichtig, besitzt keine Gefäße und erneuert sich ständig. Sie besteht aus Epithelzellen, die wie bei einem Blätterteig in zahlreichen Schichten übereinanderliegen. Zellen, die in tiefer liegenden Schichten neu gebildet werden, steigen nach und nach an die Oberfläche auf. Die äußersten Hautschichten bestehen aus abgestorbenen Zellen, die allmählich abgestoßen werden (Desquamation). Unter der Epidermis liegt eine dünne Zellschicht von ein bis zwei Mikrometer Durchmesser, die Keimschicht. Sie gewährleistet die ständige Erneuerung der Zellen. Da die Epidermis nicht durch Blutgefäße ernährt wird, bezieht sie ihre Nährstoffe aus der nächsttieferen Schicht, der Lederhaut.

• **Die Lederhaut.** Die Lederhaut ist eine widerstandsfähige, elastische Schicht aus Bindegewebe. Die äußere Oberseite, die an der Epidermisschicht anliegt, verfügt über zahlreiche Vorsprünge, sogenannte Papillen, die reich an Nervenfasern und Blutgefäßen sind. Diese Papillen bilden reliefartige Strukturen, die vor allem an den Fingerkuppen in Linien vortreten und so für den charakteristischen, individuell verschiedenen Fingerabdruck sorgen. Diese anatomische Besonderheit ist die Grundlage kriminologischer Untersuchungen. Unter der Lederhaut liegt das Unterhautbindegewebe, das reich an Fettzellen (Unterhautfettgewebe) und Blutgefäßen ist. Das Unterhautbindegewebe schützt die inneren Organe vor Stößen und Kälte und ist eine Art Energiereserve, auf die der Organismus im Notfall zurückgreifen kann. Bei Gewichtsverlust verschwindet dieses Gewebe als erstes.

• **Die Anhangsgebilde der Haut.** Als Hautanhangsgebilde gelten die Kopf- und Körperhaare sowie die Nägel. Abgesehen von Handfläche und Fußsohle ist fast die gesamte Hautoberfläche von Haaren bedeckt. Die Farbe der Körper- und Kopfhaare wird durch das Melaninpigment bestimmt, das im Laufe der Jahre abnimmt: Die Haare werden weiß (Achromotrichie). Körperhaare sind verhornte, fadenförmige Gebilde, die aus der Haut hervortreten. Sie haben einen frei vorragenden Teil, den Haarschaft, und einen in die Lederhaut hineinreichenden Teil, die Haarwurzel. Der untere Teil der Wurzel, die Haarzwiebel, ist hohl und enthält eine Art Bläschen, die Haarpapille, die mit Nervenendigungen und Gefäßen ausgestattet ist. Körper- und Kopfhaare erneuern sich regelmäßig. Normalerweise verliert der Mensch durchschnittlich etwa 30 Haare pro Tag. Ein Kopfhaar wächst etwa neun bis zehn Monate lang, ein Augenbrauenhaar etwa fünf Monate. Bestimmte Körperhaare sind mit kleinen Muskeln, den „Gänsehautmuskeln", versehen, die durch ihre Kontraktion die Körperhaare aufrichten können. Diese Muskeln setzen bei Kontraktion Wärme frei, um die Haut vor Kälte zu schützen.

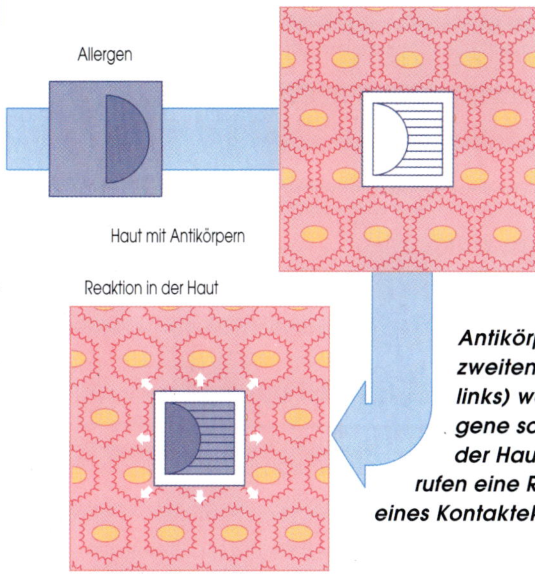

Die Abbildung zeigt, wie sich eine Allergie entwickelt: Die Haut produziert beim ersten Kontakt mit einem Allergen (körperfremde Substanz) permanente, mit Proteinen kombinierte Antikörper. Bei einem zweiten Kontakt (Schema links) werden diese Antigene sofort von Antikörpern der Haut eingefangen. Sie rufen eine Reaktion in Form eines Kontaktekzems hervor.

Nägel sind Horngebilde, die in einer Lederhautfalte, der sogenannten Nagelfurche, eingebettet sind. Die Unterseite dieses Horngebildes liegt auf der rosigen Oberseite des Fingerendgliedes, dem Nagelbett. Das untere Ende, die Nagelwurzel, ist der lebendige und ständig nachwachsende Teil und bis auf einen kleinen halbmondförmigen Abschnitt, die Lunula, weitgehend von Haut bedeckt. Nägel wachsen individuell verschieden schnell, schätzungsweise durchschnittlich einen Millimeter pro Woche.

• **Die Talgdrüsen.** Die Talgdrüsen hängen am Haarfollikel und sondern ein fettiges Sekret, den Talg, ab. Talg schützt die Haut, erhält ihre Geschmeidigkeit und versorgt die Haare mit Fett.

Talgdrüsen sind – abgesehen von den Handflächen, den Fußsohlen, der Eichel, der Vorhaut und den Innenseiten der kleinen Schamlippen – auf der gesamten Körperoberfläche zu finden. Die Talgsekretion ist ununterbrochen in Gang.

• **Die Schweißdrüsen.** Die Schweißdrüsen liegen tief in der Lederhaut und sind über einen kleinen Kanal mit der Hautoberfläche verbunden, dessen offenes Ende die Pore bildet. Schweißdrüsen sorgen für die Schweißabsonderung. Schweiß ist eine farblose, salzig-saure Flüssigkeit, deren chemische Zusammensetzung der des Urins ähnelt (98 Prozent Wasser, Chloride, Phosphate, Sulfate, Harnstoff). Schweiß selbst ist geruchlos. Der charakteristische Geruch entsteht durch eine kleine Menge an Ameisensäure und flüchtigen Fettsäuren, die an der Luft oxidieren (sich mit der Luft verbinden). Die Schweißdrüsen haben auch die Aufgabe, giftige Substanzen, vor allem Abfallstoffe des Zellstoffwechsels, aus dem Körper zu entfernen und dadurch die Nieren zu unterstützen.

Mit Hilfe der Schweißdrüsen kann innerhalb von 24 Stunden bis zu ein Liter Schweiß unbemerkt auf der Haut verdunsten, denn bei körperlicher Anstrengung wird die Schweißbildung stark angeregt.

Duftdrüsen sind ebenfalls Schweißdrüsen, ihr Sekret ist jedoch zusätzlich mit einem unverwechselbaren individuellen Geruchsstoff gemischt.

DAS SEHVERMÖGEN

Es ist kein Zufall, daß Physiologen das menschliche Gehirn auch „visuelles Gehirn" nennen – im Gegensatz zum „olfaktorischen Gehirn" der meist geruchsorientierten Tiere –, denn unser Sehvermögen ist extrem gut entwickelt. Das Sehen erlaubt uns, Form, Farbe und Position der meisten materiellen Gegenstände auch ohne physischen Kontakt zu beurteilen. Licht wird von Objekten reflektiert. Dieses Licht ist für unser Sehvermögen von grundlegender Bedeutung. Es wird vom Auge aufgefangen wie von dem Objektiv einer Kamera.

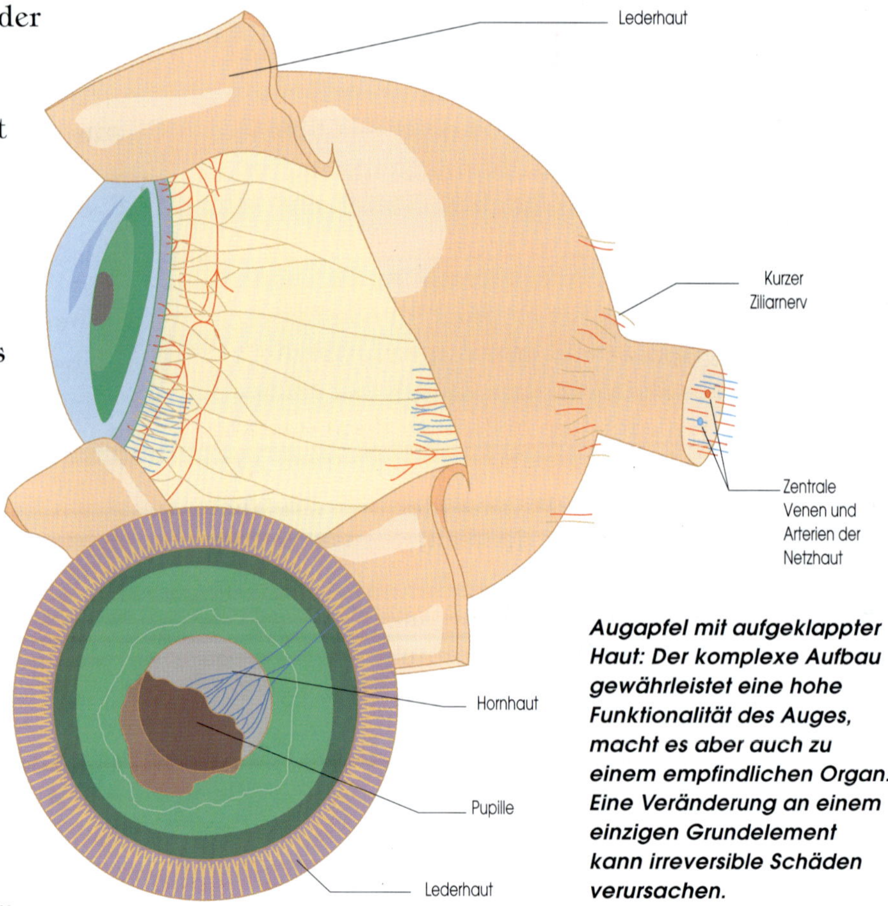

Augapfel mit aufgeklappter Haut: Der komplexe Aufbau gewährleistet eine hohe Funktionalität des Auges, macht es aber auch zu einem empfindlichen Organ. Eine Veränderung an einem einzigen Grundelement kann irreversible Schäden verursachen.

Die Physiologie des Auges

Das Auge ist ein kugelförmiges Organ mit einem Durchmesser von etwa 22 Millimeter. Die Hülle besteht aus drei übereinanderliegenden Häuten (Membranen), die von außen nach innen folgendermaßen benannt sind: Lederhaut (das „Weiße" des Auges), Aderhaut und Netzhaut.

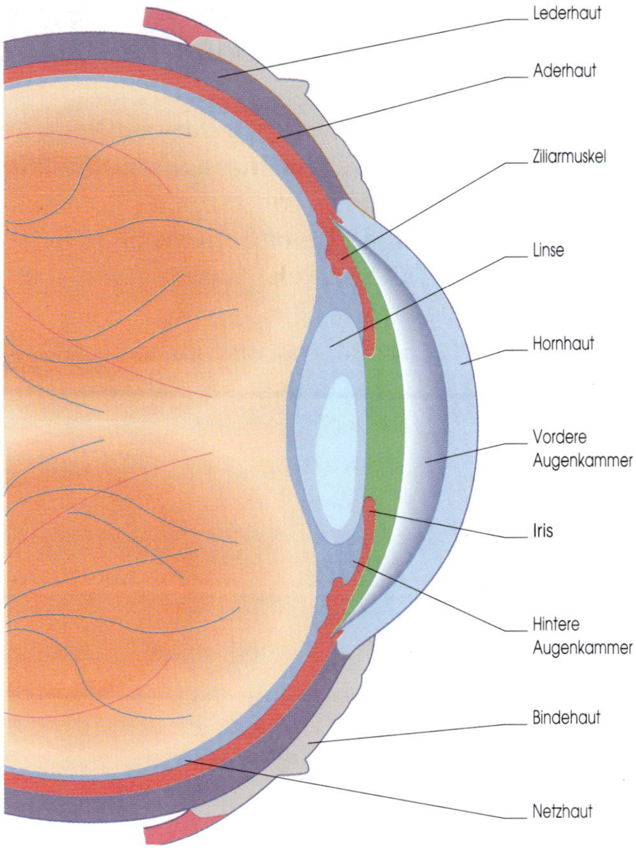

Schnitt durch den Augapfel: Die Hornhaut besteht aus mehreren Schichten, die keine Blutgefäßversorgung besitzen. Die Netzhaut beherbergt die Rezeptorzellen. Sie nehmen die Lichtwellen auf.

• **Die Lederhaut** ist weiß und etwa einen Millimeter dick. Auf der Vorderseite des Auges erscheint sie als durchsichtige und sehr feine Membran, die Hornhaut, durch die die farbige Iris durchscheint. Rund um die Hornhaut ist die Lederhaut von einer durchsichtigen Membran, der Bindehaut, bedeckt.

• **Die Aderhaut** ist eine Membran, die zahlreiche Pigmente und Blutgefäße enthält und den „Innenraum“ des Auges in eine Dunkelkammer verwandelt. Auf der Vorderseite des Auges bildet die Aderhaut die Iris: eine Blende, in deren Zentrum eine runde Öffnung, die Pupille, liegt. Die erblich bedingte Farbe der Iris kann von Hell (Blau, Grün, Grau) bis sehr Dunkel (Braun) variieren.

• **Die Netzhaut** ist die reizempfindliche Membran des Auges, in der die Rezeptoren für Lichtstrahlen liegen. Sie bildet im hinteren Teil des Auges eine kleine weißliche Vertiefung, an der der Sehnerv durch die Netzhaut dringt, um seine Fasern über die Netzhaut zu verteilen. Diese Sehnervpapille enthält keine reizempfindlichen Elemente und heißt deshalb „blinder Fleck“. Bevor die ins Augeninnere gelangenden Lichtstrahlen auf die Netzhaut treffen, durchdringen sie zuvor die dichte Hornhaut, die wäßrige Flüssigkeit, die Linse und den Glaskörper. Die drei letzten Elemente bilden den lichtbrechenden Apparat des Auges. Die wäßrige Flüssigkeit entspricht in ihrer Wirkung einer flachen oder nach außen gewölbten (konvexen) Linse.

Wie sieht man?

Die visuelle Funktion des Auges hängt von der Netzhaut ab. Ein deutliches Bild der Gegenstände entsteht dann, wenn die vom Gegenstand reflektierten Lichtstrahlen den Augapfel durchdringen, um dann exakt an der gleichen Stelle der Netzhaut aufzutreffen. Die Sehzone der Netzhaut enthält stab- und zapfenförmige Rezeptoren, die Lichtreize aufnehmen und an den Sehnerv weiterleiten. Sie heißen aufgrund ihrer Form Stäbchen und Zäpfchen.

• **Die meisten Zäpfchen** liegen in einem Bereich, der sich auf der Verlängerung der optischen Achse befindet und Sehgrube oder „gelber Fleck“ genannt wird; mit zunehmender Entfernung vom gelben Fleck nimmt die Zäpfchendichte ab. Wir können mit Hilfe dieser Zäpfchen Form und Farbe von Gegenständen genau erkennen.

• **Die Stäbchen** sind vor allem für die Wahrnehmung der Lichtstärke und Helligkeit zuständig. Da ihre Erregbarkeitsschwelle niedrig ist, werden diese Rezeptoren vor allem bei Dunkelheit aktiviert. Die Anzahl der Stäbchen (120 bis 130 Millionen) ist wesentlich größer als die der Zäpfchen (etwa sieben Millionen). Jeder Rezeptor hat an seinem Ende eine Faser, die mit Nervenfasern (etwa einer Million) in Verbindung steht. Diese laufen im Sehnerv zusammen, der aus dem hinteren Teil des Augapfels austritt. Der Sehnerv leitet die vom Auge erfaßten optischen Informationen zum Sehzentrum weiter, das in der Hirnrinde des Hinterhaupts liegt. Hier werden die Nervensignale zu einem bewußten Akt des Sehens verarbeitet.

• **Zwei Augen für dreidimensionales Sehen.** Eine räumliche Erfassung, also die Wahrnehmung von Oberflächenreliefs und Entfernungen von Gegenständen, ist nur durch das Zusammenwirken beider Augen möglich. Die vollkommene und unmittelbare Wahrnehmung der dritten Dimension verdanken wir somit der Existenz zweier Augen. (Versuchen Sie nur einmal, mit einem Auge einen Faden in ein Nadelöhr zu fädeln!) Betrachtet man ein beliebiges Objekt mit dem einen, dann mit dem anderen Auge, so entstehen zwei leicht abweichende Bilder. Fixiert man zuerst mit dem rechten und dann mit dem linken Auge ein nahegelegenes Objekt, so erscheint dieses jeweils ein kleines Stückchen rechts beziehungsweise links verschoben. Normalerweise verschmelzen beide Bilder in unserem Gehirn zu einem einzigen dreidimensionalen Bild. Sind beide Bilder vollkommen identisch, geht die Reliefstruktur verloren, was beispielsweise bei der Betrachtung von Gegenständen in sehr großer Entfernung deutlich wird. Das menschliche Auge entspricht demzufolge einem „Stereoskop". Dieses praktische Gerät hat zwei, in einer gewissen Entfernung zueinander angebrachte Objektive und ermöglicht die dreidimensionale Ansicht eines Gegenstands.

• **Das Geheimnis des Farbensehens.** Man vermutet, daß ein Erwachsener in der Lage ist, mehrere Millionen Farbtöne zu unterscheiden. Es wurden zahlreiche Theorien entwickelt, um diese außergewöhnliche Wahrnehmungsfähigkeit zu erklären. Eine Theorie besagt, daß für die verschiedenen Farben jeweils unterschiedliche Nervenfasern auf der gesamten Netzhaut zuständig seien. Auch photoelektrische, photochemische und elektronische Vorgänge wurden geltend gemacht. Doch keine dieser Hypothesen konnte bis heute überzeugend bewiesen werden. Ebensowenig wie das Farbensehen an sich kann die Wissenschaft heute erklären, warum manche Menschen bestimmte Farben überhaupt nicht sehen, wie dies bei Farben- oder Rot-Grün-Blindheit der Fall ist.

Die Augenlinse

Die Augenlinse ähnelt einer beiderseits gewölbten (bikonvexen) Linse von etwa vier Millimeter Dicke und besteht aus einer Reihe von durchsichtigen Lamellen, die übereinanderliegen wie die Häute einer Zwiebel. Sie wird von den Verlängerungen der Aderhaut, die den Linsenaufhängeapparat bilden, in ihrer Position gehalten und ist leicht abgeflacht. Der Glaskörper besteht aus einer gelatineähnlichen Substanz, die von einer durchsichtigen Membran (Glaskörpermembran) eingeschlossen wird.

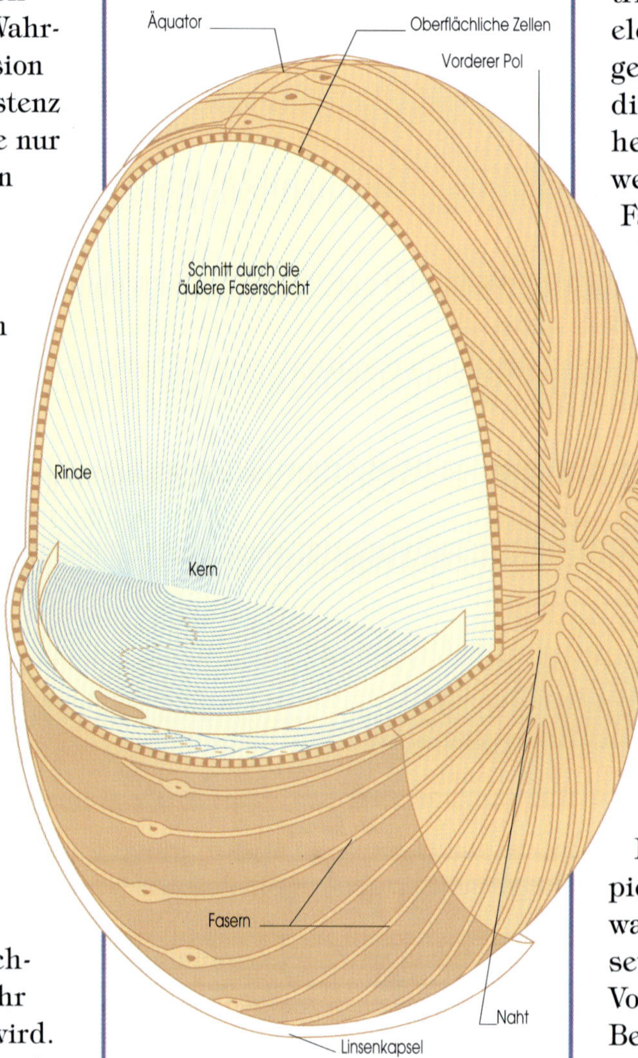

Dieser Schnitt macht die Struktur der Linse deutlich: Die Faserstruktur verschwindet im Zentrum.

• **Die Wahrnehmung bewegter Bilder.** Empfängt die Netzhaut einen Reiz, so bleibt dieser etwa 0,35 Sekunden wirksam. Weil auf unserer Netzhaut Abbilder eines fixierten Objekts zu rasch aufeinanderfolgen, sind wir nicht in der Lage, Bewegungen eines galoppierenden Pferdes im einzelnen wahrzunehmen. Unser Gehirn setzt jedoch den gesamten Vorgang zu einer vollständigen Bewegungswahrnehmung zusammen. Diese Fähigkeit machte sich der Film zunutze, um den optischen Eindruck von Bewegung herzustellen. Ein Kinofilm wird mit einer Geschwindigkeit von 24 Bildern pro Sekunde gedreht und mit derselben Geschwindigkeit auf eine Leinwand projiziert.

• **Die Bewegungs- und Schutzorgane des Auges.** Das Auge kann mit Hilfe von sechs Muskeln in der Augenhöhle bewegt werden. Der gerade obere

Optische Täuschungen:
1. Der Abstand zwischen den Punkten A und B scheint kürzer als der Abstand zwischen B und C. Beide Strecken sind jedoch gleich lang.
2. Aufgrund der Querstriche entsteht der Eindruck, daß sich die Linien einander nähern oder entfernen. Sie liegen aber parallel zueinander.
3. Betrachtet man die Mitte dieser konzentrischen Kreise und dreht dabei das Buch, so entsteht die Illusion, die Kreise drehten sich ohne äußeren Antrieb um sich selbst.

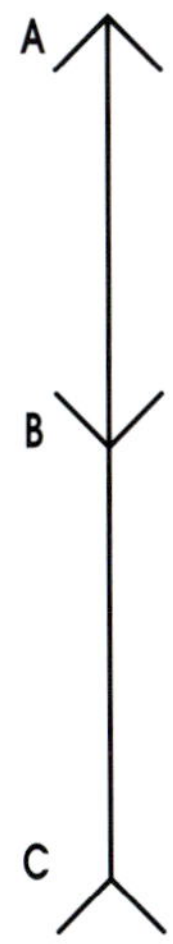

1

2

3

Der optische Apparat besteht aus dem Sehnerv, der Sehnervenkreuzung und dem Sehstrang, von dem aus die Nervenfasern zur Hirnrinde der beiden Hinterhauptlappen des Gehirns verlaufen. Die Nervenimpulse werden von der Netzhaut zu dem auf der Hirnrinde liegenden Sehzentrum übermittelt. Dort werden sie zu einem bewußten Akt des Sehens verarbeitet.

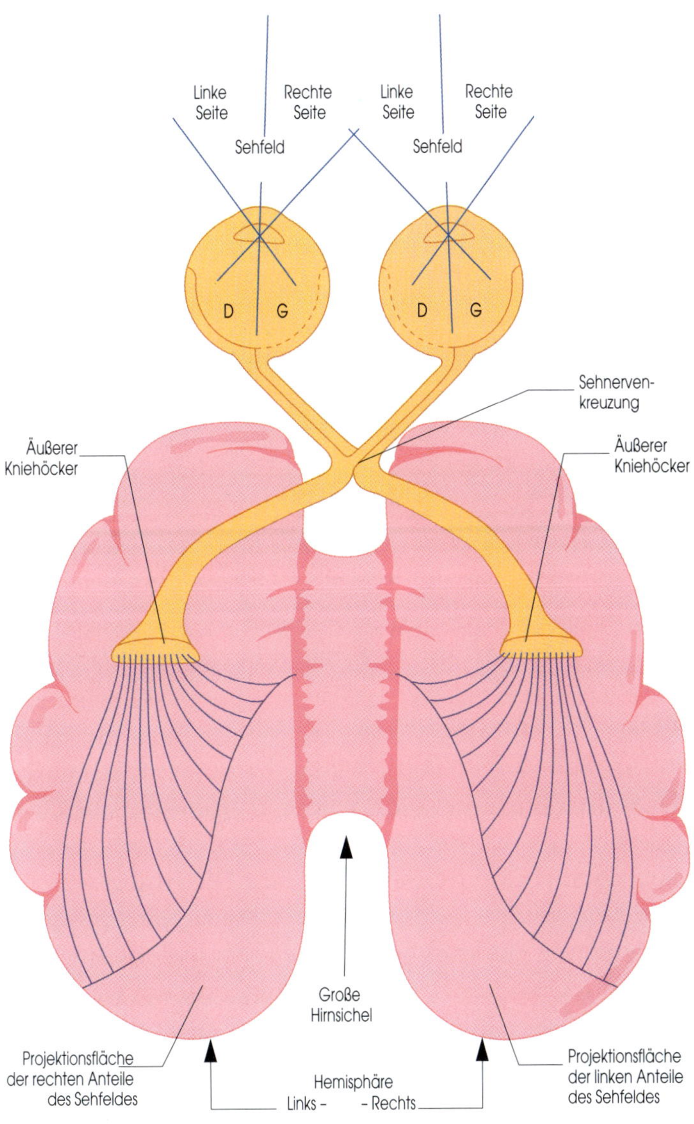

und der gerade untere Muskel bewegen den Augapfel horizontal nach rechts und links. Der gerade innere und der gerade äußere Muskel sorgen für vertikale Bewegungen nach oben und unten. Der große und kleine schräge Augenmuskel sind gemeinsam mit den geraden Muskeln für Drehbewegungen verantwortlich. Der sichtbare Teil des Auges wird vom oberen und unteren Augenlid geschützt. Die Lider werden von einer aus Muskelmembranen bestehenden Falte gebildet, die nach außen von Haut, nach innen von einer Schleimhaut (der Bindehaut) bedeckt wird. Die Augenlider öffnen und schließen sich im Wachzustand automatisch mehrere Male pro Minute, um die Feuchtigkeit des Auges zu erhalten.

Die kleinen Öffnungen der Talgdrüsen (Meibom-Drüsen) und Schweißdrüsen (Moll-Drüsen) befinden sich im inneren Augenwinkel auf dem freien Rand des Augenlids.

Die Wimpern wachsen an den Rändern der Augenlider und sollen die Augen vor Staub schützen, während die Augenbrauen Schutz vor Schweiß, Staub und Sonnenlicht gewähren.

Die Augen werden durch Tränenflüssigkeit feucht gehalten, die von den oben und außen in der Augenhöhle liegenden Tränendrüsen ständig abgesondert wird. Diese Tränen fließen normalerweise in solch geringer Menge in die Nase ab, daß sie nicht bemerkt werden. Wenn wir weinen, bilden sich aufgrund einer Überfunktion der Tränendrüsen große Tränen. Dazu kommt das Bedürfnis, sich zu schneuzen.

Das Auge liegt gut geschützt in den knöchernen Augenhöhlen und erlaubt durch seine Beweglichkeit eine außerordentlich gute Wahrnehmung der Umgebung.

Nebenstehend die Struktur des inneren Augenwinkels, in dem die Tränendrüsen liegen. Diese sind für die Befeuchtung des Auges zuständig, was überaus wichtig ist. Gefühlsregungen wie Freude oder Trauer können auch die Tränenproduktion anregen.

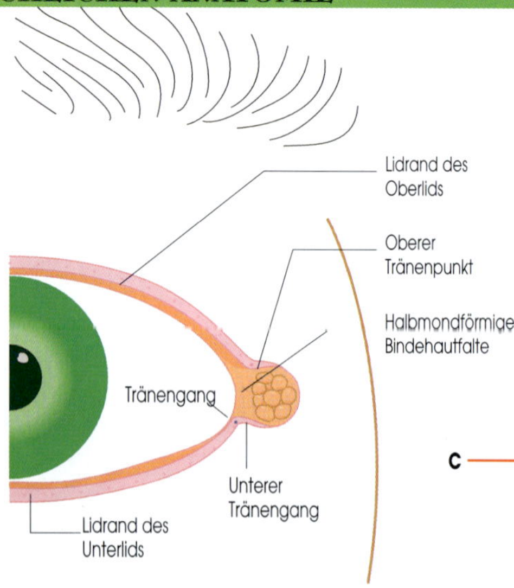

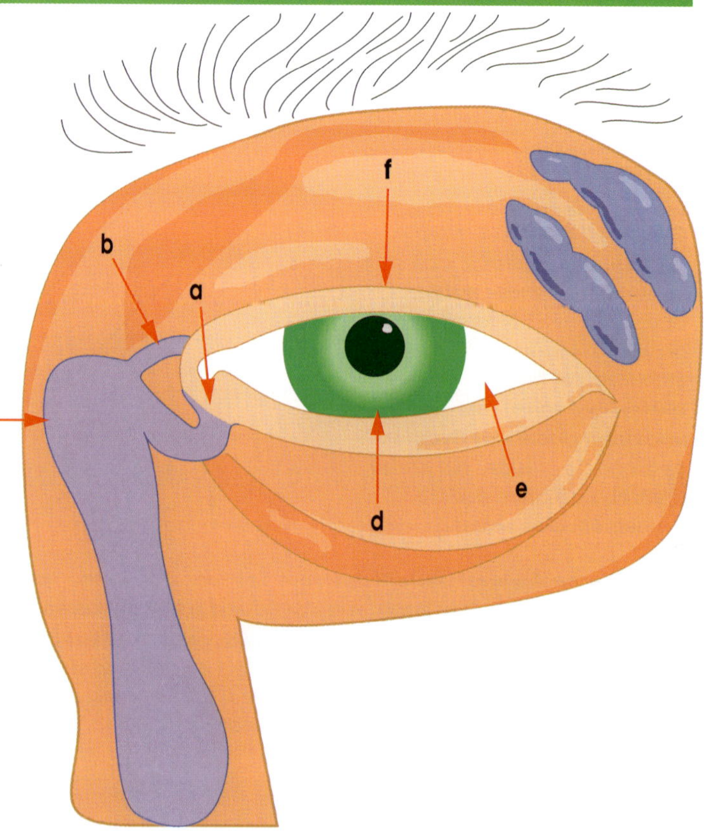

Die Pfeile zeigen an, wo Augenbeschwerden auftreten können: A: Tränenpunkt; B: Tränengang; C: Tränensack (häufigster Entzündungsherd); D, E, F: Hier kann es bei einer Infektion zu Komplikationen kommen: Augenhornhaut (D) (Hornhautentzündung), Bindehaut (E) (Bindehautentzündung), Rand des Augenlids (F) (Lidrandentzündung).

DAS GEHÖR

Die Gehörwahrnehmung verdanken wir unseren Ohren, die durch Luftschwingungen hervorgerufene akustische Reize aufnehmen und verarbeiten. Unsere Fähigkeit, Geräusche zu unterscheiden, ist sehr gut entwickelt und umfaßt einen großen Tonfrequenzbereich: Das gesunde Ohr kann Schwingungen von 16 bis 20.000 Impulsen pro Sekunde (Hertz) wahrnehmen. Die Empfindlichkeit des Gehörs geht vor allem auf die perfekte Abstimmung der Hörapparat-Bestandteile zurück, die für die Wahrnehmung von Tönen zuständig sind. Das Ohr besteht anatomisch aus drei verschiedenen Teilen: dem äußeren Ohr, dem Mittelohr und dem Innenohr. Äußeres Ohr und Mittelohr dienen der Übermittlung von Tönen und Geräuschen, das Innenohr ist für die Hörwahrnehmung zuständig.

Das äußere Ohr

Die meisten Säugetiere verfügen über ein bewegliches Ohr in Form einer mehr oder weniger länglichen und beweglichen Ohrmuschel. Die Beweglichkeit des Ohres hilft Töne einzufangen und ihre exakte Herkunft zu bestimmen. Dieser sichtbare Teil des Ohres, die Ohrmuschel, spielt beim Hörvorgang eine wesentlich geringere Rolle als die anderen Teile. Das äußere Ohr läßt sich in den äußeren Gehörgang und die beim Menschen meist unbewegliche Muschel untergliedern. Der äußere Gehörgang besteht aus einem fast zylindrischen Kanal im Schläfenbein, dessen Öffnung in der Mitte der Muschel liegt. Sein Durchmesser beträgt etwa sieben bis acht Millimeter, seine Länge etwa 25 Millimeter. Die wichtigste Funktion des Außenohrs ist der Schutz des Trommelfells, das am inneren Ende des Gehörgangs liegt. Bewirkt wird der Schutz durch den engen langgezogenen Bau des äußeren Gehörgangs, die an seinem Eingang liegenden Härchen sowie das in ihm entstehende Ohrenschmalz. Diese gelbliche dickflüssige Substanz wird von Hautdrüsen gebildet, die sich im Gehörgang befinden.

Das Mittelohr

Das Mittelohr, das hinter dem Trommelfell liegt, besteht aus der Paukenhöhle: einer kleinen, rautenförmigen Höhle im Schläfenbein. Die hintereinanderliegenden Gehörknöchelchen befinden sich im Innern der Paukenhöhle. Die Gehörknöchelchen sind außerordentlich präzise angeordnet. Der Hammer, der den Namen seiner charakteristischen Form verdankt, liegt ganz außen und sehr eng an der Membran des Trommelfells. Er nimmt die

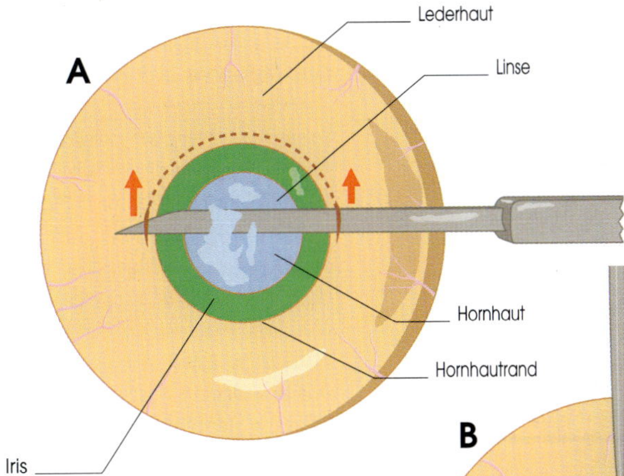

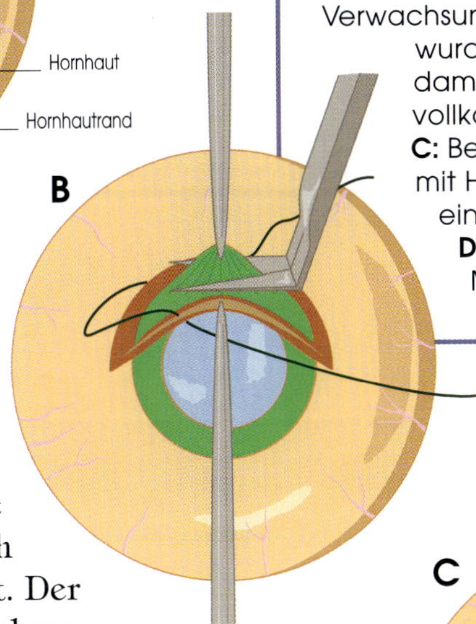

Operation eines grauen Stars (Linsentrübung)

A: Der Hornhautschnitt wird halbkreisförmig oberhalb des Hornhautrands angesetzt.
B: Durch diese Öffnung wird die Iris mit einer kleinen Pinzette nach oben gezogen. Hier wird erneut ein kleiner Einschnitt vorgenommen, um die Entstehung einer Iriswölbung durch Verwachsungen nach der Operation zu vermeiden. Zuvor wurde ein Faden durch Horn- und Lederhaut gezogen, damit die Öffnung nach Entfernung der Linse wieder vollkommen geschlossen werden kann.
C: Bei der intrakapsulären Linsenextraktion wird die Linse mit Hilfe einer Kälteelektrode entfernt. Diese produziert eine winzige Eiskugel, an der die Linse haftenbleibt.
D: Die Öffnung wird abschließend unter dem Mikroskop vernäht.

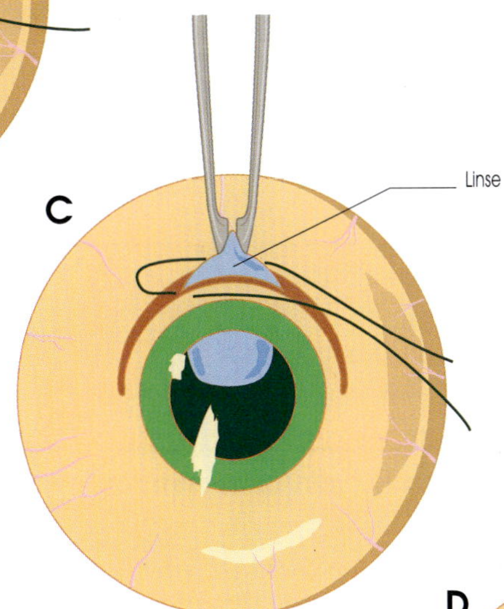

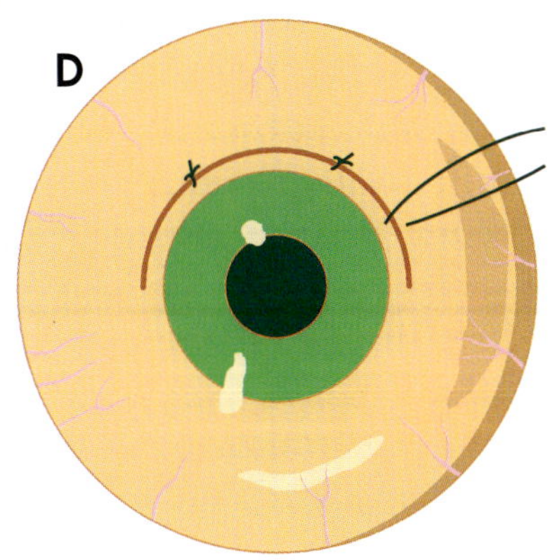

Schwingungen des Trommelfells auf und überträgt sie auf den als Vermittler agierenden Amboß, der die Schwingungen an das linsenförmige Knöchelchen und schließlich an den Steigbügel weitergibt. Der Steigbügel ist von einer Membran umhüllt, die eine kleine Öffnung aufweist, das sogenannte ovale Fenster, durch das die Schwingungen in das Innenohr gelangen.

Im inneren Ohr gibt es ein zweites Fenster, das runde Fenster, das ebenfalls von einer Membran umschlossen wird und mit der im Innenohr liegenden Schnecke in Verbindung steht. Die Paukenhöhle ist über einen Kanal, die Eustachische Röhre, mit den oberen Atemwegen verbunden. Sie öffnet sich oben zur Paukenhöhle und unten zum Rachen hin, der hinter dem Gaumensegel einmündet. Die Verbindung zwischen Mittelohr und Außenwelt über den Lüftungsschacht der Eustachischen Röhre ist absolut notwendig, denn das Mittelohr kann nur dann Töne störungsfrei weiterleiten, wenn der Luftdruck zu beiden Seiten des Trommelfells gleich groß ist. Der atmosphärische Luftdruck wirkt auf natürliche Weise auf die Außenseite des Trommelfells (Richtung äußeres Ohr). Der Druck auf der Innenseite des Trommelfells wäre ohne Verbindung mit dem Rachen niedriger. Ein Druckausgleich zwischen beiden Seiten des Trommelfells kann nur durch die Eustachische Röhre stattfinden. Die Außenluft gelangt über einen kleinen Kanal, den ein Schließmuskel bei jedem Schluckvorgang öffnet, in die Röhre. Bei einem raschen Wechsel des Luftdrucks, zum Beispiel im Flugzeug, können Probleme beim Hören auftreten, die so lange anhalten, bis sich Innen- und Außendruck durch wiederholtes Schlucken wieder ausgeglichen haben.

Das Innenohr

Das Innenohr ist der wichtigste und komplexeste Teil der Hörmechanik. In einer Höhle im Schläfenbein befindet sich das „Labyrinth“, das eine sehr verzweigte Form aufweist – daher der Name. Das Labyrinth besteht aus einem mit Flüssigkeit (Endolymphe) gefüllten Membransack. Er kleidet das Labyrinth völlig aus und ist von der Knochenwand durch die Labyrinthflüssigkeit (Perilymphe) getrennt. Das häutige Labyrinth setzt sich aus drei Teilen zusammen: Der Vorhof öffnet sich zu den Bogengängen und der Schnecke hin.

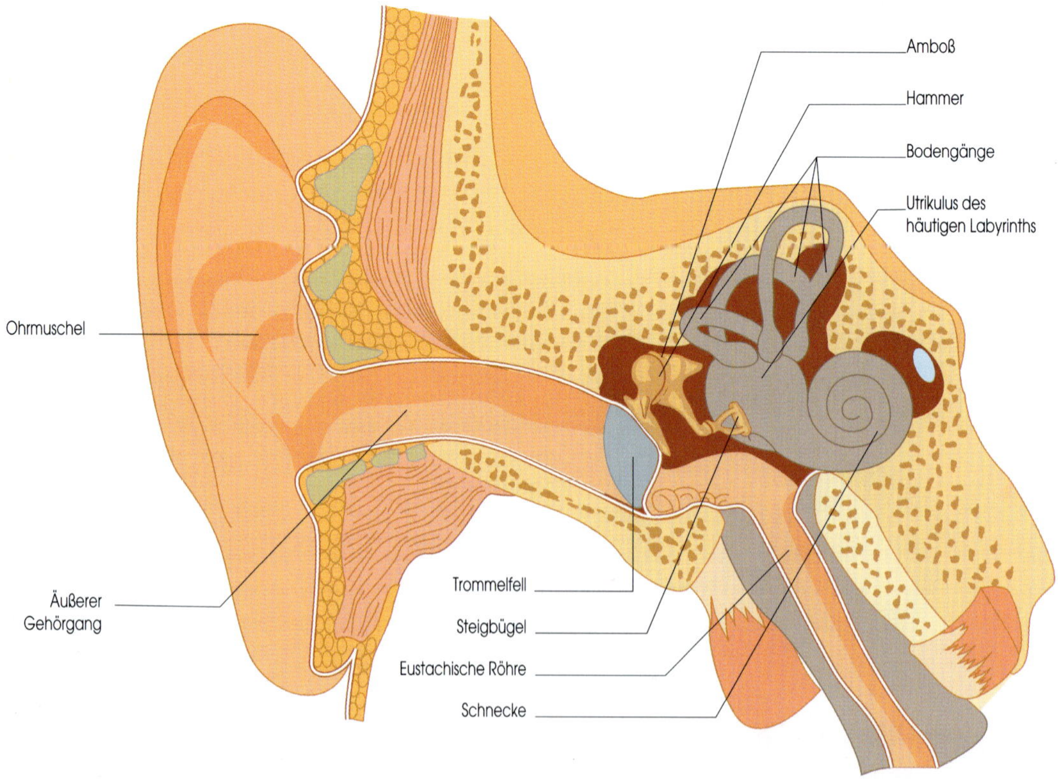

Der innere, mittlere und äußere Teil des Ohres: Das Mittelohr enthält die Gehörknöchelchen, die die Tonschwingungen verstärken, bevor sie zur Schnecke weitergeleitet werden. Das Trommelfell wird von den akustischen Wellen, die von der Ohrmuschel aufgefangen wurden, in mechanische Schwingungen versetzt. Diese werden von den Flüssigkeiten im Mittelohr an die Schnecke weitergeleitet. Hier lösen sie eine Bewegung der Basilarmembran aus, die in Nervenimpulse umgewandelt und vom Gehirn verarbeitet wird. Im Mittelohr sitzt der Steigbügel wie ein Kolben im ovalen Fenster.

Die drei knöchernen Bogengänge sind in drei Raumrichtungen angeordnet. Sie übermitteln den Gehirnzentren die Lage und Positionsänderungen des Kopfes.

Die vom Vorhof ausgehende Schnecke windet sich wie ein Schneckenhäuschen spiralförmig um eine Mittelachse (die Spindel) bis in das Innere des Felsenbeins. Der knöcherne Kanal der Spindel ist in zwei Teile, die Vorhoftreppe oben und die Paukentreppe unten, gegliedert. Die Reissner-Membran trennt die Vorhoftreppe wiederum vom Schneckenkanal ab, der mit Endolymphe gefüllt ist, und in dem die eigentlichen Hörorgane, die Corti- oder Spiral-Organe, liegen. Sie enthalten die Rezeptoren für Tonschwingungen, die die akustischen Wellen in Nervenreize umwandeln, und bestehen aus Sinneszellen, die von Stützzellen und den beiden Corti-Pfeilern begleitet werden. Die Sinneszellen sind vertikal ausgerichtet; an ihrem oberen Ende wachsen Flimmerhärchen. Die Reissner-Membran liegt genau über den Flimmerhärchen, die jedesmal, wenn eine Schallwelle das Innenohr trifft und von der Endolymphe weitergegeben wird, die Membran berühren und dadurch den akustischen Nervenreiz auslösen.

Dieser Reiz wird von den Endigungen des Schneckennervs aufgenommen und zum Gehirn weitergeleitet.

Wie hört man?

Eine akustische Welle wird in unserer Nähe ausgesendet und dringt über den äußeren Gehörgang in unser Ohr ein. Offensichtlich unterscheiden sich die Wahrnehmungsmechanismen des Gehörapparats je nach ihrer Wellenlänge: Wenn zum Beispiel die Gehörknöchelchen aufgrund einer Mittelohrentzündung blockiert sind, verschlechtert sich nur das Hörvermögen für tiefe Töne. Die Schallwellen mit hohen Frequenzen (hohe Töne) werden unmittelbar durch Luftschwingungen übertragen. Niedrigfrequente Schwingungen (tiefe Töne) lassen das Trommelfell vibrieren, das die Vibrationen an die Gehörknöchelchen weitergibt. Das letzte Knöchelchen, der Steigbügel, überträgt seine Vibrationen an das ovale Fenster, das alle Schwingungen des Trommelfells übernimmt und an die Flüssigkeiten des Mittelohrs weiterleitet.

Das Gehör – mechanisches oder mentales Phänomen?

Das Phänomen der akustischen Sinnesempfindung ist noch immer Gegenstand kontroverser Diskussionen. Vereinfachend ausgedrückt lassen sich zwei Haupttheorien unterscheiden: Die sogenannte Resonanztheorie (Helmholtz-Theorie) geht davon aus, daß jede Faser der Basilarmembran für sich schwingt und auf eine spezielle Frequenz reagiert. Nicht wenige Beobachtungen bestätigen diese Theorie. Dasselbe Phänomen läßt sich auch bei Musikinstrumenten feststellen: Wird auf einer Geige ein f gespielt, so wird auf dem danebenstehenden Klavier die entsprechende Saite, die f-Saite, mitschwingen. Die ganze Basilarmembran ist demnach mit dem Saitenbord eines Klaviers vergleichbar: Die längsten Fasern wären für die tiefen Töne zuständig, die kurzen Fasern hingegen für die hohen Töne. Jeder Hörnervenreiz würde in diesem Fall vor der Weiterleitung an das Gehirn identifiziert werden. Die Mikrofontheorie (Rutherford-Theorie) vergleicht dagegen die Basilarmembran mit einem Mikrofon, das in seiner Gesamtheit schwingt. Die Frequenzanalyse fände demnach nicht auf der Ebene des Ohres statt, wie die Resonanztheorie annimmt, sondern erst direkt im Gehirn.

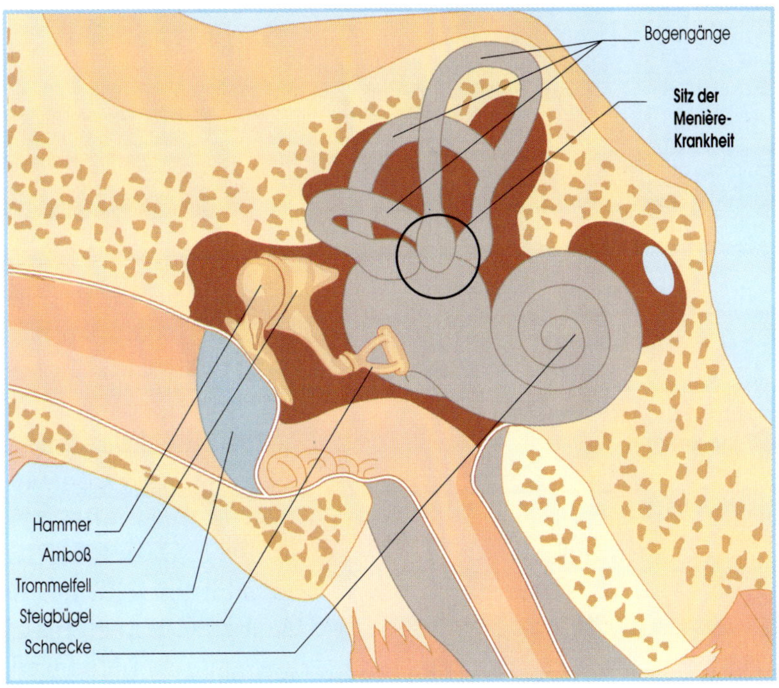

Ohrinfektionen können im Gehörgang (Ekzeme, Entzündungen), am Trommelfell, im Mittelohr (Entzündungen, Ödeme), den kleinen Gelenken (Otosklerose) und im Innenohr (Menière- Krankheit) auftreten. Plötzlich einsetzende Anfälle von Schwindel, Übelkeit und Erbrechen sind die Symptome der Menière-Krankheit. Die Anfälle dauern mehrere Stunden und sind oft begleitet von Gleichgewichtsstörungen beim Gehen. Während eines Menière-Anfalls fällt das Gehör vollständig aus. Es kehrt erst nach Tagen wieder, wobei im betroffenen Ohr Ohrgeräusche (Tinnitus) entstehen können. Der Verlauf der Krankheit ist unterschiedlich. Bei manchen Patienten stellt sich ein zunehmender Verlust der Hörfähigkeit ein. Die Ursache dieser Krankheit, die vor allem Menschen mittleren Alters betrifft, ist unbekannt.

Der Gehörapparat und der Gleichgewichtssinn

Der Gleichgewichtssinn ist für uns im Alltag so selbstverständlich, daß wir kaum darüber nachdenken. Der aufrechte Gang, die Bewegung des Kopfes und die Wahrnehmung unseres Körpers im Raum stellen für unser Bewußtsein keinerlei Anstrengung dar, da unser Gehirn unser Gleichgewicht automatisch und unbewußt steuert. Man muß sich heute von der Vorstellung verabschieden, daß der Gleichgewichtssinn einzig im Innenohr sitzt. In Wirklichkeit arbeitet das innere Ohr in Verbindung mit Informationen, die von anderen rezeptiven Instanzen stammen, wie von Rumpf- und Halsmuskeln, Gelenkhäuten (vor allem der Füße) und Informationen der Augen. Im Innenohr ist das Labyrinth für die Position des Kopfes im Verhältnis zu den drei Raumdimensionen verantwortlich. Das Labyrinth enthält zwei Systeme: das statische Rezeptorsystem (Statolithenmembran), das die Position des Kopfes wahrnimmt, und das dynamisch-kinetische Rezeptorsystem (Bogengänge), das für die Wahrnehmung von Bewegungen zuständig ist. Die Statolithenmembran bedient sich des Phänomens der Schwerkraft, um die Lage des Körpers zu bestimmen.

Die Funktionsweise der drei Bogengänge, die am Vorhof jeweils eine ampullenförmige Erweiterung aufweisen, ist komplexer. Ihre Lage folgt den drei Raumdimensionen (Waagerechte, Senkrechte, Tiefe): Ein Bogengang liegt horizontal, ein zweiter Bogengang frontal (vom Gesicht aus gesehen vertikal) und der dritte Bogengang sagittal (vom Profil aus gesehen vertikal). Die Ampullen der Bogengänge enthalten Zellen, deren harte Flimmerhärchen in die Endolymphe hineinragen. Wenn wir den Kopf bewegen, gerät auch die endolymphatische Flüssigkeit in Bewegung und übt Druck auf die Flimmerhärchen aus. Dies wird von den Nervenzellen registriert. Alle derart ermittelten Informationen werden verarbeitet und an das Kleinhirn weitergeleitet, das die automatische Kontrolle und Korrektur unseres Gleichgewichts gewährleistet und uns eine bewußte Wahrnehmung unserer Position ermöglicht.

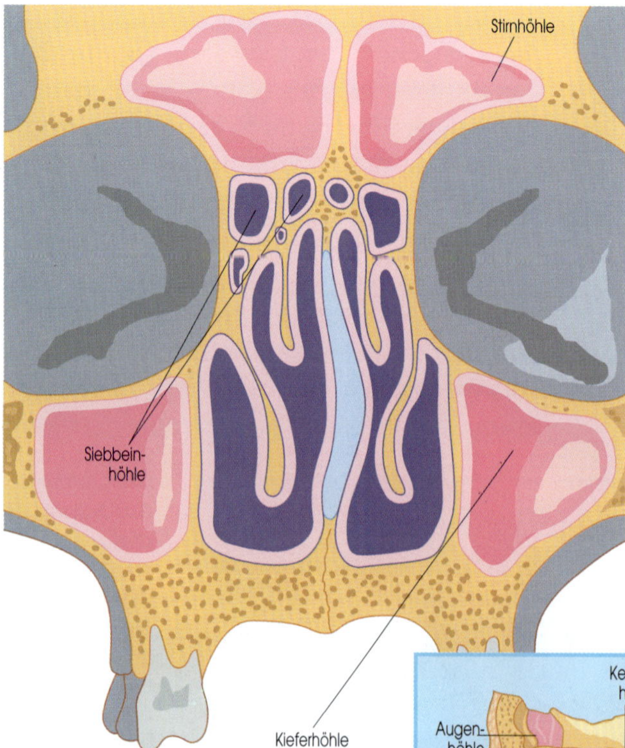

Querschnitt durch die Knochenhöhlen: Bei einer Entzündung der Nasenschleimhaut entstehen in den Höhlen schmerzhafte Infektionsherde (etwa bei einer Nasennebenhöhlenentzündung).

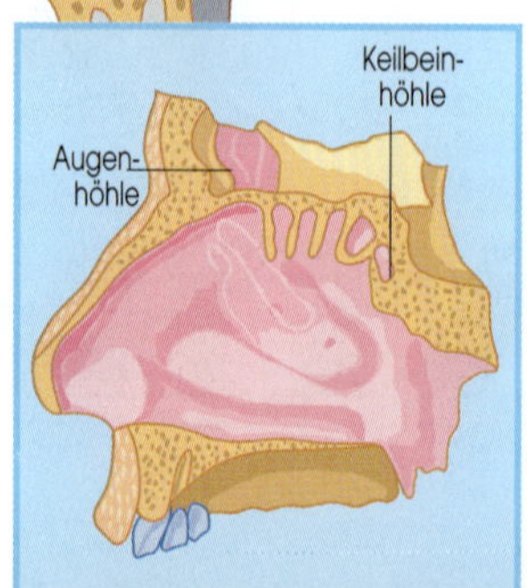

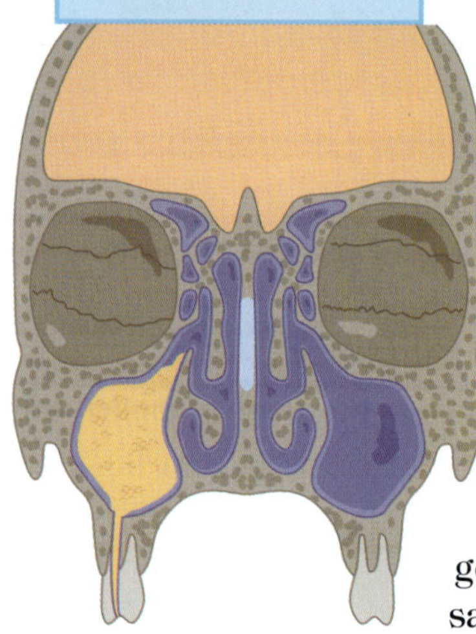

Rechts: Darstellung einer vom Zahn ausgehenden eitrigen Kieferhöhlenentzündung (Sinusitis). Abgesehen von entzündlichen Prozessen im Zahnbereich gibt es zahlreiche Ursachen für die Entstehung einer Sinusitis, die häufig nur aufgrund von Eiterabsonderung durch ein einzelnes Nasenloch bemerkt wird.

DER GERUCHSSINN

Im Gegensatz zum Gesichtssinn und zum Gehör ist der Geruchssinn ein „subjektiver" Sinn: Es ist unmöglich, die Qualität von Gerüchen exakt zu bestimmen. Konfrontiert man Menschen mit derselben Geruchssubstanz, reagieren sie sehr unterschiedlich. Manche mögen, was andere verabscheuen. Kulturelle Phänomene ergänzen persönliche Vorlieben: In Frankreich muß ein Geruch leicht zitronig sein, um als „frisch" wahrgenommen zu werden, während „frisch" in Großbritannien eher mit Rosenduft assoziiert wird. Der Geruchssinn (olfaktorische Wahrnehmung) liegt in der Nasenhöhle, genauer in der Schleimhaut, die die Nasenmuscheln bedeckt und die Sinneszellen umgibt. Die Sinneszellen sind mit Flimmerhaaren übersät und leiten Informationen an das Gehirn weiter. Eine Substanz, die einen olfaktorischen Reiz auslösen kann, muß „flüchtig" sein und sich mit einer gewissen Geschwindigkeit in der Luft auflösen können. Die Fähigkeit, Gerüche wahrzunehmen, ist bei jedem Mensch verschieden stark und bei Tieren am stärksten ausgeprägt. Der Geruchssinn kann mit Hilfe des Olfaktometers von Zwaardemaker gemessen werden.

DER GESCHMACKSSINN

Der Geschmackssinn erlaubt uns, die chemische Zusammensetzung von Substanzen zu erkennen, die wir mit dem Mund aufnehmen. Diese Substanzen müssen mit den zuständigen Zellen direkten Kontakt haben. Die sogenannten Geschmackspapillen sind besonders empfindlich und liegen an verschiedenen Stellen der Mundschleimhaut, der Zunge, dem Gaumensegel und dem Kehldeckel. Die Geschmacksimpulse werden an den Zungennerv weitergeleitet, der sich mit dem Gesichtsnerv vereinigt. Dieser Nerv führt zu einer bestimmten Stelle der Hirnrinde, in dem das Geschmackszentrum sitzt. Geschmackswahrnehmungen setzen sich aus vier Grundgeschmacksrichtungen zusammen: süß, salzig, sauer und bitter. Jede Papillengruppe ist für eine dieser Geschmacksrichtungen zuständig, was die Erstellung einer Art Karte bezüglich der Geschmacksgeographie der Zunge möglich macht: Die Zungenspitze ist für Süßes empfindlich, der hintere Zungenteil für bittere Substanzen, die Seitenabschnitte nehmen Saures wahr, und Teile der Zungenseiten und -spitze reagieren auf Salziges. Die Feinheit der Geschmackswahrnehmung wird durch den Geruchssinn ergänzt und ermöglicht uns das Wiedererkennen von Nahrungsmitteln.

DIE STEUERUNGS-ZENTREN

Die endokrinen Drüsen (griechisch: endon = innen) sind Organe, deren Zellen Stoffe (Sekrete) ausschütten. Im Gegensatz zu den exokrinen Drüsen, die ihre Sekrete in einen Drüsenkanal oder in eine Körperhöhle abgeben (wie zum Beispiel die Speicheldrüsen), haben die endokrinen Drüsen oder Hormondrüsen keinen Ausführungsgang: Sie geben ihre Produkte direkt in das Blut ab.

Die Blutgefäße nehmen unter anderem Hormone (griechisch: ormao = ich errege) auf und leiten sie an ganz bestimmte Organe (Zielorgane) weiter. Hormone sind Signalstoffe, die Impulse über größere Entfernungen innerhalb des Körpers weitergeben können.

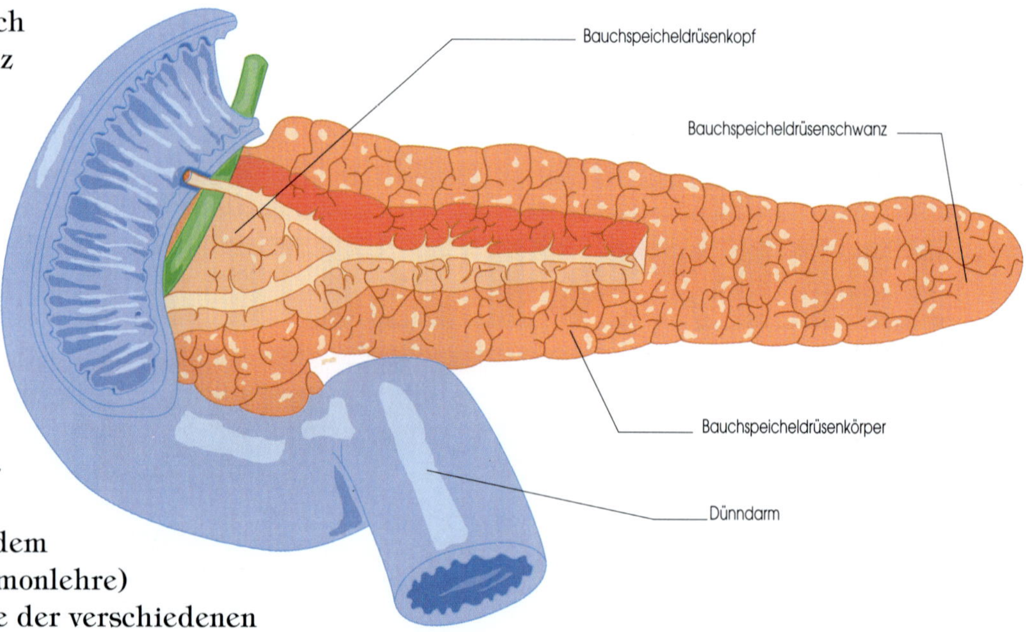

Schematische Darstellung eines Teiles des Verdauungstraktes: Die orangefarbene Bauchspeicheldrüse gibt über den Ausführungskanal Pankreasflüssigkeit in den Dünndarm ab.

Bedeutende Fortschritte auf dem Gebiet der Endokrinologie (Hormonlehre) ermöglichten die genaue Analyse der verschiedenen Hormone und schließlich ihre Synthese. Hormone werden heute in biochemischen Labors in großen Mengen hergestellt und zu therapeutischen Zwecken eingesetzt. Hormonale Ausscheidungsprodukte können auch im Urin nachgewiesen werden.

DIE INKRETORISCHEN DRÜSEN

Die zahlreichen Drüsen, die für die Hormonproduktion zuständig sind, spielen im Organismus vor allem hinsichtlich Wachstum, Verdauungsvorgang, Sexualität und Nervensystem eine bedeutende Rolle. Eine Unter- oder Überfunktion von Drüsen kann zu Störungen führen, die sich im ganzen Körper bemerkbar machen. Die wichtigsten Drüsen sind die Bauchspeicheldrüse, die Schilddrüse, die Nebenschilddrüse, die Nebennieren, die Hypophyse und die Keimdrüsen.

DIE BAUCHSPEICHELDRÜSE

Die Bauchspeicheldrüse (Pankreas) ist eine der größten Drüsen im Körper. Sie liegt hinter dem Magen und ist unter anderem für die Steuerung des Blutzuckers zuständig. Sie ist eine inkretorische und exkretorische Drüse, denn sie schüttet über einen Ausführungsgang, der sich über ihre gesamte Länge erstreckt, die an der Verdauung von Nahrungsmitteln mitwirkende Pankreasflüssigkeit in den Dünndarm aus. Als endokrine Drüse produziert sie zwei Hormone, die ins Blut abgegeben werden: Insulin und Glukagon. Der Name Insulin geht auf das lateinische Wort insula (Insel) zurück und wurde gewählt, weil dieses Hormon in den Langerhans-Inseln der Bauchspeicheldrüse produziert wird. Insulin entsteht in den Betazellen, Glukagon in den Alphazellen der in der Mitte der Bauchspeicheldrüse liegenden kleinen Inseln. Alle zucker- und stärkehaltigen Lebensmittel wie zum Beispiel Kartoffeln werden in Glukose umgewandelt. Die Körperzellen, insbesondere die Muskelzellen, können die Nährstoffe nur in dieser Form aufnehmen und in den „Kraftwerken der Zelle", den Mitochondrien, verbrennen. Insulin macht die Zellen aufnahmefähig für Glukose und ermöglicht so die Energiegewinnung für den Körper. Dieser Umwandlungsprozeß läßt in den Zellen zwei weitere Substanzen entstehen: Wasser und Kohlenstoff. Ein Diabetiker leidet unter Insulinmangel, weshalb bei ihm vermehrt Glukose im Blut vorhanden ist. Dies führt zu verschiedenen Stoffwechselstörungen.

Insulin ist darüber hinaus für die Speicherung der Glukose in der Leber und für die Regulierung

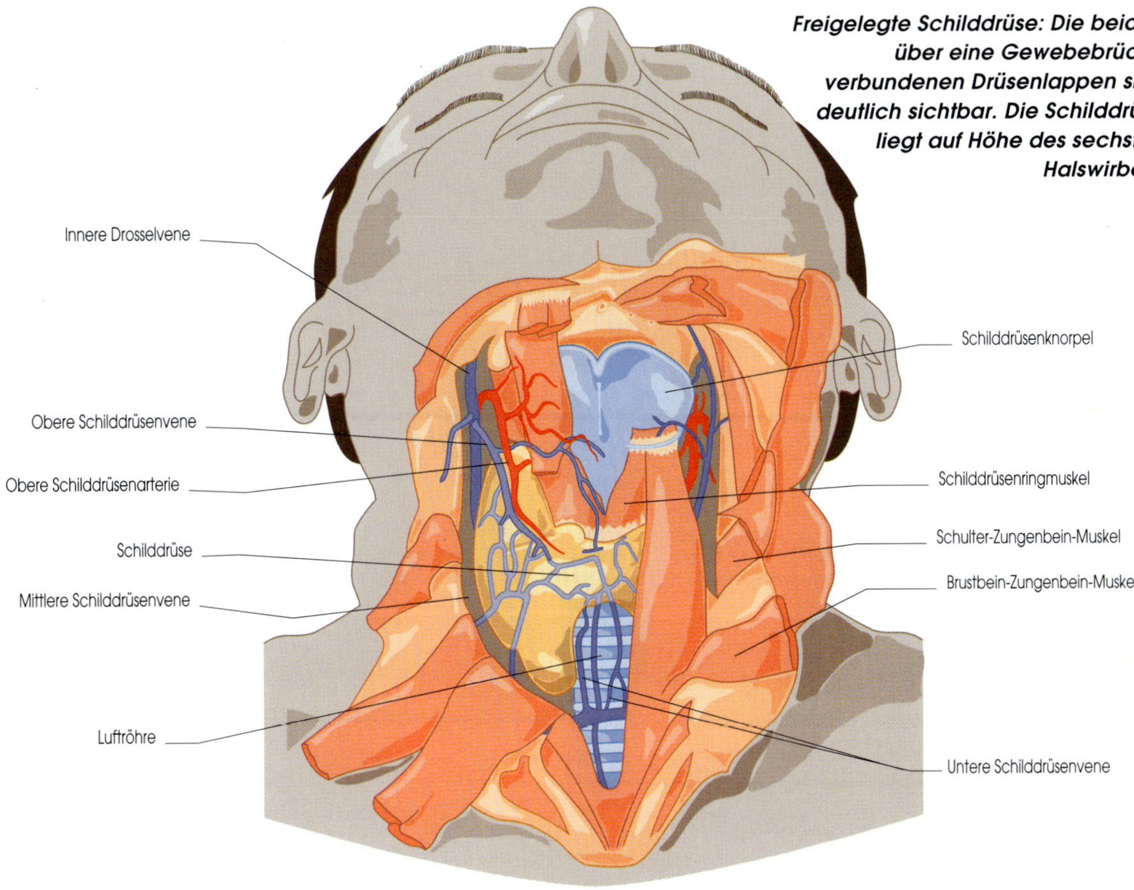

Freigelegte Schilddrüse: Die beiden über eine Gewebebrücke verbundenen Drüsenlappen sind deutlich sichtbar. Die Schilddrüse liegt auf Höhe des sechsten Halswirbels.

Die Schilddrüse beeinflußt die Hypophyse, die über das Hormon Thyreotropin (kleine rosa Punkte in der Zeichnung) die Ausschüttung von Thyroxin (kleine blaue Punkte) steuert und dadurch wiederum den Hypothalamus beeinflußt, der die Produktion des Schilddrüsenhormons steigert oder verlangsamt. Thyroxin wirkt auf den Stoffwechsel.

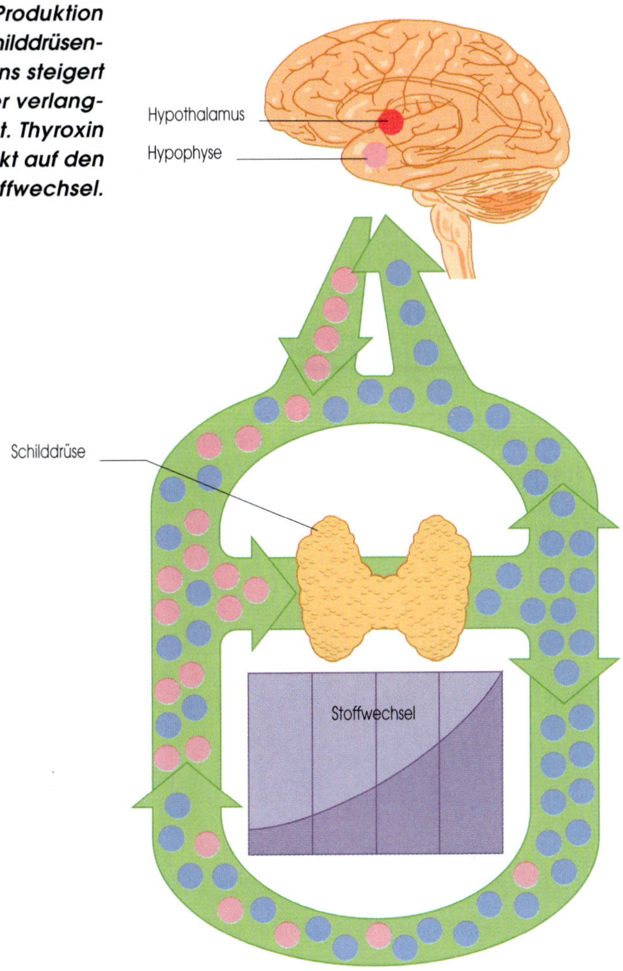

des Blutzuckerspiegels verantwortlich. Steigt dieser stark an, kann die Niere die Glukose nicht mehr zurückhalten. In diesem Fall gelangt Glukose über die kleinen knäuelförmigen Filtergefäße der Nieren in den Harn.

DIE SCHILDDRÜSE

Die Schilddrüse ist eine aus zwei Lappen bestehende Drüse. Beide Teile sind über eine schmale Gewebebrücke, den Schilddrüsenisthmus, miteinander verbunden. Die Schilddrüse wiegt etwa 28 Gramm und liegt vor dem Kehlkopf direkt unter der Haut der Halswurzel. Die Schilddrüse verfügt von allen endokrinen Drüsen über die meisten Gefäße.

Die Sekretion des von ihr produzierten Thyroxins, des Haupthormons der Schilddrüse, wird von einem Hormon des Hypophysenvorderlappens (dem schilddrüsenstimulierenden Hormon) angeregt. Die Schilddrüse hat einen hohen Bedarf an Jod, denn sie stellt jodhaltige Hormone her. Das Schilddrüsenhormon Thyroxin erfüllt unterschiedliche Aufgaben:

- Thyroxin beschleunigt die Verbrennung von Nahrungsmitteln (Eiweiß, Kohlenhydraten, Fetten) und erhöht den Grundstoffwechsel sowie die Körperkern-

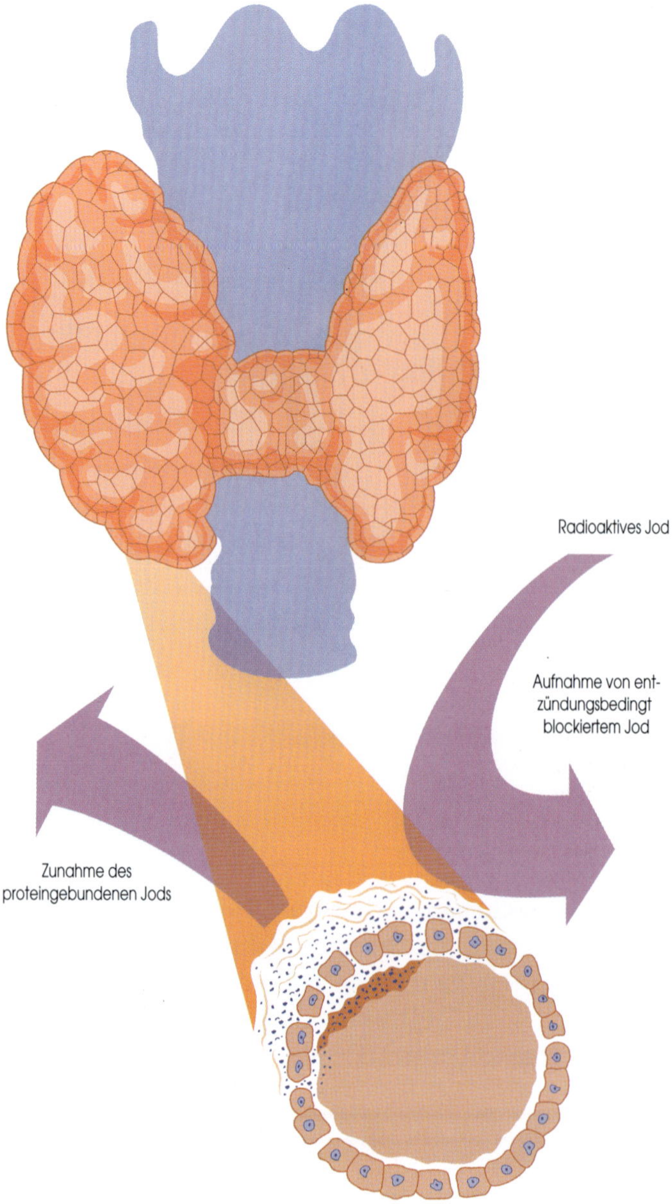

Eine Schilddrüsenüberfunktion wird mit Jod behandelt, das die Aktivität der Schilddrüse blockieren soll.

temperatur. Eine übermäßige Ausschüttung führt zu Gewichtsverlust, Thyroxinmangel hingegen zu Gewichtszunahme.

• Thyroxin begünstigt die Ausscheidung von Wasser aus dem Gewebe.

• Thyroxin steuert das Größenwachstum von Kindern, weshalb Jodmangel zu Wachstumsstörungen führt.

• Thyroxin unterstützt die Funktion von Herz und Lungen und ist für die geistige (mentale) Entwicklung unentbehrlich. Ein Kind ohne Schilddrüse wird mental extrem unterentwickelt bleiben.

Die Schilddrüse besteht aus zahlreichen kleinen Bläschen (Follikeln), die mit Schilddrüsenkolloid gefüllt sind. Diese Substanz besteht vorwiegend aus Thyreoglobulin, das von der Schilddrüse mit Hilfe eines Oxidationsvorgangs aus dem Grundstoff Jod gewonnen wird. Das in winzige Partikel aufgespaltene Thyreoglobulin wird dann in das Blut abgegeben.

Wenn örtliche (Schilddrüsenschwellung, Kropf) oder allgemeine Symptome (Schwäche) eine Schilddrüsenentzündung vermuten lassen, wird aus dem Ganglion eine Gewebeprobe entnommen, um den verursachenden Virus zu bestimmen.

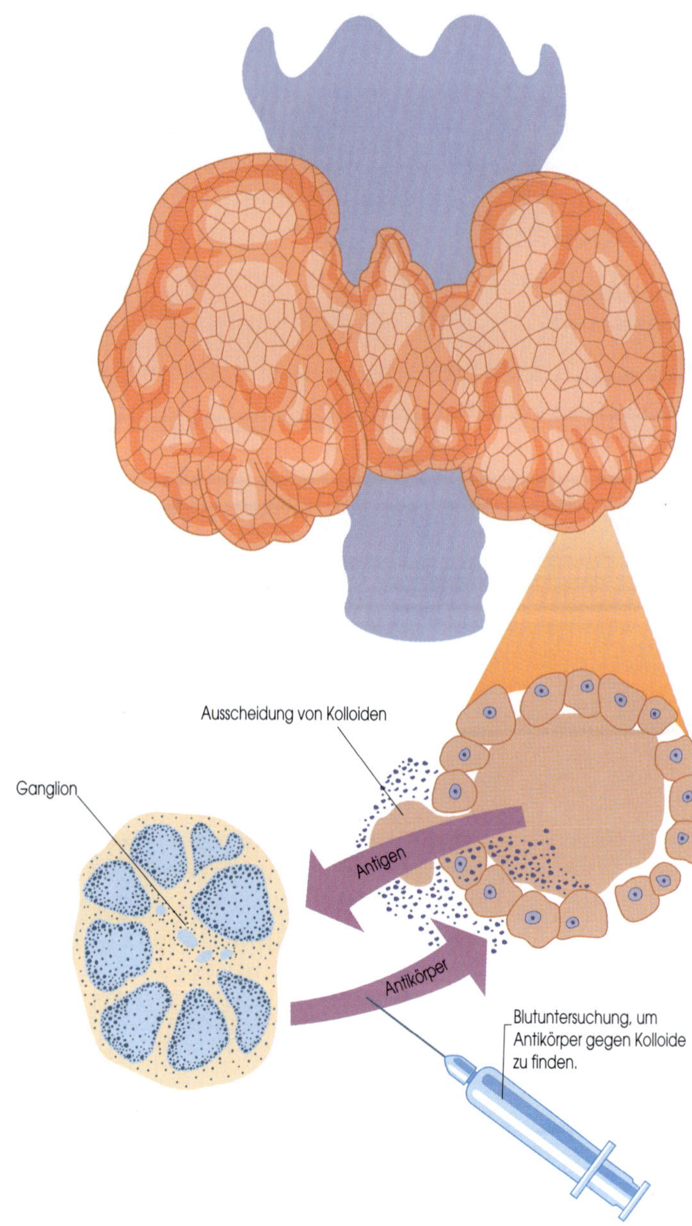

DIE NEBENSCHILDDRÜSEN

Die vier Nebenschilddrüsen liegen auf der rückwärtigen Oberseite der Schilddrüse. Sie sondern das Nebenschilddrüsenhormon ab, das den Kalziumspiegel im Blut reguliert. Sinkt der Kalziumspiegel, baut der Organismus mit Hilfe dieses Hormons das lebensnotwendige Kalzium aus den Knochen ab.

Kalzium spielt bei zahlreichen Stoffwechselprozessen eine wichtige Rolle:

- **Kalziummangel** führt zu erhöhter Muskelspannung und schließlich zu Muskelkrämpfen.
- **Ein Kalziumüberschuß** hingegen verringert die Muskelspannung und die Erregbarkeit von Muskeln und Nerven, hat also eine beruhigende Wirkung auf Muskeln und Nerven.

Darüber hinaus besitzt auch der Phosphorstoffwechsel große Bedeutung, insbesondere für Oxidationsprozesse, da die dadurch entstehenden Salze für die lebenswichtige Aufrechterhaltung des Säure-Basen-Gleichgewichts im Körper erforderlich sind. Funktionsstörungen der Nebenschilddrüse führen zu einem Ungleichgewicht im Kalzium- und Phosphorhaushalt des Körpers und verursachen komplexe Erkrankungen.

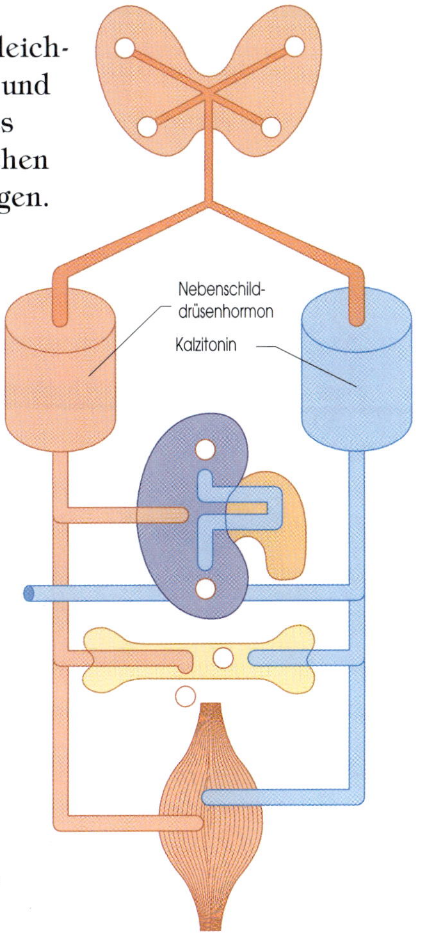

Die Nebenschilddrüsen produzieren das Nebenschilddrüsenhormon, das Kalzium freisetzt, indem es diesen Mineralstoff im Ernstfall den Knochen entzieht. Der Kalziumspiegel im Blut steigt dann an. Die Schilddrüse produziert im Gegenzug Kalzitonin, das den Kalziumspiegel senkt. Beide Hormone arbeiten bei der Herstellung eines optimalen Kalziumgleichgewichts zusammen.

Obwohl die vier Nebenschilddrüsen auf der Schilddrüse liegen und sich vom Schilddrüsengewebe kaum unterscheiden lassen, sind sie völlig unabhängig. Trotz ihrer geringen Größe (fünf bis zehn Millimeter Länge und ein bis zwei Millimeter Dicke) spielen sie eine wichtige Rolle bei der Regulierung des Kalzium- und Phosphatstoffwechsels.

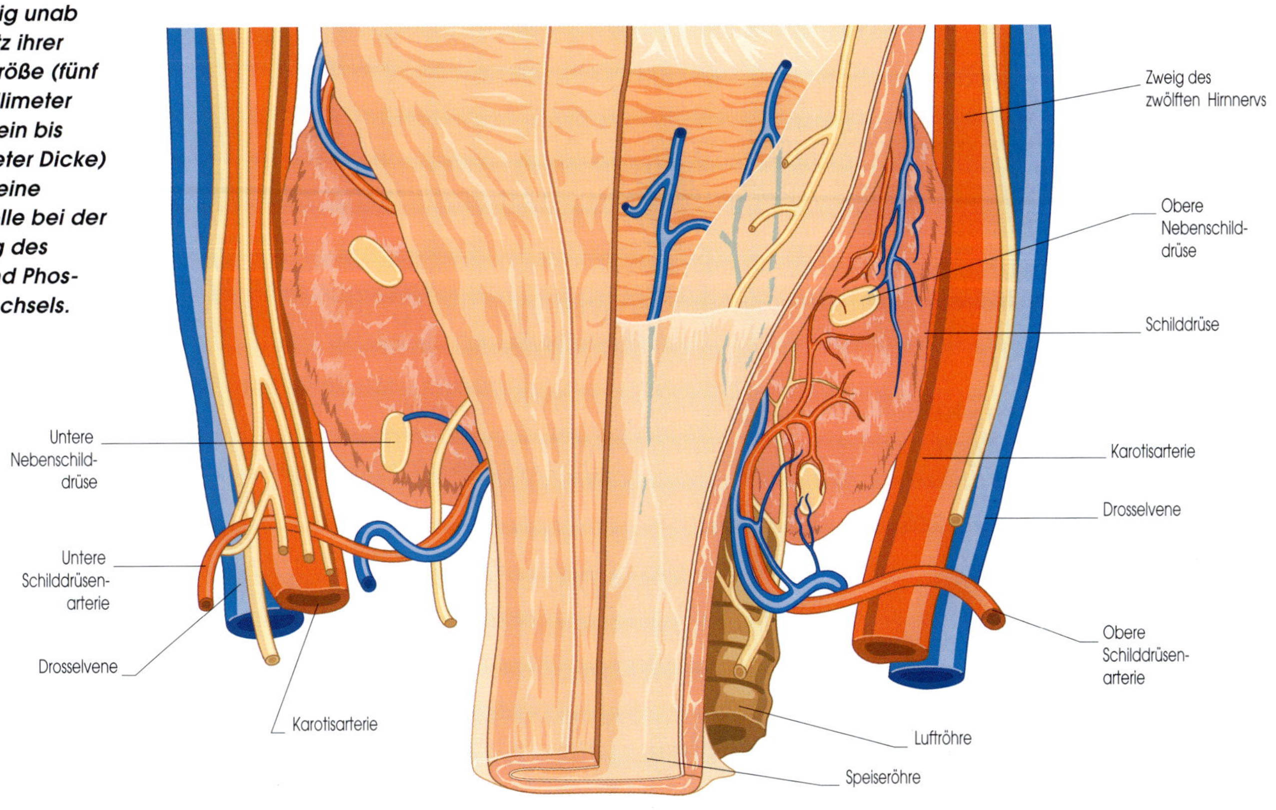

DIE NEBENNIEREN

Die Nebennieren wiegen jeweils etwa sieben Gramm und bedecken den oberen Pol der Nieren. Zahlreiche Nervenfasern verbinden die Nebennieren mit dem Sonnengeflecht. Jede Nebenniere besteht aus zwei verschiedenen Drüsenanteilen, die entwicklungsgeschichtlich (embryologisch) getrennt entstehen und unterschiedliche Funktionen haben.

Der äußere Teil, die Nebennierenrinde, wird von dem Hypophysenhormon Adrenokortikotropin (ACTH) aktiviert und produziert drei Hormone:

• **Die Kortikosteroidhormone,** die auf den Kohlenhydratstoffwechsel einwirken.

• **Das Hormon Desoxykortisol,** zuständig für die Regulation des Salz- und Wasserhaushalts.

• **Die für sexuelle Aktivität zuständigen Hormone** (zum Beispiel Östrogene, Progesteron und Testosteron).

Der violettrote innere Teil der Nebennierenkapsel, das Nebennierenmark, ist vom sympathischen Nervensystem abhängig und reagiert deshalb nicht auf hormonelle, sondern auf nervöse Signale.

Funktionsweise der Nebennieren

Bei einer Über- oder Unterfunktion der Nebennieren kann es zu spezifischen Störungen und Krankheiten kommen.

Die in der Nebennierenrinde produzierten Kortikosteroidhormone Kortison und Aldosteron sind lebenswichtig.

Kortison ist für die Energiegewinnung zuständig und wirkt zugleich entzündungshemmend. Es baut um einen Entzündungsherd im Körper eine Art Schutzwall auf und verhindert auf diese Weise die Ausbreitung der Infektion in angrenzende Gewebe.

Aldosteron wirkt auf die Nieren. Es hält Natrium zurück und verhindert dadurch einen übermäßigen Wasserverlust, die Voraussetzung für die Kontraktionsfähigkeit der Muskulatur.

Die Nebennieren spielen eine große Rolle bei Streßreaktionen.

Das Nebennierenmark sondert zwei Hormone ab: Noradrenalin und Adrenalin, die das Kreislaufsystem und die Atmungsaktivität beeinflussen und den Zuckerspiegel im Blut dadurch regulieren, daß sie Verbrennungsvorgänge in den Zellen beschleunigen und die Grundstoffwechselaktivität anregen.

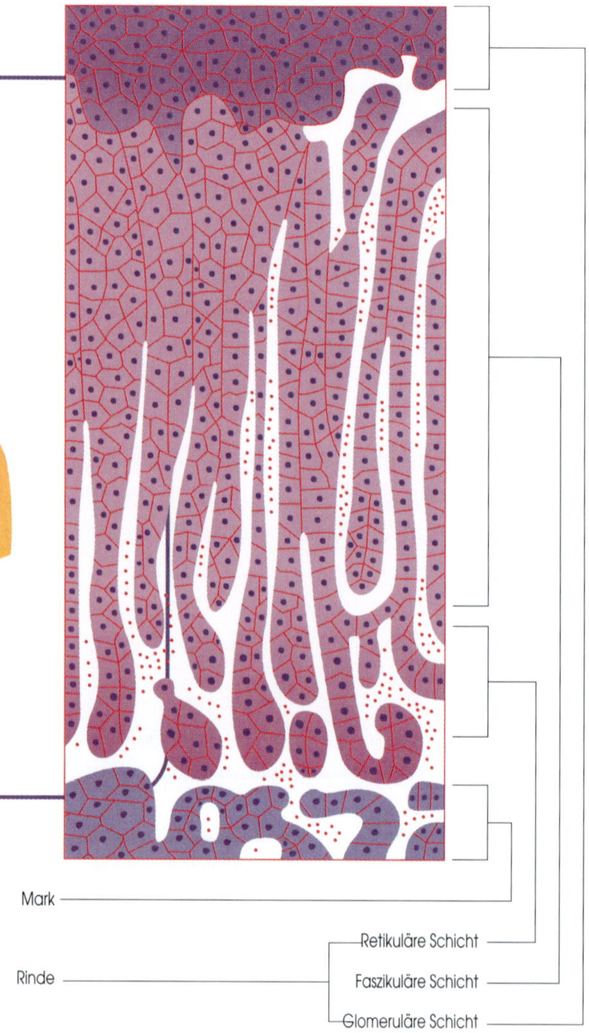

Die kleinen, den Nieren aufsitzenden Nebennieren bestehen aus Mark und Rinde. Die Nebennierenrinde setzt sich aus drei Schichten zusammen, der äußeren glomerulären Schicht, der mittleren faszikulären Schicht und der inneren retikulären Schicht, die jeweils für die Produktion eines anderen Hormons zuständig sind. Im Nebennierenmark werden zwei verschiedene Hormone hergestellt.

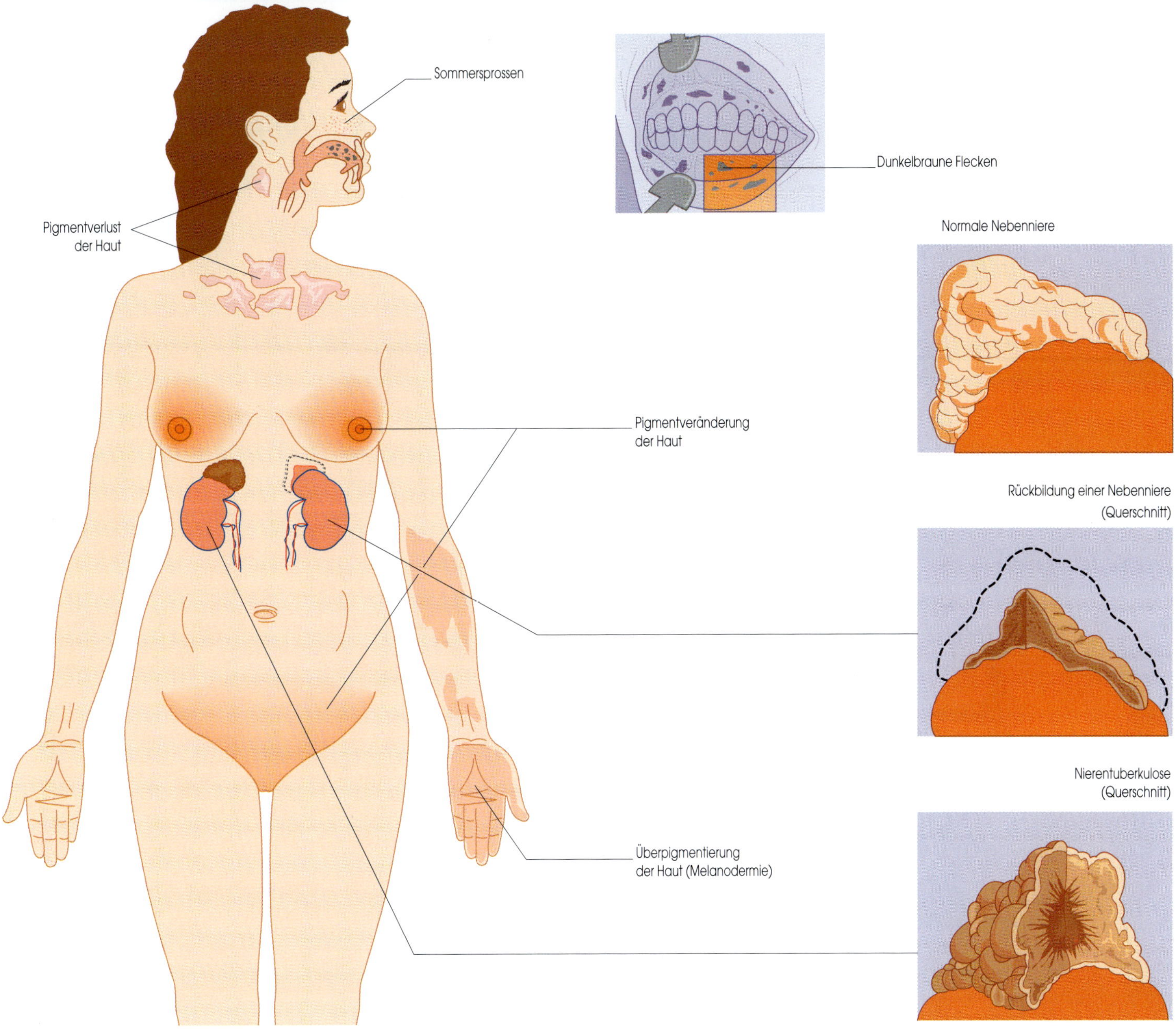

Symptome der Addison-Krankheit (Bronzekrankheit): Die Nebennieren verschwinden weitgehend. Anzeichen sind Pigmentverlust oder abnorme Braunfärbung der Haut und der Schleimhäute (Melanodermie). Die Krankheit, die unbehandelt zum Tod führt, ist durch diese deutlichen Symptome leicht erkennbar. Ärztliche Hilfe sollte unbedingt in Anspruch genommen werden.

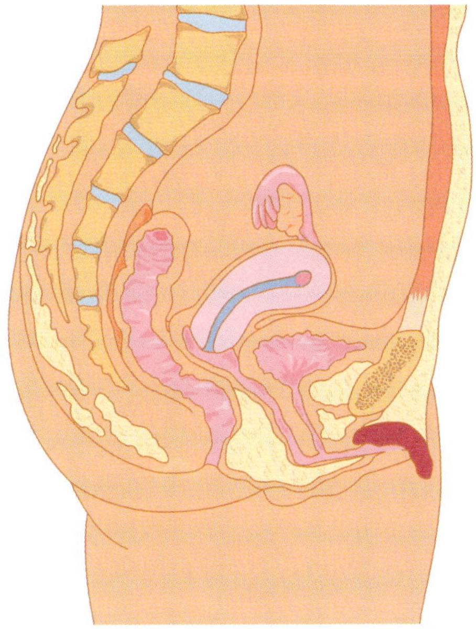

Querschnitt durch das Becken einer pseudohermaphroditischen Frau. Der Pseudohermaphroditismus ist eine Krankheit, die durch eine Funktionsstörung der Nebennieren ausgelöst wird. Die Gebärmutter ist klein, Scheide und Harnröhre haben keine getrennten Öffnungen, die Klitoris hat die Form eines Penis und die großen Schamlippen sind zusammengewachsen. Nur die Keimdrüsen – die Eierstöcke – sind normal. Dieses Syndrom kann auch bei Männern auftreten und führt zu einem übermäßigen Wachstum des Penis, während die Hoden klein bleiben und manchmal nicht in den Hodensack wandern.

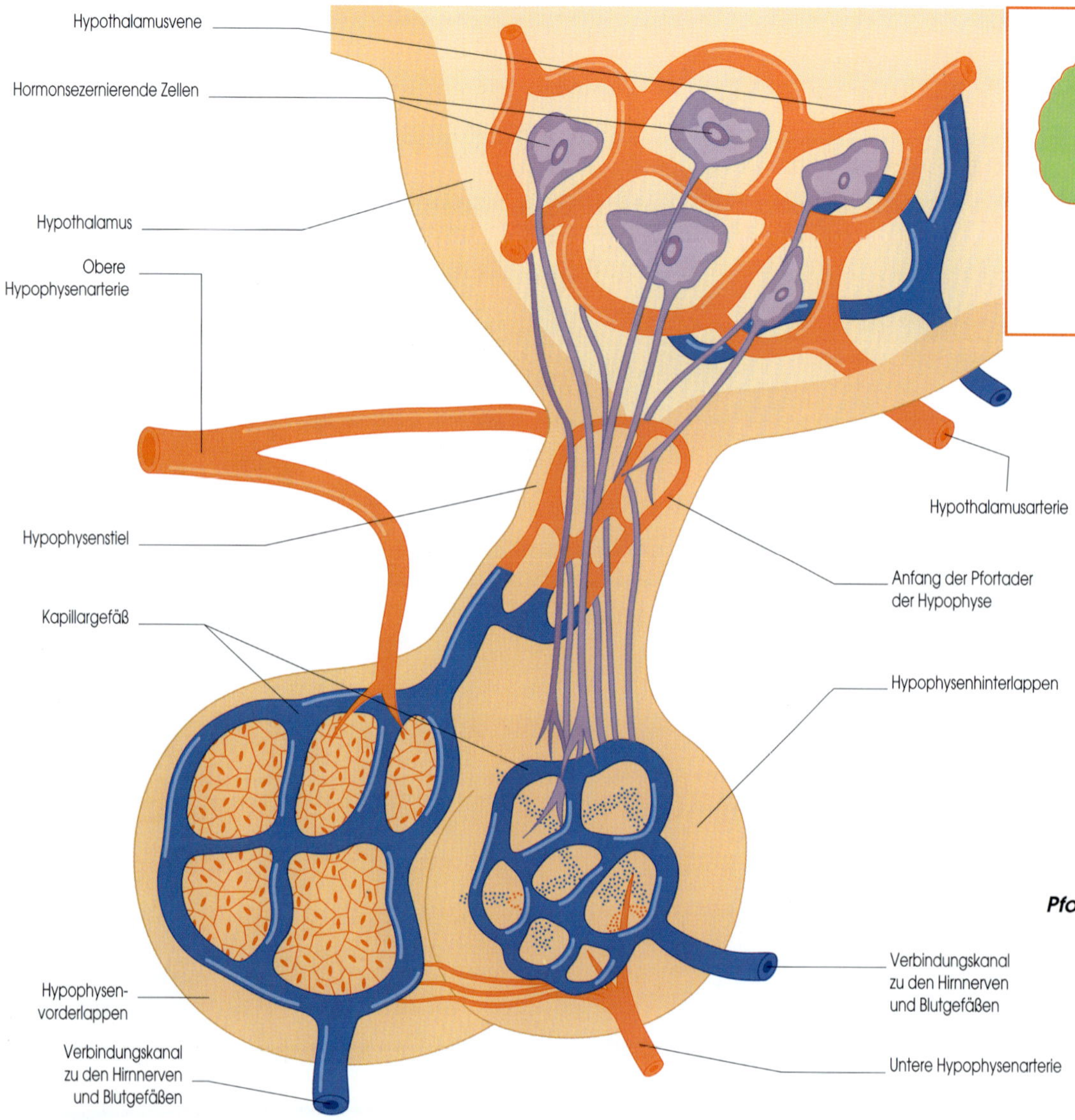

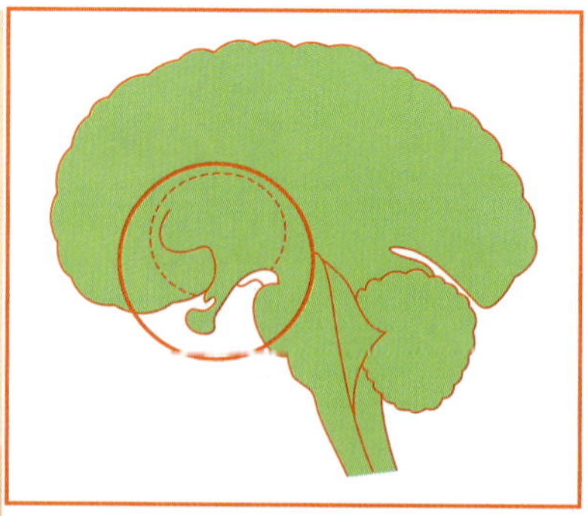

Blutversorgung des Hypothalamus-Hypophysen-Systems: Der Stiel und der Hypophysenhinterlappen werden durch die obere Hypophysenarterie und das Pfortadersystem der Hypophyse versorgt.

DIE HYPOPHYSE

Die Hypophyse (Hirnanhangsdrüse) ist eine endokrine Drüse und liegt im Türkensattel, einer Vertiefung in der knöchernen Schädelbasis. Sie hat etwa die Größe einer Haselnuß und wiegt weniger als ein Gramm. Die Hypophyse besitzt Gewebearten, Strukturen und Funktionen, die ihr eine für die physiologische Körperfunktion herausragende Rolle zuweisen: Sie ist das Zentralorgan des endokrinen Systems und die wichtigste Drüse des Organismus, da von ihr alle innersekretorischen Drüsen abhängen. Die Hypophyse selbst unterliegt der Kontrolle des Hypothalamus.

Die Hypophyse setzt sich aus drei Lappenstrukturen zusammen, dem Vorderlappen, dem Zwischenlappen und dem Hinterlappen, die jeweils bestimmte Hormone produzieren. Der Hypophysenvorderlappen besteht überwiegend aus chromophilen Drüsenzellen, die Hormone abgeben.

Die Hypophysenhormone

Die Hypophysenhormone werden vom Hypothalamus kontrolliert und stimulieren andere Drüsen (Nebennieren, Schilddrüse, Eierstöcke, Hoden). Die wichtigsten Hypophysenhormone sind:

- **Thyreotropin (TSH),** das die Schilddrüse anregt,
- **Adrenokortikotropes Hormon (ACTH),** das die Nebennieren anregt,
- **Parathyreotropes Hormon,** das auf die Nebenschilddrüsen und die Freisetzung von Wachstumshormonen einwirkt.
- **Die beiden die Keimdrüsen stimulierenden Hormone** werden mit dem Beginn der Pubertät verstärkt wirksam. Das Follikelreifungshormon (FSH) wirkt bei der Frau auf die Entwicklung der Eierstöcke und beim Mann auf die Samenzellent-

wicklung. Das Luteinisierungshormon (LH) wird zur Aktivierung des Eisprungs benötigt. Beim Mann stimuliert es die Testosteron-Produktion, die innere Sekretion der Hoden.

- **Das Prolaktin oder Laktotropin** stimuliert bei Frauen nach der Geburt den Milchfluß und wirkt auf die Produktion von Progesteron (oder Lutein).
- **Das Somatotropin (STH),** das auch Wachstumshormon genannt wird, kontrolliert die Entwicklung der Knochen und die Produktion von Eiweiß, einem Grundbaustoff des menschlichen Organismus. Es wird in der Kindheit und Jugend zusammen mit den Geschlechtshormonen verstärkt freigesetzt.

Wird ein Somatotropinmangel nicht behandelt, führt dies zu Wachstumsstörungen, schlimmstenfalls zu Zwergwuchs. STH steuert den Fett- und Zuckerstoffwechsel und ist ein Gegenspieler des Insulins. STH wirkt auch auf die Nieren, indem es Kalziumverluste mit der Urinausscheidung verhindert und Phosphor im Körper zurückhält.

Der Hypophysenzwischenlappen setzt das melanotrope Hormon (MSH) frei, das den Aufbau

Gesamtaktivität der Hypophyse.
Der Hypophysenvorderlappen produziert:
A: Wachstumshormon
B und C: follikelstimulierendes Hormon
D: Thyreotropin
E: Adrenokortikotropin (ACTH)
F: Prolaktin
Der Hypophysenhinterlappen produziert:
G: Oxitozin
H: Vasopressin

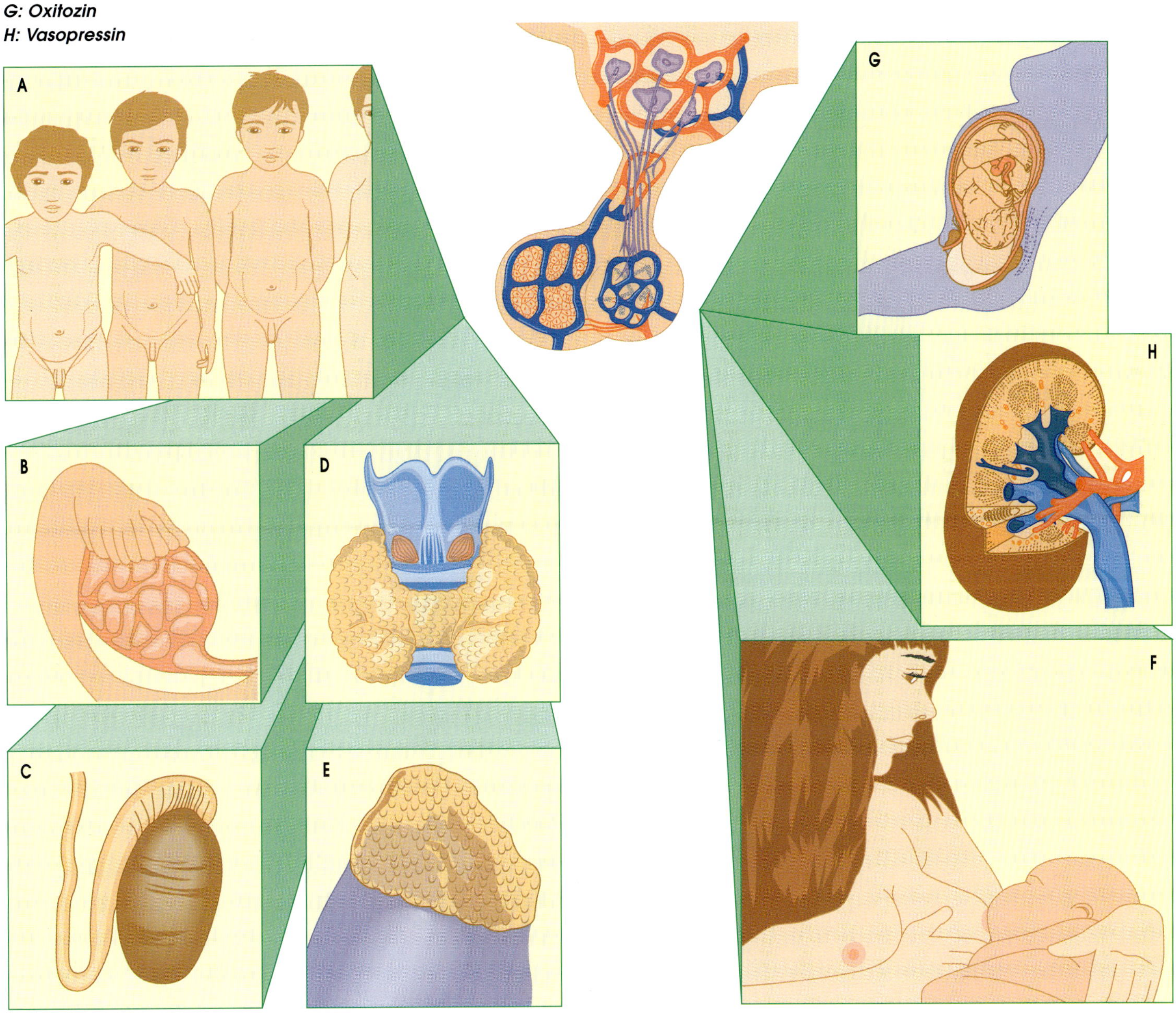

(Synthese) von Melanin stimuliert und zur Hautpigmentierung beiträgt.

Der Hypophysenhinterlappen der Hypophyse produziert unter anderem die folgenden Hormone:

- **Vasopressin** erhöht den Spannungszustand (Tonus) der Gefäße durch eine gefäßzusammenziehende Wirkung und kontrolliert die Harnausscheidung.
- **Oxytozin** ist für die Kontraktion der Gebärmutter verantwortlich und spielt eine wichtige Rolle beim Geburtsvorgang.

DIE KEIMDRÜSEN

In den Geschlechtsdrüsen des Mannes (Hoden) und der Frau (Eierstöcke) reifen die Zellen heran, die für die Fortpflanzung notwendig sind. Geschlechtsdrüsen geben Hormone ab, die für die Ausprägung der männlichen und weiblichen Geschlechtsmerkmale zuständig sind.

Das männliche Sexualhormon Testosteron wirkt bereits in der Gebärmutter auf die Entwicklung der primären und sekundären Geschlechtsmerkmale und der Körpergröße ein.

Die Eierstockhormone beeinflussen die bei der Frau im Laufe des Menstruationszyklus stattfindenden Veränderungen der Gebärmutterschleimhaut. Die endokrine Aktivität der Eierstöcke (die Östrogen und Progesteron freisetzen) unterliegt, durch das Hormon Gonadotropin gesteuert, der Kontrolle der Hypophyse. Die Hormonaktivität der Eierstöcke kann im Gebärmutterhalsschleim und in Zellen der Scheide nachgewiesen werden. Bei Urinanalysen können Abbauprodukte der Hormone nachgewiesen werden.

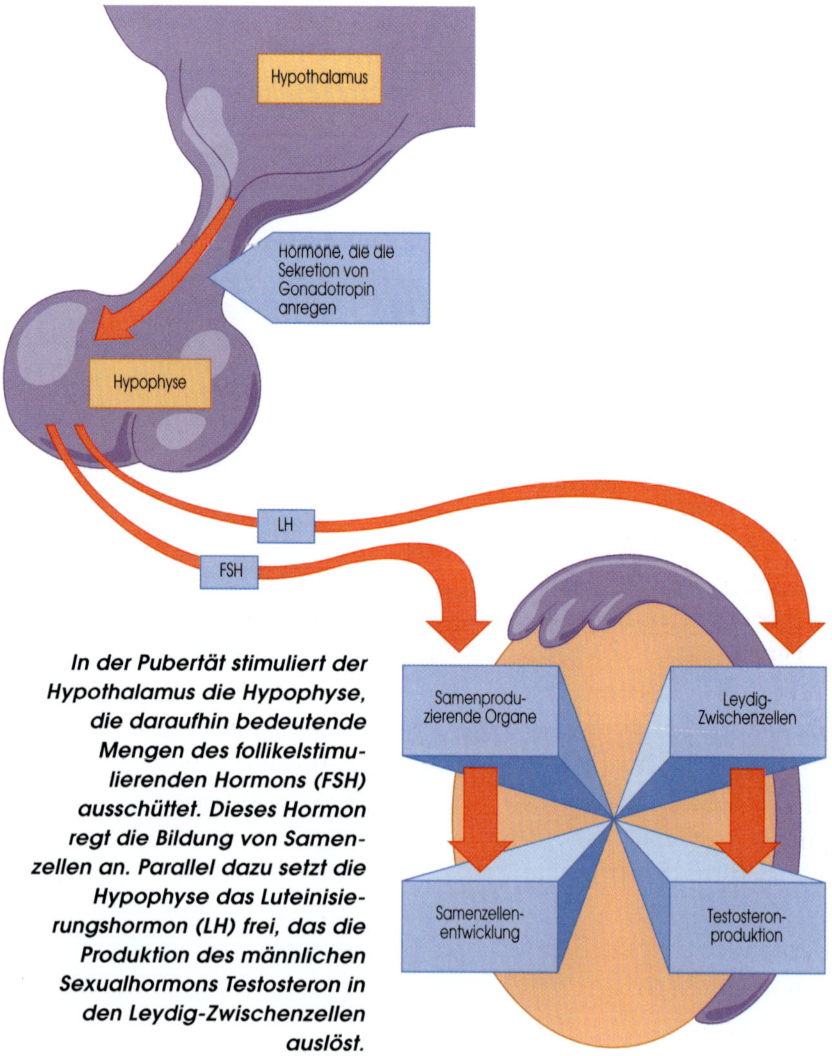

In der Pubertät stimuliert der Hypothalamus die Hypophyse, die daraufhin bedeutende Mengen des follikelstimulierenden Hormons (FSH) ausschüttet. Dieses Hormon regt die Bildung von Samenzellen an. Parallel dazu setzt die Hypophyse das Luteinisierungshormon (LH) frei, das die Produktion des männlichen Sexualhormons Testosteron in den Leydig-Zwischenzellen auslöst.

THYMUSDRÜSE UND EPIPHYSE

Die Thymusdrüse

Die Funktion der Thymusdrüse bei der Infektionsabwehr ist noch immer weitgehend unerforscht. Die Thymusdrüse liegt direkt unter der Schilddrüse. Die Thymusdrüse ist für Abwehrvorgänge gegen körperfremde Substanzen von großer Bedeutung. Sie ist vor allem während der Kindheit aktiv und verkümmert mit zunehmendem Alter. Das von ihr freigesetzte Hormon heißt Thymusfaktor.

Die Epiphyse

Die Epiphyse, auch Zirbeldrüse genannt, ist nur während der Embryonalzeit und den ersten Kindheitsjahren aktiv, verkümmert während der Pubertät und ist bei Erwachsenen nicht mehr vorhanden. Die Epiphysenfunktion hängt mit der Embryonalentwicklung zusammen. Man geht davon aus, daß die Epiphyse Bestandteile der Flüssigkeit der Zellzwischenräume (Lymphflüssigkeit) produziert.

DIE NEUROHORMONALEN REGULATIONSMECHANISMEN

Die Funktionsweise des innersekretorischen Systems ist zwar noch nicht vollständig erforscht, es ist jedoch bekannt, daß es auf dem Prinzip des „Feedback“ (Reaktion und Gegenreaktion) beruht. Die endokrine Drüsenaktivität ist untereinander vernetzt und bedingt sich gegenseitig. Die Drüsenaktivität ist aber auch von anderen Organen des Körpers abhängig, mit denen sie stets in engem Kontakt steht. Die Kommunikation zwischen den Drüsen verläuft über nervöse oder chemische Übertragung im Blutkreislauf. Jede Aktion löst eine Re-Aktion aus. Jeder Zusammenhang wirkt sich auf andere Zusammenhänge aus, so daß ein komplexes System gegenseitiger Einflußnahme entsteht, das der Kontrolle und Regulation des zentralen Nervensystems (ZNS) unterliegt. Das ZNS arbeitet ähnlich wie eine Art perfektionierter Thermostat. Wenn zum Beispiel die Körpertemperatur sinkt, gelangt kühleres Blut in das Gehirn, wodurch das im Hypothalamus liegende Zentrum der Wärmeregulation aktiviert wird. Dieses Zentrum gibt Hormone in das Blut ab. Sie stimulieren bestimmte Drüsen, die die Energieabgabe des Körpers verringern können, indem sie die Blutversorgung der Haut, besonders in den Extremitäten (Füßen und Händen), unterbrechen.

Das zentrale Nervensystem (ZNS) ist ein superschnelles Kommunikationssystem, das mit kodierten bioelektrischen Impulsen und einem ausgedehnten Netz von Nervenfasern arbeitet.

Für die langsameren endokrinen Botschaften des Hormonsystems benutzt das ZNS den Hypothalamus. Die hormonale Kommunikation umfaßt eine Reihe von Kettenreaktionen, die meistens durch eine Reaktion des Hypothalamus auf eine Botschaft des ZNS ausgelöst werden.

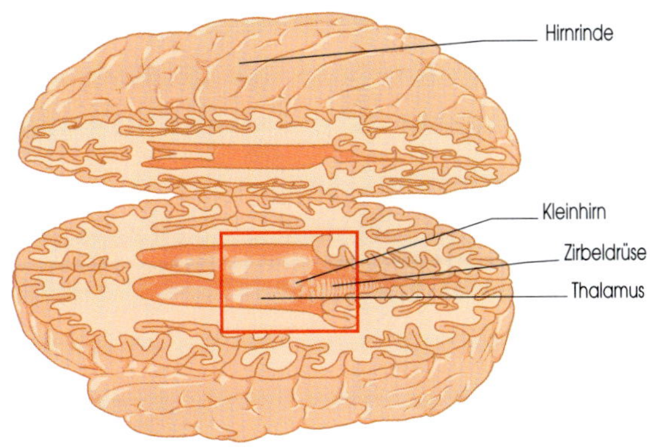

Schnitt durch das Gehirn: Die Zirbeldrüse liegt zwischen rechtem und linkem Thalamus.

Der Hypothalamus, der sich wie eine innersekretorische Drüse verhält, setzt dann Substanzen, sogenannte „Releasingfaktoren“ frei, die die Sekretion der Hypophysenhormone auslösen.

Diese Substanzen übermitteln die jeweilige Botschaft an die Zieldrüse, die ein Organ oder Gewebe kontrolliert. Die Zellen des Zielorgans oder -gewebes schicken umgekehrt als Rückmeldung Informationen über den Hormonbedarf an den Hypothalamus. Hypophyse oder Hypothalamus reagieren dann mit einer Anpassung der Hormonproduktion.

Das ZNS wirkt über den Hirnstamm auch unmittelbar auf bestimmte lebensnotwendige Vorgänge wie die Atmung. Es reguliert auch mit Hilfe des Rückenmarks den Energieverbrauch des Körpers.

Die Gesamtheit all dieser Funktionen bildet die Grundlage für den körperlich-psychischen (psychosomatischen) Einklang des Organismus.

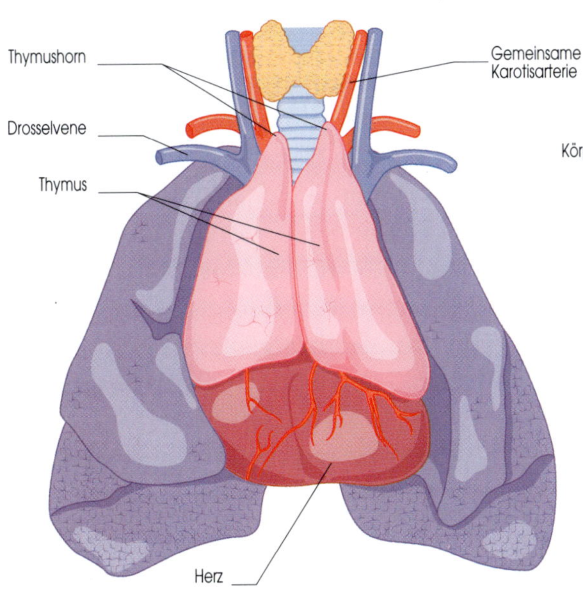

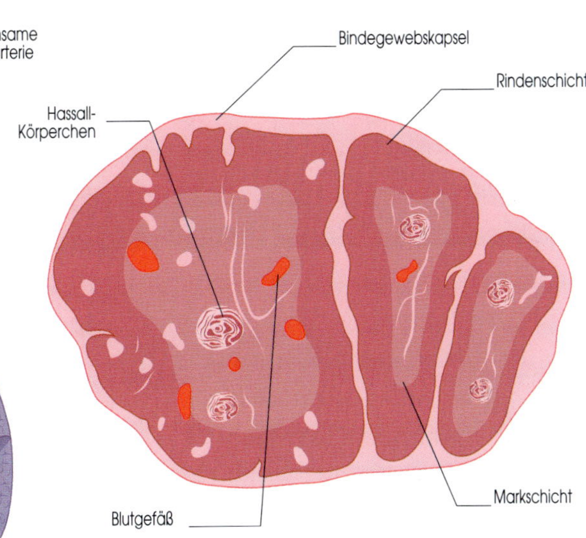

Links: Lage der Thymusdrüse. Rechts: Schnitt durch die Thymusdrüse. Sie wiegt bei einem Neugeborenen 12 bis 15 Gramm, in der Pubertät 30 bis 40 Gramm. Später verkümmert sie.

DAS SYMPATHISCHE NERVENSYSTEM

Das sympathische Nervensystem reguliert durch den Mechanismus der Gefäßverengung und Gefäßerweiterung alle Aktivitäten des Organismus, die sich auf die Zusammensetzung und das Verhältnis der Körperflüssigkeiten auswirken. Es kontrolliert den Blutfluß und die Konzentration bestimmter Substanzen im Blut und reguliert die Blutzufuhr und Ernährung der Gewebe. Die Sympathikusaktivität wirkt auf die Drüsensekretion und beschleunigt oder verlangsamt bestimmte biochemische Prozesse. Seine Nervenverästelungen durchdringen die Gewebe und erfassen auch die Lymph- und Blutgefäße.

Der Sympathikus beherrscht alle Organaktivitäten.
Er ist für die Regulierung der Körpertemperatur zuständig, gewährleistet die Beweglichkeit einiger Teile des Verdauungsapparates und reguliert die Funktion der Sexualorgane.

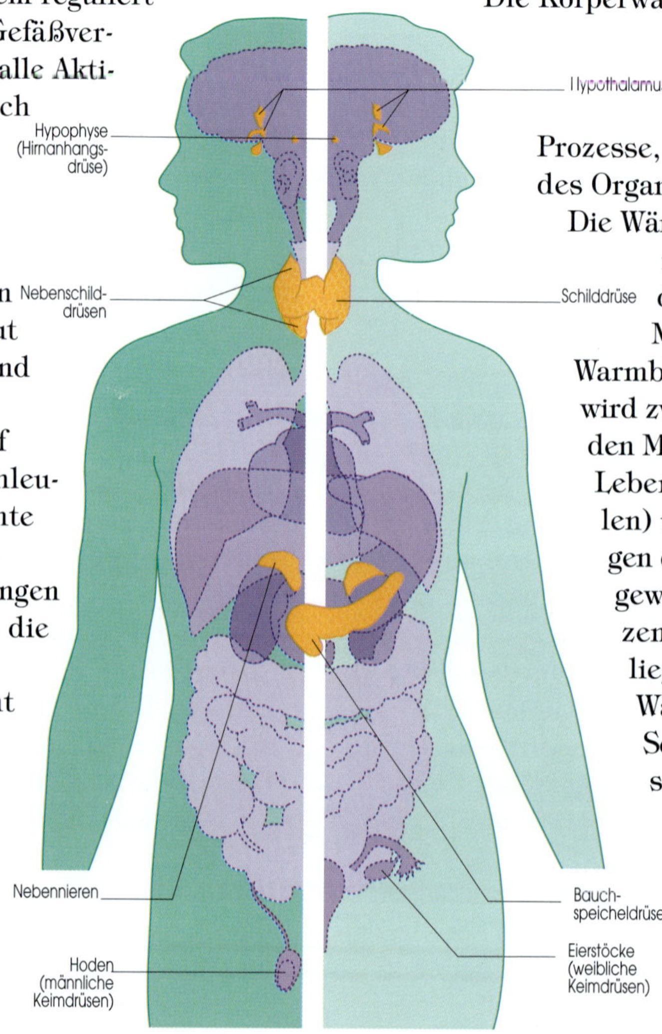

Das innersekretorische System wird vom zentralen Nervensystem kontrolliert. Die Drüsen stehen über Rückkoppelungs-Kettenreaktionen miteinander in Verbindung.

Der Sympathikus wird durch Hormone beeinflußt und bestimmt unter diesem Einfluß das vegetative (unwillkürliche) Leben des Menschen. Gefühle und Verhaltensweisen eines Individuums können bestimmte Drüsen aktivieren, die dann Hormone ausschütten und den Stoffwechsel verändern, hemmen oder anregen. Der Stoffwechsel bestimmt seinerseits die Verhaltensweisen und Reaktionen des Individuums. Emotionale Reaktionen wie Leidenschaft oder Gehemmtheit sind physiologisch gesehen Auswirkungen sympathischer Nervenaktivität. Der aktivierte Sympathikus eines cholerischen Menschen löst Gefäßerweiterungen aus, die ihn auf kleinste Reize heftig reagieren lassen.

DIE WÄRMEREGULATION

Die Körperwärme von Säugetieren ist ein äußerlich wahrnehmbares Zeichen der physiologischen und chemischen Prozesse, die im Innern der Zellen des Organismus ablaufen.

Die Wärmeregulation ist ein Mechanismus, der dafür sorgt, daß die Körpertemperatur des Menschen und aller anderen Warmblüter konstant bleibt. Dabei wird zwischen den wärmeerzeugenden Mechanismen (Tätigkeit der Leber, Verbrennung in den Zellen) und den physischen Vorgängen der Wärmeabgabe ein Gleichgewicht hergestellt. Das Nervenzentrum, das im Zwischenhirn liegt, ist für die Steuerung der Wärmeregulation zuständig. Die Schilddrüse kontrolliert innersekretorisch den Stoffwechsel.

Wärme entsteht durch die Verbrennung von Nahrungsmitteln in den Körperzellen. Bei der Verbrennung von einem Gramm Kohlenhydraten und Fetten entstehen im Durchschnitt vier Kilokalorien, bei einem Gramm Protein entstehen neun Kilokalorien.

Unter Grundstoffwechsel versteht man die Menge an Energie, die von einem Erwachsenen, der seit zwölf Stunden nichts mehr gegessen hat und nicht übermäßiger Kälte oder Wärme ausgesetzt ist, im Ruhezustand verbraucht wird. Die Gesamtheit des biologischen Energiebedarfs (Grundstoffwechsel, Nahrungsverwertung, Wärmeregulation, Muskelarbeit) muß jeden Tag durch die Zufuhr von Energie, durch die Umwandlung von Nahrungsmitteln, gedeckt werden. Die Wärme, die jeden Tag produziert wird, entspricht etwa 3.000 Kilokalorien. Eine gleich große Menge an Wärme muß jeden Tag abgegeben werden, um einen Anstieg der Körpertemperatur zu vermeiden. Die Temperatur ist im gesamten Körper etwa gleich groß (relative Homogenität). Einige innere Organe, die Wärme erzeugen – vor allem die Leber, in der zahlreiche chemische Prozesse ablaufen –, haben eine höhere Temperatur als periphere Organe, etwa die Haut, über die Wärme abgegeben wird.

Die mittlere Körpertemperatur liegt etwa bei 37° Celsius (After: 37° Celsius; Achselhöhle: 36,5° Celsius; Mund: 36,8° Celsius) und schwankt im Verlauf eines Tages jedoch um 0,5° bis 1° Celsius; morgens gegen fünf Uhr erreicht sie ihr Minimum, abends gegen 18 Uhr ihr Maximum.

Diese Temperaturregulation kehrt sich bei Menschen, die ihre Lebensgewohnheiten auf Grund beruflicher Notwendigkeiten umgestellt haben und tagsüber schlafen müssen, um. Eine derartige Veränderung stört jedoch die natürliche Funktionsweise des Körpers und beschleunigt den Alterungsprozeß.

Der Körper gibt auf vier verschiedene Arten Wärme ab:

- **Wärmeleitung:** Sie ist bei Lebewesen, die von Luft umgeben leben, sehr schwach, bei Wassertieren jedoch sehr stark ausgeprägt, da Luft schlecht, Wasser jedoch sehr gut Wärme leitet. (Deshalb tragen Taucher einen Taucheranzug.)
- **Wärmestrahlung.**
- **Wärmekonvektion.**
- **Wärmeverdunstung:** Steigt die Umgebungstemperatur auf über 37° Celsius an, schwitzt der Körper.

Die negative Rückkoppelung

Der Begriff Rückkoppelung (englisch: feedback) bezeichnet einen Regulationsmechanismus: Die Funktion einer Drüse wird durch die Sekrete der von ihr stimulierten Drüsen eingeschränkt.

Der Hypothalamus ist Nervenzentrum des Zwischenhirns und mit einem roten Kreis gekennzeichnet. Er produziert „Freigabehormone" (releasing factors), die

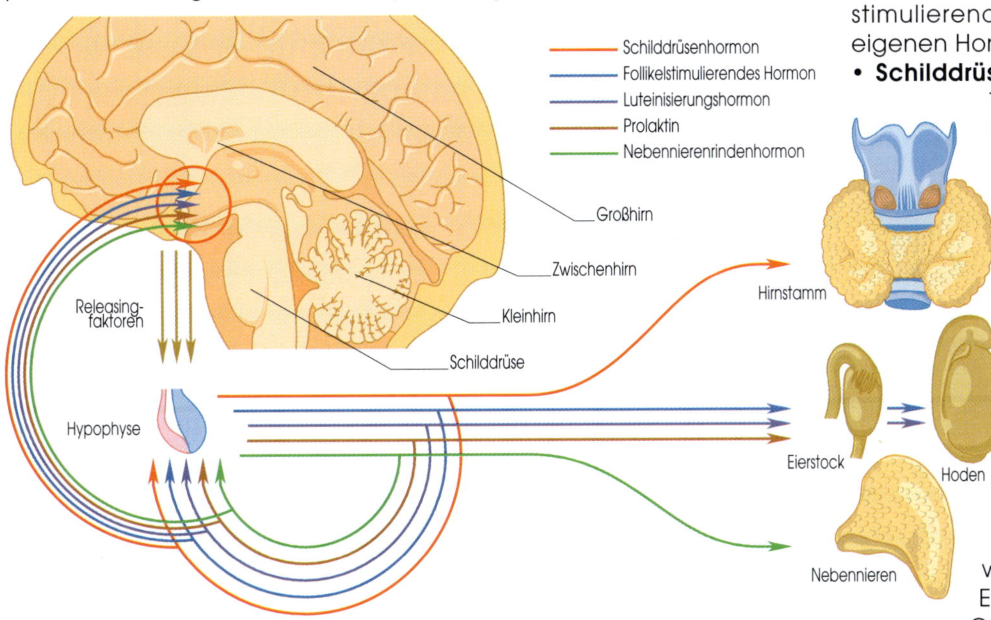

Signale (braune Pfeile) zum Hypophysenvorderlappen (blau gekennzeichnet) senden und die Ausschüttung von Hypophysenhormonen bewirken. Die Hormone dieses vorderen Lappens stimulieren ihrerseits die sekretorischen Aktivitäten der endokrinen Drüsen. Diese Hormone sind:

- **Thyreotropin (TSH)** (thyreoidea = Schilddrüse), roter Pfeil.
- **Follikelstimulierendes Hormon (FSH),** das die Reifung von Eizellen im Eileiter bewirkt.
- **Luteinisierungshormon (LH),** das den Eisprung und die Reifung von Samenzellen in den Hoden (blauer, lila, brauner Pfeil) bewirkt. Das Prolaktin führt zur Gelbkörperbildung im Eierstock.
- **Adrenokortikotropin (ACTH),** das die Nebennierenrinde (grüner Pfeil) anregt.

Die endokrinen Drüsen geben nach Aufnahme der stimulierenden Hypophysenhormone ihre eigenen Hormone in den Blutkreislauf ab:

- **Schilddrüsenhormone:** Thyroxin (T4) und Trijodthyronin (T3), die mit dem Wachstumshormon (STH) für das Körperwachstum zuständig sind.
- **Östrogene und Progesteron:** die weiblichen Sexualhormone, die von den Eierstöcken freigesetzt werden.
- **Testosteron:** das wichtigste männliche Sexualhormon, das in den Hoden entsteht.
- **Kortison und Aldosteron:** Sexualhormone, die von der Nebennierenrinde in den Stoffwechsel abgegeben werden. Sie spielen bei der Entstehung und Entwicklung der Geschlechtsmerkmale und für den Regelmechanismus der Wasser- und Natriumaufnahme in den Nieren eine große Rolle.

Sobald eine ausreichend große Menge eines Hormons im Blut enthalten ist, erhält die Hypophyse ein Signal, wodurch die Sekretion des entsprechenden stimulierenden Hormons gehemmt (verlangsamt oder eingestellt) wird. Dieses Signal wird auch an den Hypothalamus weitergegeben, wodurch die Produktion des entsprechenden Releasingfaktors verlangsamt oder beendet wird.

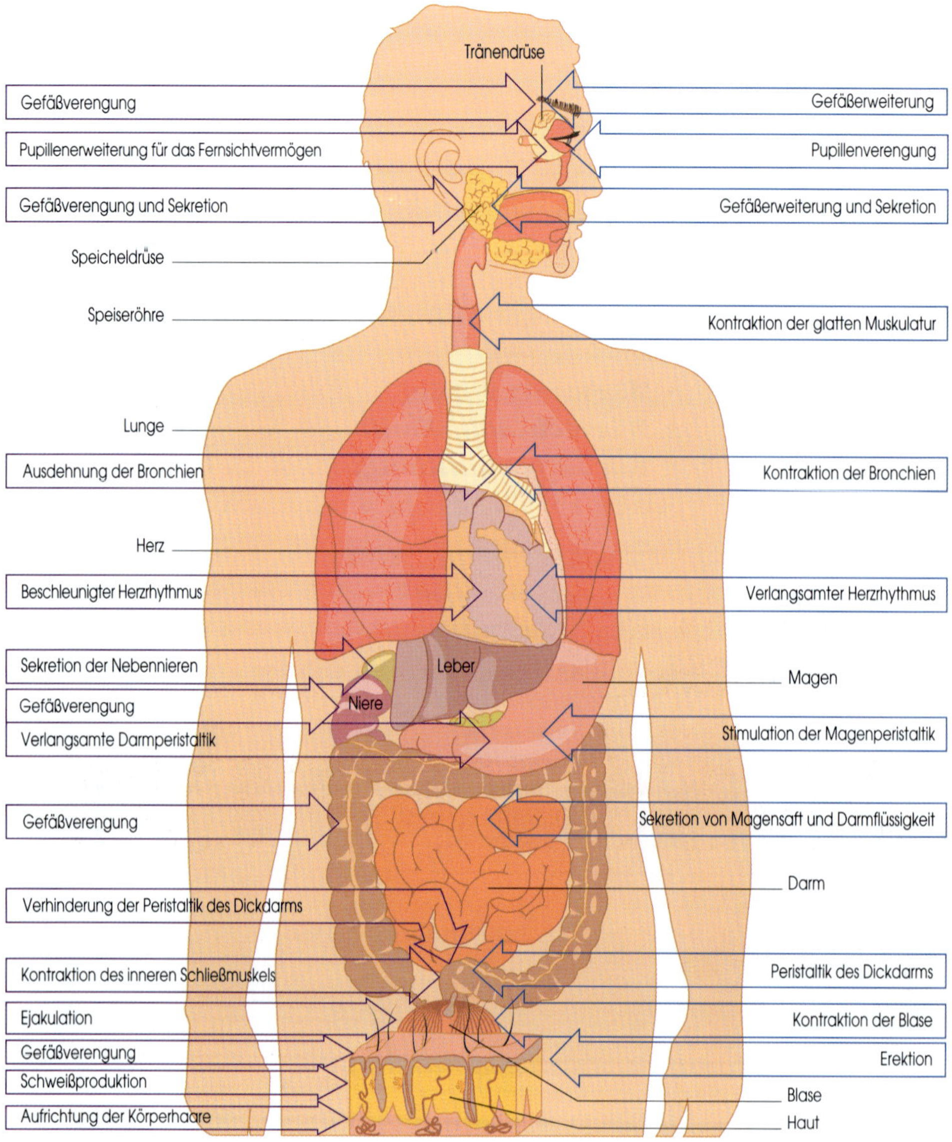

Schema des sympathischen (in der Zeichnung links) und parasympathischen Nervensystems (rechts), die das vegetative Leben und den Stoffwechsel kontrollieren. Der Stoffwechsel nimmt großen Einfluß auf das Verhalten und die Persönlichkeit eines Menschen.

Die wichtigsten Wärmequellen sind der Zellstoffwechsel, bei dem Nährstoffe verbrannt werden, die Muskelkontraktion (auch im Ruhezustand verbrauchen die Muskeln Energie, um den Grundtonus aufrechtzuerhalten) und die chemischen Reaktionen in der Leber.

Der Organismus reagiert auf Kälte mit Verengung der Blutgefäße und Aktivierung des Stoffwechsels, auf Wärme mit Erweiterung der Blutgefäße und Schwitzen.

Auf eine extrem niedrige Temperatur reagiert der Körper folgendermaßen: Die Muskelfasern der Skelettmuskulatur ziehen sich zusammen (Kontraktion), ein möglicher Auslöser für Schüttelfrost. Die Kontraktion der Haaraufrichtemuskeln sorgt für die Gänsehaut. Bestimmte Körperteile spielen bei der Wärmeregulation eine besondere Rolle, zum Beispiel die Extremitäten, vor allem die Füße, die eine Verringerung der Umgebungstemperatur zuerst wahrnehmen. Die Extremitäten geben 20 Prozent der Wärme an die Umgebung ab. Das ist wesentlich mehr als ihr Anteil an der Hautoberfläche. Deshalb vermittelt zum Beispiel das Erwärmen der Füße sofort ein Wohlgefühl. Fieber kann Ergebnis einer Störung der Wärmeregulationszentren sein, die entweder durch pyrogene (fiebererzeugende) Substanzen (meist Abbau- und Stoffwechselprodukte von Bakterien) oder durch eine Veränderung dieser Nervenzentren (erhöhter Schädeldruck) ausgelöst wird. Auch eine Entwässerung (Dehydrierung) des Körpers, die die Schweißabsonderung verhindert, oder eine Schilddrüsenüberfunktion, die den Stoffwechsel anregt, können Fieber auslösen. Fieber ist nicht wirklich ein Abwehrmechanismus, vielmehr ein Zeichen dafür, daß Abwehrreaktionen – etwa die Aktivierung des Immunsystems als Antwort auf eine Infektion im Körper – stattfinden. Fieber ist meist ungefährlich, solange es 40° Celsius nicht übersteigt. Die Gefahr geht vielmehr von den Begleitphänomenen wie Austrocknung, Hirnhautreaktionen oder Erbrechen aus. Die Höhe des Fiebers steht nicht in Beziehung zur Schwere der Krankheit. Einfache Infektionen können bei Kindern mit Temperaturen von 39° bis 40° Celsius verbunden sein, während eine bestimmte Blinddarmentzündung, die sogenannte asthenische Appendizitis, kaum wahrnehmbares Fieber unter 38° Celsius verursacht.

Im Gegensatz dazu sind Temperaturen über 41° Celsius lebensgefährlich. Sie können zu Bewußtseinsstörungen, hochgradiger Erschöpfung und schweren Hirnstörungen führen. Während des Fiebers sind Temperaturschwankungen möglich.

DAS ATMUNGSSYSTEM

Die Atmung ist der Vorgang, durch den ein Organismus – selbst wenn er nur einzellig ist – Sauerstoff aus seiner Umgebung aufnimmt, um dann Kohlendioxid an sie abzugeben. Tatsächlich stellen die Zellen dem Organismus durch ihre chemische Aktivität praktisch die gesamte Energie zur Verfügung. Sauerstoff dient dabei als Brennstoff, während Kohlendioxid als „Abfallprodukt“ abgestoßen wird. Alle Lebewesen, mit Ausnahme bestimmter einfacher Organismen, brauchen zum Leben Sauerstoff. Man nennt sie deshalb auch Aerobionten (von griech. Aer = Luft und bios = Leben). Allerdings wäre der Begriff Oxybionten treffender, denn Fische nehmen den im Wasser enthaltenen Sauerstoff auf.

Die Sauerstoffversorgung und die Kohlendioxidausscheidung werden bei höheren Lebewesen (und beim Menschen) durch zwei sich ergänzende Systeme gewährleistet:

- **Das System des Blutkreislaufs** transportiert Sauerstoff, aber auch Kohlendioxid mit Hilfe des in den roten Blutkörperchen enthaltenen roten Blutfarbstoffs (Hämoglobin).

- **Das Atmungssystem** befreit das Blut von überschüssigem Kohlendioxid und versorgt es mit Sauerstoff.

Der Austausch vollzieht sich in den Lungen, durch die das Blut hindurchfließt und in die die sauerstoffhaltige Außenluft eindringt. Die Luft wird mit der vom Blut herbeigeschafften Kohlensäure angereichert und ausgeatmet.

DIE ANATOMIE DES ATEMAPPARATES

Die Atemwege lassen sich als System beschreiben, das aus kleinen Röhren besteht, deren Durchmesser immer kleiner wird. Die durch die Nase aufgenommene Luft fließt durch Nasenhöhle, Rachen und Kehlkopf, bis sie in die Luftröhre gelangt. Diese teilt sich in zwei große Luftröhrenäste (Bronchien), die die Luft zu je einem der beiden Lungenflügel führen. Von dort gelangt die Luft in kleinere Luftröhrenverzweigungen (Bronchiolen). Doch sind die Wände dieser Luftröhren so dick, daß ein Gasaustausch dort nicht möglich ist. Die Bronchiolen münden wiederum in die Lungenalveolen, kleine Aussackungen mit sehr dünnen Wänden, in denen

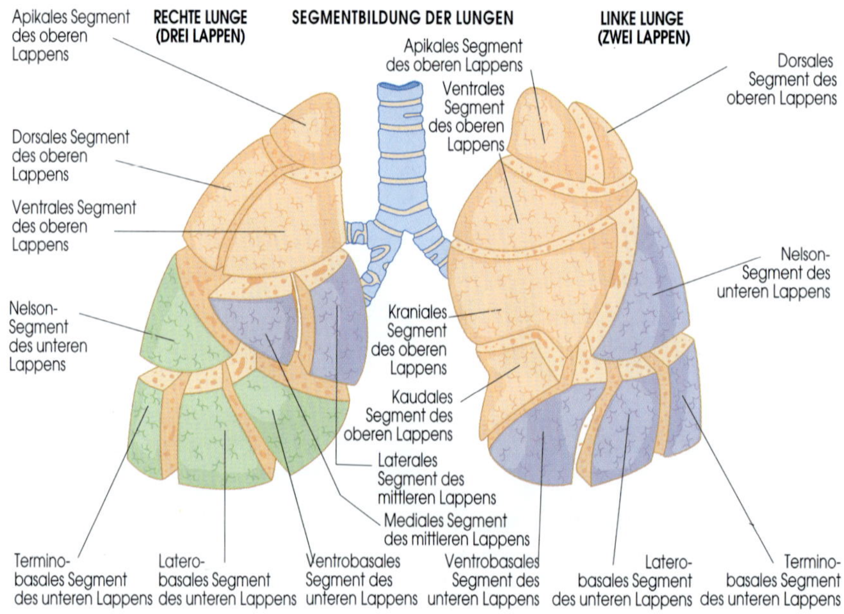

Diese Abbildung verdeutlicht die Unterschiede zwischen den beiden Lungenflügeln. Der rechte Lungenflügel ist größer als der linke und besteht aus drei Lappen, der linke aus zwei.

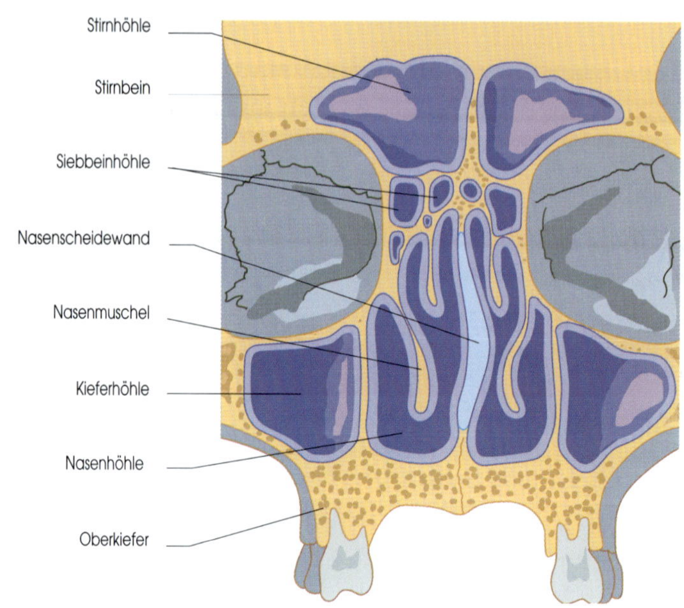

Schnitt durch die Nasenhöhlen, die Nasennebenhöhlen sowie die Stirnhöhlen und Siebbeinhöhlen. Hier treten in der Regel Nasennebenhöhlenentzündungen auf.

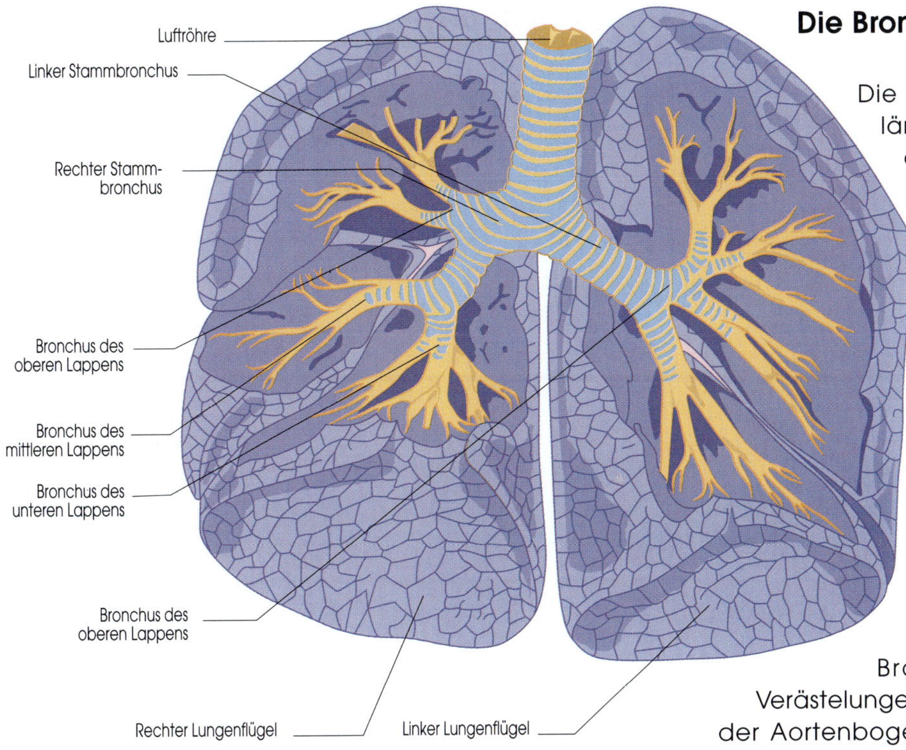

***Der Bronchialbaum:** Auf Höhe der Lungenflügel teilt sich der Luftröhrenstamm rechts und links in zwei Stammbronchien. Der rechte Stammbronchus teilt sich in drei Äste entsprechend den drei Lungenlappen, der linke Stammbronchus in zwei. Diese Verzweigungen teilen sich ihrerseits in immer kleinere Bronchiolen auf, die sich gleichmäßig in den Lungenflügeln verästeln.*

Die Bronchien

Die Bronchien sind die unmittelbare Verlängerung der Luftröhre. Sie dringen in die Lungen ein, wo sie sich verzweigen. Die Länge der Abschnitte außerhalb der Lungenflügel ist ziemlich kurz (fünf bis sechs Zentimeter links, zwei bis drei Zentimeter rechts). Der rechte Bronchus teilt sich entsprechend den drei Lungenlappen in drei sekundäre Bronchien. Der linke Bronchus hingegen gliedert sich in nur zwei sekundäre Bronchien, da der linke Lungenflügel, der dem Herzen ein wenig Platz lassen muß, nur zwei Lappen aufweist. Hier stehen die Bronchien mit einer Gruppe von Lymphknoten, den tracheobronchialen Lymphknoten, in Verbindung. Jeder Bronchus teilt sich in immer kleinere Verästelungen auf. Über dem linken Bronchus liegt der Aortenbogen, während der rechte Bronchus die obere Hohlvene berührt, die vor ihm verläuft.

Die Bronchien enthalten wie die Luftröhre Knorpelringe, die mit zunehmender Verästelung der Bronchien dünner werden. Die zylindrischen Flimmerzellen erfahren auf der Ebene der Bronchiolen eine Umwandlung in kubische Zellen ohne Flimmerhaare. Das Netz der Bronchien bildet den sogenannten Bronchialbaum.

der Gasaustausch schließlich stattfindet. Der Brustkorb ermöglicht, indem er sich ausdehnt und verengt, den Fluß der Atemluft durch die Atemwege.

DIE ATEMORGANE

Nasenhöhlen und Schlund sind Teile des Atemapparates. Aufgabe der Nasenhöhlen ist es, die eingeatmete Luft zu befeuchten. Vor allem aber sind sie Sitz des Geruchssinnes. Der Schlund hingegen kann als Verdauungsorgan betrachtet werden, da der Nahrungsbrei seinen Weg durch den Verdauungsapparat vom Rachenbereich aus nimmt, der hinter dem Mund beginnt. Im folgenden werden die Organe behandelt, deren Funktion ausschließlich mit der Atmung zu tun hat: Kehlkopf, Luftröhre und Lungen.

• **Der Kehlkopf.** Der Kehlkopf ist ein Knorpelgang, dessen Innenseite vollständig von Schleimhäuten bedeckt ist. Zum Kehlkopf gehören auch die Vibrationsorgane, also die Stimmbänder. Oberhalb des Kehlkopfs befindet sich der Schlund, unterhalb die Luftröhre. Der Kehlkopf mißt bei einem Erwachsenen vier bis fünf Zentimeter und hat drei Funktionen: Er läßt Luft durchströmen, die zu und aus den Lungen fließt, er schützt mit Hilfe des Kehldeckels, der während des Schluckvorgangs die obere Kehlkopföffnung verschließt, die unteren Atemwege, und er ist das Organ der Stimmbildung.

• **Die Kehlkopfknorpel.** Die Klangfarbe der Stimme hängt von der Form des Kehlkopfes ab. Er besteht vorwiegend aus Knorpeln, die untereinander durch Bänder und Häute (Membranen) verbunden sind. Innenliegende Muskeln bewegen Knorpel, die

Vereinfachte Darstellung der Atmung: Der elastische Boden des Fläschchens symbolisiert das Zwerchfell. Die kleinen Ballons, die die Lungenflügel darstellen, füllen sich mit Luft oder entleeren sich, je nachdem, welche Aktivität auf den Flaschenboden ausgeübt wird.

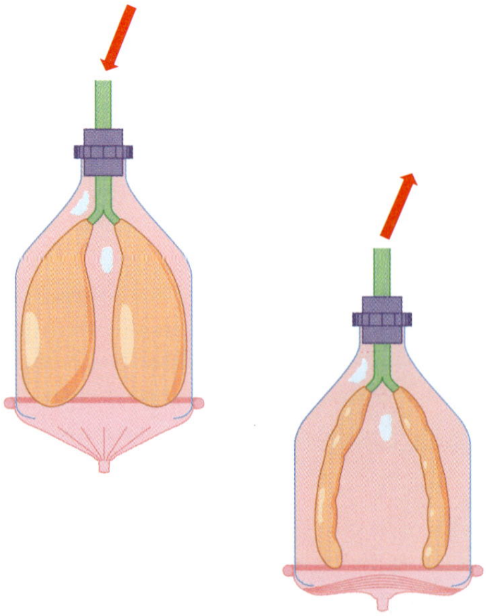

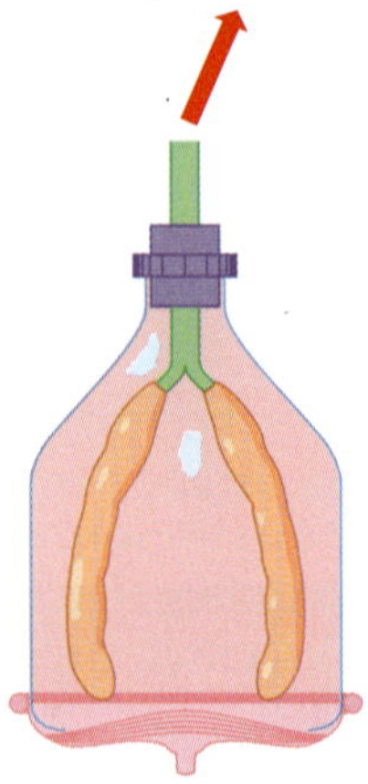

bei der Wortbildung mitwirken. Der Schildknorpel befindet sich vorne, der Ringknorpel unten, seitlich liegen die beiden Kehlkopfstellknorpel. Der größte Knorpel heißt Schildknorpel, weil er mit der Schilddrüse in Verbindung steht. Er besteht aus zwei vierseitigen Platten, die vorne zusammentreffen und den Adamsapfel bilden. Über dem Schildknorpel befindet sich eine kleine ovale Platte: der dünne und elastische Kehldeckelknorpel, der sich auf den Kehlkopf legen und diesen vollständig

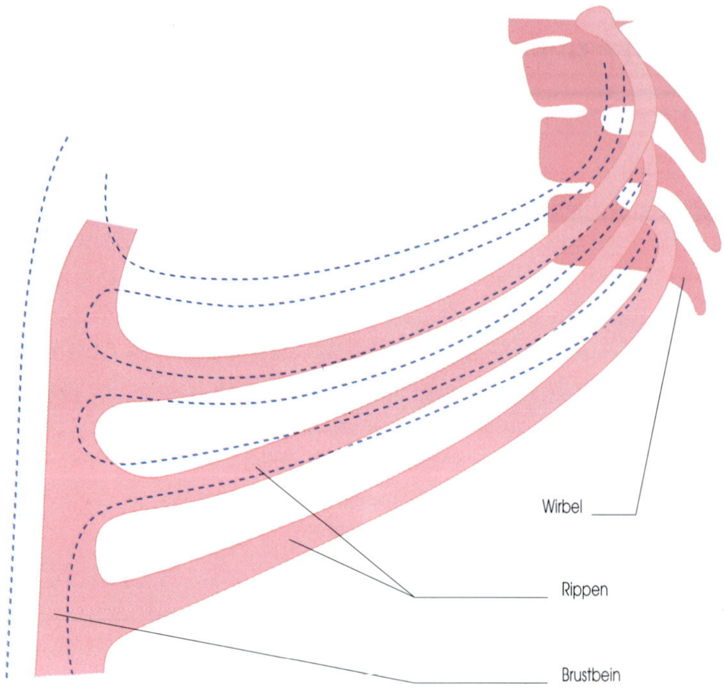

abschließen kann. Dies geschieht im Augenblick des Schluckvorgangs automatisch, damit die Nahrung nicht in die Atemwege, sondern in die Speiseröhre gelangt. Nach dem Schluckvorgang hebt sich der Kehldeckel wieder für die Luft.

• **Die Luftröhre.** Der Kehlkopf geht in die Luftröhre über. Sie hat die Form eines auf der Rückseite abgeflachten zylindrischen Rohres und ist bei Frauen durchschnittlich 18 Zentimeter, bei Männern 22 Zentimeter lang. Sie ist halbelastisch und besteht aus zwölf bis 16 Knorpelringen, die untereinander durch Fasergewebe verbunden sind. Die Luftröhre ist wie der Kehlkopf mit einer Schleimhaut ausgekleidet, deren Zellen mit Flimmerhaaren bedeckt sind. Kleine Teilchen, die eingeatmet wurden und aus den Atemwegen wieder entfernt werden müssen, werden von den langen Flimmerhaaren eingefangen, nach oben bewegt und durch Husten wieder ausgeschieden. Die Luftröhre endet im Mittelfellraum (Mediastinum) hinter dem Aortenbogen, wo sie sich in die zwei Stammbronchien gabelt.

• **Die Lunge.** Sie ist das wesentliche Organ der Atmung und besteht aus zwei Membransäcken: den Lungenflügeln, die durch eine Region voneinander getrennt sind, die man Mittelfellraum (Media-

Das Zwerchfell senkt sich bei der Einatmung, und die Rippen weiten und heben sich mit Hilfe der Zwischenrippenmuskulatur. Die Lunge füllt sich aufgrund des vergrößerten Brustkorbvolumens mit Luft.

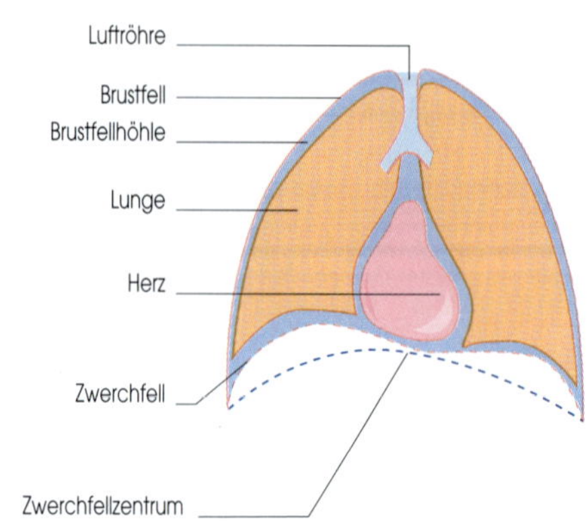

stinum) nennt. Der rechte Lungenflügel ist immer größer als der linke und wiegt beim Erwachsenen 700 Gramm, während der linke nur 600 Gramm schwer ist. Die Lunge hat eine graurosa Farbe und ist elastisch. Aufgrund ihrer geringen Dichte schwebt sie frei im Brustkorb.

Jeder Lungenflügel hat eine Innenseite, die auf dem Zwerchfell ruht und die eine Ein- bzw. Austrittsstelle der Bronchien und Lungengefäße (Hilus) aufweist. Die äußere Seite liegt gegen das Zwerch-

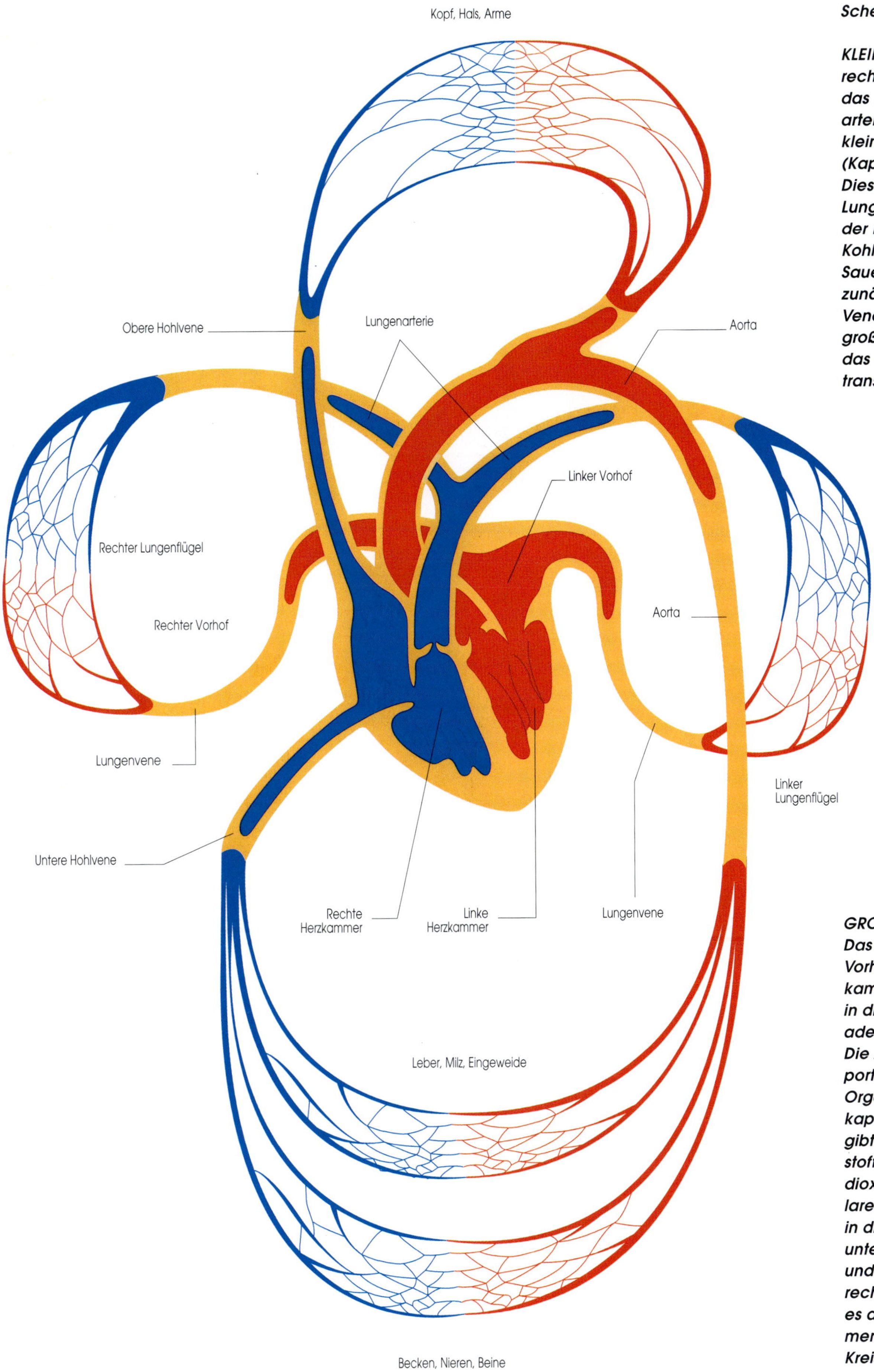

Schema des Blutkreislaufs

***KLEINER BLUTKREISLAUF:** Die rechte Herzkammer pumpt das Blut in die Lungenarterien, die sich bis in die kleinsten Haargefäße (Kapillaren) verzweigen: Diese umschließen die Lungenbläschen. Das Blut der Kapillaren gibt hier Kohlendioxid ab und nimmt Sauerstoff auf. Es fließt zunächst in die kleinen Venolen und dann in die großen Lungenvenen, die das Blut zum linken Vorhof transportieren.*

***GROSSER BLUTKREISLAUF:** Das Blut fließt vom linken Vorhof in die linke Herzkammer. Von dort wird es in die große Körperschlagader (Aorta) gepumpt. Die Äste der Aorta transportieren das Blut zu allen Organen. In den Gewebekapillaren angekommen, gibt das Blut seinen Sauerstoff ab und nimmt Kohlendioxid auf. Von den Kapillaren aus gelangt das Blut in die Venen, dann in die untere und obere Hohlvene und schließlich in den rechten Vorhof. Dieser gibt es an die rechte Herzkammer weiter, wo der kleine Kreislauf erneut beginnt.*

fell auf. Die abgerundete Lungenspitze oben reicht bis zum Schlüsselbein. Die auf der Außenseite sehr deutlichen Zwischenlappenspalten unterteilen die Lungenflügel in mehrere Abschnitte: die Lungenlappen. Diese enthalten die Lungenläppchen, die die funktionelle Einheit der Lunge bilden.

Man unterscheidet das Eingeweidebrustfell, das die Lungen umschließt, und das zur Körperwand hin liegende Brustfell, das am Brustkorb anhaftet. Zwischen beiden Brustfellen befindet sich ein Hohlraum, die Pleuraspalte.

Die Lunge ist entsprechend den äußeren Unterteilungen der Bronchien strukturiert. Die dicken Bronchienäste gabeln sich in immer feinere Verästelungen (Bronchien der ersten, zweiten oder dritten Ordnung), die in Ampullen enden, den sogenannten Läppchen (Lobulus).

In jedes Läppchen, das die Form einer kleinen Pyramide von 25 Millimeter Höhe (bei einem Volumen von 500 bis 600 Kubikmillimeter) aufweist, mündet ein sogenannter intralobulärer Bronchialast, der aus dem Bronchialbaum hervorgeht. Er bildet dort eine Endbronchiole. Diese teilt sich in Atembronchiolen, in denen sich zahlreiche kleine Hohlräume, die sogenannten Lungenbläschen, öffnen.

Die Lungenbläschen sind die eigentlichen Atemorgane der Lunge. In diesen mehr als 800 Millionen Lungenbläschen findet der Gasaustausch statt. Ein feines Geflecht aus Kapillargefäßen umgibt diese Bläschen.

Die im venösen Blut der Kapillaren vorhandene Kohlensäure diffundiert durch die feine Membran der Lungenbläschen, die nur zwei bis drei tausendstel Millimeter dick ist, und der Sauerstoff dringt aus der in den Lungenbläschen vorhandenen Luft in das Blut der Kapillargefäße ein. Die Wände der Lungenbläschen, in denen sich die Kapillaren verästeln, bilden eine riesige Oberfläche (acht Quadratmeter) für den Gasaustausch.

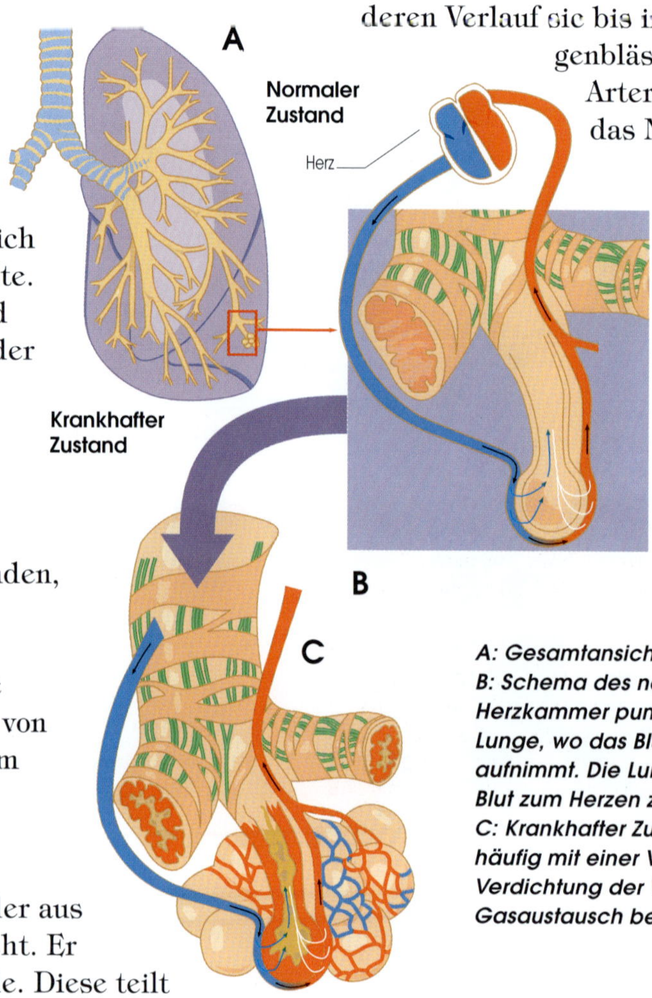

A: Gesamtansicht eines Lungenflügels.
B: Schema des normalen Blutkreislaufs: Die rechte Herzkammer pumpt das sauerstoffarme Blut zur Lunge, wo das Blut Kohlensäure abgibt und Sauerstoff aufnimmt. Die Lunge schickt dieses sauerstoffreiche Blut zum Herzen zurück.
C: Krankhafter Zustand: Lungenkrankheiten sind häufig mit einer Verengung der Atemwege und einer Verdichtung der Wände verbunden, die den Gasaustausch behindern.

• **Die Lungengefäße.** Das mit Kohlensäure angereicherte Blut wird in der rechten und linken Lungenarterie zu den Lungenflügeln transportiert. Diese Gefäße gehen aus der Lungenarterie hervor, die in der rechten Herzkammer entspringt, und verästeln sich in ähnlicher Weise wie die Bronchien, deren Verlauf sie bis in die Bronchiolen und Lungenbläschen hinein folgen. Die Arterien münden schließlich in das Netz der Lungenkapillaren, in denen das venöse und von Kohlensäure befreite Blut mit Sauerstoff aufgeladen wird. Das nun mit Sauerstoff angereicherte Blut fließt von den Kapillaren in die Venolen, von dort in die Satellitenvenen und verläßt die Lungen schließlich über die Lungenvenen. Man zählt zwei Venen pro Arterie; vier Venen münden also in den linken Vorhof (siehe auch das Kapitel über das Herz). Dies ist der kleine Kreislauf.

• **Der Brustkorb.** Der Brustkorb wird von einem knöchernen Skelett gebildet. Er besteht aus Wirbeln, Rippen und dem Brustbein, an dem die verschiedenen Muskeln des Brustkorbs ansetzen. Zum Brustkorb zählt ferner eine Art Kuppel aus membranösem Muskelgewebe, das Zwerchfell, das sich in die Brusthöhle wölbt. Wird das Zwerchfell kontrahiert, bleibt der Mittelteil dieser Wölbung unbeweglich, während sich die seitlichen Teile absenken und die Bauchorgane zurückdrängen. Dadurch wird das Volumen des Brustkorbs vergrößert. Die Lunge ist elastisch und kann deshalb passiv gedehnt werden. Das Zwerchfell kehrt bei der Ausatmung in seine

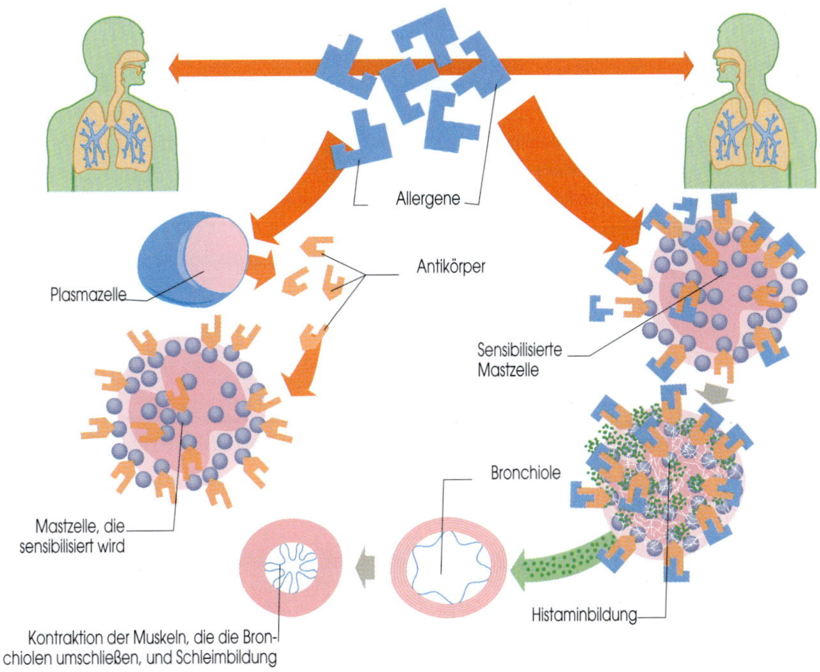

Allergische Reaktion bei Asthma:
• Linker Teil der Abbildung: Die Plasmazellen produzieren bei Kontakt mit Allergenen Antikörper (Reagine). Diese heften sich an die Mastzellen in den Schleimhäuten und an bestimmte Leukozyten, die man in der Lunge findet. Dies sind die sogenannten sensibilisierten Zellen.
• Rechter Teil der Abbildung: Hier ist eine dieser sensibilisierten Zellen dargestellt. Wenn die sensibilisierte Zelle in Kontakt mit dem gleichen Allergen kommt, produziert sie bestimmte Substanzen - darunter Histamin, das eine Kontraktion der Atemwegsmuskulatur auslöst. Darüber hinaus begünstigt Histamin die Produktion von Schleim, der die Durchgängigkeit der Bronchien und Bronchiolen zusätzlich behindert.

Ausgangsposition zurück, wodurch das Brustkorbvolumen verringert wird. Die Steuerung der Atembewegungen erfolgt über das verlängerte Rückenmark und das Gehirn.

WIE ATMEN WIR?

Die Atmungsmechanik

Während der Einatmung, die das Volumen des Brustkorbs vergrößert, fließt Luft in die Lunge. Während der Ausatmung strömt kohlendioxidhaltige Luft aus; das Volumen des Brustkorbs verringert sich. Den Wechsel zwischen Ein- und Ausatmung ermöglichen die Muskulatur der Einatmung (Kopfwender, Zwerchfell, Treppenmuskel und Zwischenrippenmuskulatur) und der Ausatmung (Bauchmuskeln, innere Zwischenrippenmuskulatur).

Im Inneren des Brustkorbs, zwischen Brustfell und Lunge, entsteht ein Unterdruck, der die Lunge gegen die Wände des Brustkorbs zieht und drückt, wenn sie in Verbindung mit der Außenluft steht. Die dauernde Überdehnung hat zur Folge, daß die beiden Blätter der Brustfelle ständig Kontakt zueinander haben. Diese beiden Blätter sind im übrigen gegeneinander verschiebbar, wodurch die bei der Atembewegung stattfindende Aufblähung und Zusammenziehung (Kontraktion) der Lungen erleichtert wird.

Wenn sich der Brustkorb bei der Einatmung weitet, entsteht ein Vakuum. Der

Der Asthmaanfall: Normales Lumen einer Bronchiole (A). Wenn die Mastzellen mehr Histamin produzieren (B), kontrahieren sich die glatten Muskeln, die die Bronchiolen umgeben (C). Die Schleimhäute schwellen an, und die Schleimzellen bilden vermehrt Schleim (D). Dadurch verengen sich die Bronchiolen immer stärker: Es kommt zum Asthmaanfall.

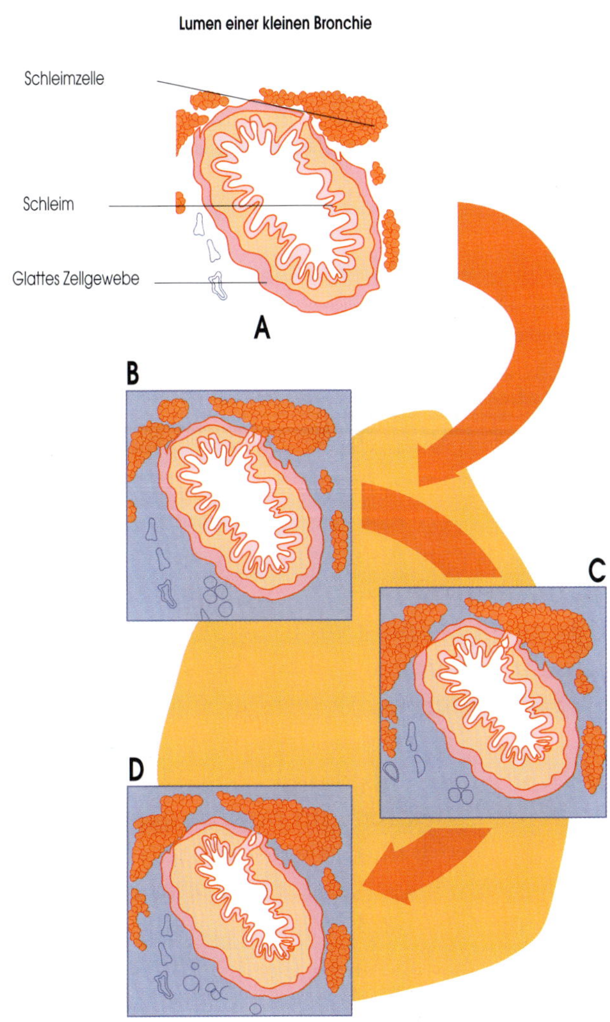

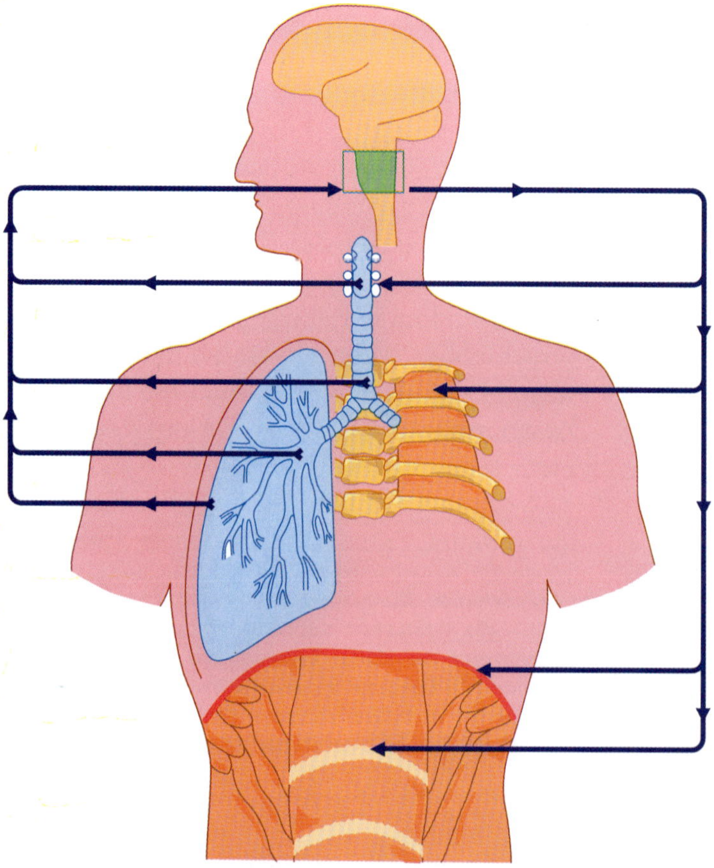

Der Husten ist ein Reflex mit dem Zweck, die Atemwege von allen Fremdkörpern zu befreien. Ein Hustenreiz kann von einer Verletzung der Thoraxwand, von den Bronchien, der Luftröhre oder dem Kehlkopf ausgelöst werden. Dieser Hustenreiz gelangt zum Hustenzentrum, das im verlängerten Rückenmark sitzt. Von hier aus gehen reflektorische Impulse zu den Zwischenrippenmuskeln, zum Zwerchfell, zu den Bauchmuskeln – sie alle sind am Hustenmechanismus beteiligt – und zum Kehlkopf, der sich während des zweiten Abschnitts des Hustenvorgangs schließt.

Druck in den Lungen sinkt ab, und Luft wird eingesogen. Verengen sich der Brustkorb und die Lungen, geschieht das Gegenteil.

Die Atembewegungen

Ein junger Erwachsener führt 14 bis 16 Atembewegungen pro Minute aus, ein Kind atmet 24- bis 30mal, ein Neugeborenes 40- bis 50mal. Mit zunehmendem Alter nimmt die Anzahl der Atembewegungen wieder zu. Man unterscheidet zwei Arten der Atmung: die Rippenatmung und die Bauchatmung. Die eine oder die andere Art der Atmung kann je nach persönlicher Eigenart überwiegen.

Für Kinder ist die Bauchatmung typisch: Das Zwerchfell bewegt sich, während die Rippen fast unbeweglich bleiben. Bei Frauen findet die Atmung dagegen vorwiegend im Bereich der Rippen statt: Der Brustkorb und besonders sein oberer Teil heben sich. Dies ist vor allem während der Schwangerschaft der Fall, wenn die Bewegungen des Zwerchfells durch das heranwachsende Kind in der Gebärmutter eingeschränkt sind.

Bei großen körperlichen Anstrengungen muß die Atmung unterbrochen werden: Der Brustkorb wird durch tiefes Einatmen maximal ausgedehnt, der Kehldeckel geschlossen. In dieser besonderen Situation bietet der Brustkorb den an ihm befestigten Muskeln einen sehr soliden Widerstand und ermöglicht ihnen dadurch, sich kraftvoll zu kontrahieren.

Gähnen (tiefe Einatmung), Schluckauf (kurze und krampfartige Einatmung, die vom Zwerchfell ausgelöst wird), Husten, Niesen und Lachen sind weitere Abweichungen von normalen Atembewegungen.

Nur eine relativ geringe Luftmenge erneuert sich bei jeder Einatmungsbewegung. Der Sauerstoffgehalt des Blutes kann deutlich erhöht sein, wenn man oft und tief einatmet.

Die Ausdehnung des Brustkorbs reguliert nicht nur den Luftstrom der Lungen, sie wirkt sich auch auf die Kreislauforgane aus: Das venöse Blut wird bei Einatmung zum Herzen gesogen, was den Blutkreislauf in der Hohlvene erleichtert. Bei der Ausatmung widersetzt sich dagegen der Brustinnendruck dem Rückfluß des venösen Blutes in das Herz und begünstigt somit den Kreislauf in den Arterien.

Die Belüftung der Lungenbläschen

Mit Belüftung ist die Erneuerung der Luft in den Lungenbläschen gemeint. Theoretisch müßten bei jeder Einatmung 17 Prozent der in den Lungenbläschen enthaltenen Luft erneuert werden. Tatsächlich bleibt in den Lungenbläschen immer ein Teil der eingeatmeten Frischluft zurück (diese auf 335 Milliliter geschätzte Menge heißt Residualluft). Der Mechanismus kann nur dann gut funktionieren, wenn die Atemmuskulatur, die Atemwege und die nervösen Steuerzentren ungestört arbeiten.

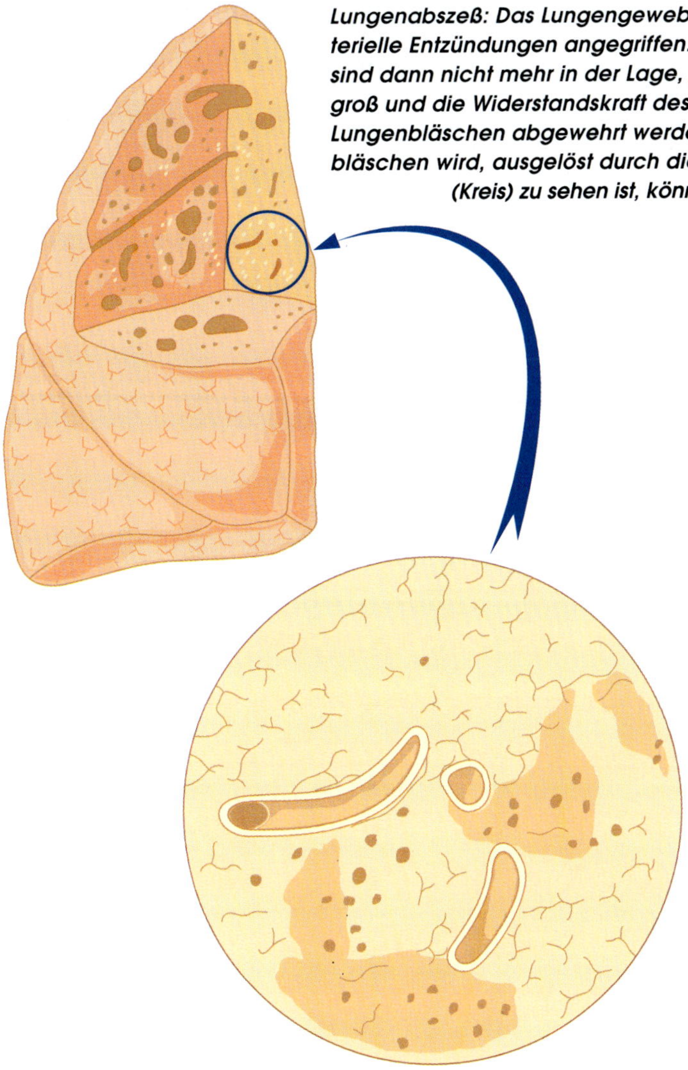

Lungenabszeß: Das Lungengewebe wird im Verlauf einer Lungenentzündung durch virale und/oder bakterielle Entzündungen angegriffen. Die Flimmerhaare in der Luftröhre und den Luftröhrenverästelungen sind dann nicht mehr in der Lage, „Eindringlinge" zurückzuhalten und auszuscheiden, da ihre Anzahl zu groß und die Widerstandskraft des Betroffenen zu gering ist. In diesem Fall müssen die Bakterien in den Lungenbläschen abgewehrt werden. Für diese Abwehr sind die Leukozyten zuständig. In den Lungenbläschen wird, ausgelöst durch diese Störung, eine Flüssigkeit (Exsudat) gebildet. Wie in der Vergrößerung (Kreis) zu sehen ist, können die Lungenbläschen mit dieser Flüssigkeit gefüllt sein.

Es gibt verschiedene bildgebende und funktionelle Untersuchungsmethoden (Röntgendarstellung, Spirographie), die später genauer beschrieben werden.

DER GASAUSTAUSCH BEI DER ATMUNG

Die in die Lungen aufgenommene Luft enthält 79 Prozent Stickstoff und 21 Prozent Sauerstoff, seltene Gase, Kohlendioxid und in Abhängigkeit von der Luftfeuchtigkeit eine gewisse Menge Wasserdampf. Die Luft wird durch den Atemvorgang verändert. Eine erste Veränderung findet auf dem Umweg über die Vermischung der atmosphärischen Luft mit der Residualluft statt. Der Sauerstoffgehalt sinkt auf 16 Prozent; der Gehalt des zuvor fast nicht vorhandenen Kohlendioxids steigt auf 4,6 Prozent an.

Bei der Ausatmung, liegen diese Werte bei 15,4 Prozent Sauerstoff und 5,3 Prozent Kohlendioxid. Der Feuchtigkeitsgehalt in der Lungenluft nimmt jedoch zu. Die Atmung ist also eine der Möglichkeiten des Organismus, überschüssiges Wasser auszuscheiden.

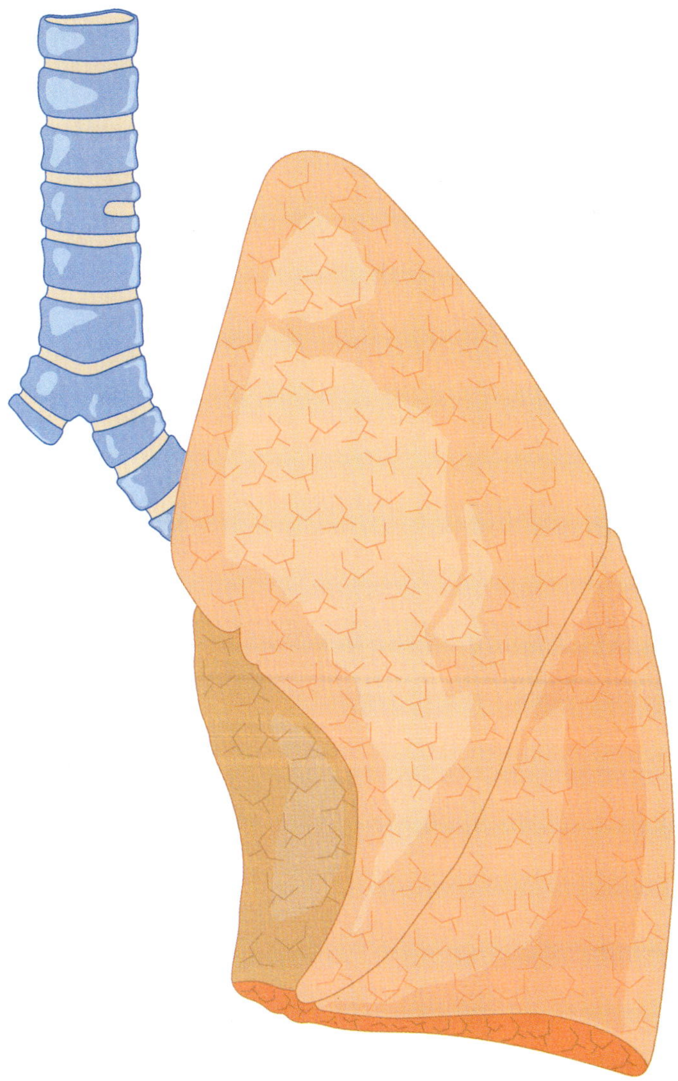

Bricht eine Brustfellentzündung plötzlich aus (akute Pleuritis), wird wie beim Lungenabszeß eine große Menge Flüssigkeit gebildet. Entsteht sie allmählich (chronische Pleuritis), wird eher Bindegewebe gebildet.

Die Sauerstoffbindung

Der Sauerstoff, der in den Lungenbläschen enthalten ist, diffundiert durch die Wände der Lungenbläschen in das Blut der Lungenvenen. Dadurch gelangt er in das Herz, durch das er durch die Aorta wieder austritt. Die im Blut enthaltenen roten Blutkörperchen (Erythrozyten) binden 97 Prozent dieses Sauerstoffs in ihren Farbstoffbestandteilen (Hämoglobin).

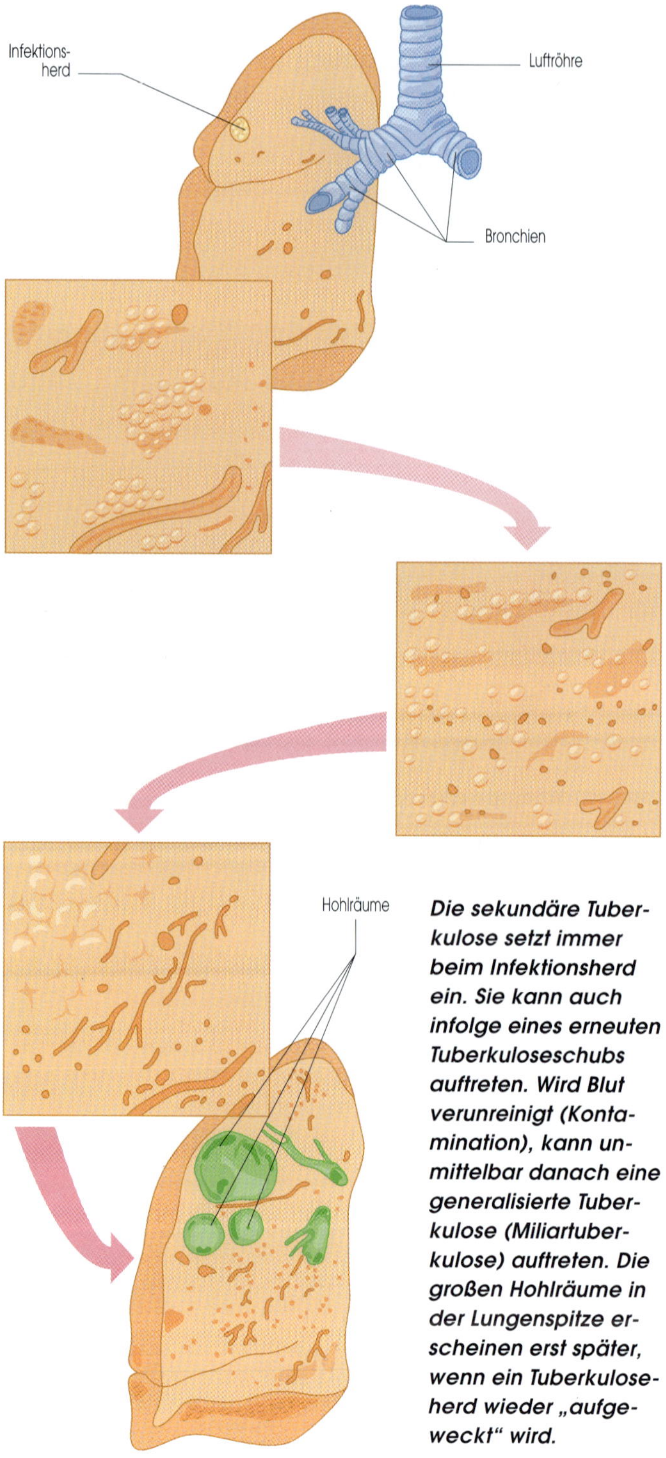

Die sekundäre Tuberkulose setzt immer beim Infektionsherd ein. Sie kann auch infolge eines erneuten Tuberkuloseschubs auftreten. Wird Blut verunreinigt (Kontamination), kann unmittelbar danach eine generalisierte Tuberkulose (Miliartuberkulose) auftreten. Die großen Hohlräume in der Lungenspitze erscheinen erst später, wenn ein Tuberkuloseherd wieder „aufgeweckt" wird.

Stadien der Lungentuberkulose:
1. Geschlossene Tuberkulose
2. Offene Tuberkulose in einer Bronchie
3. Hohlraumbildung
4. Auswurf mit Tuberkulosebazillen

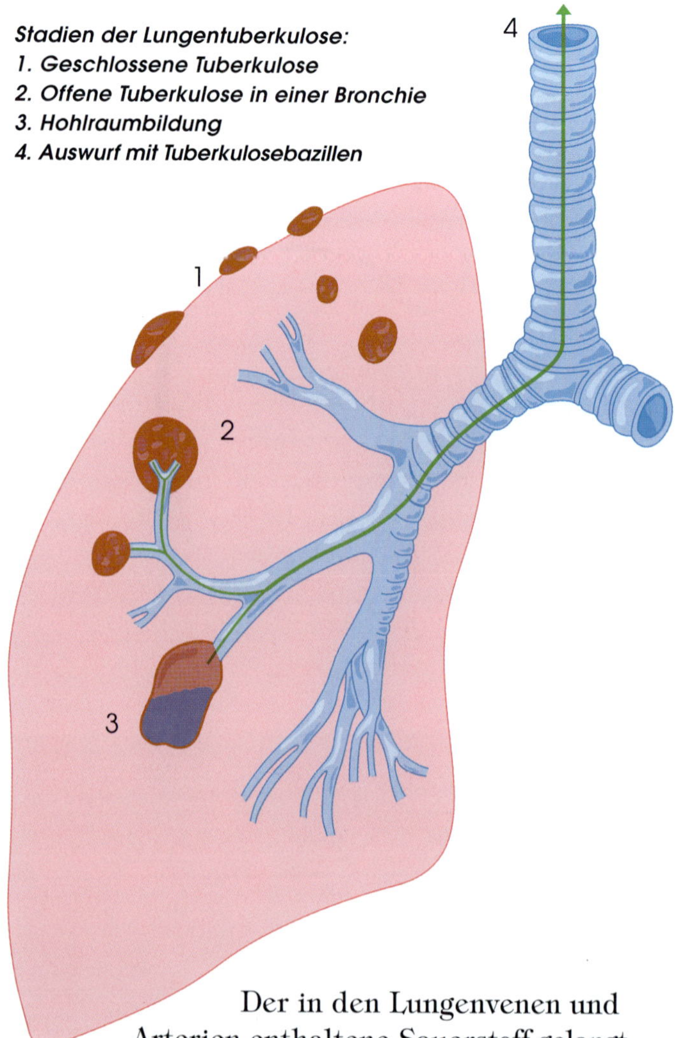

Der in den Lungenvenen und Arterien enthaltene Sauerstoff gelangt somit als Bestandteil des Oxyhämoglobins in alle Körperteile. Der Rest, etwa drei Prozent des arteriellen Sauerstoffs, wird im flüssigen Blutbestandteil (Plasma) gelöst. Durch das Oxyhämoglobin erhält das arterielle Blut (und das Blut der Lungenvenen) die kräftige rote Farbe.

Ist der Sauerstoff in den Kapillargefäßen der Gewebe angelangt, löst er sich vom Hämoglobin und dringt mit Hilfe bestimmter Enzyme in die Zellen ein: Diesen Vorgang nennt man „Zellatmung" oder innere Atmung.

Sauerstoff dient den Zellen als Brennstoff bei der Energiegewinnung und der Reproduktion. Die Nebenprodukte dieser Verbrennungsvorgänge werden von den Zellen wiederaufbereitet oder zerstört. Die „Abfälle" werden ins Blut abgegeben. Das Plasma löst diese Bestandteile und führt sie den Nieren zu, die diese Abfallstoffe ausscheiden. Die gasförmigen Bestandteile (Kohlendioxid) heften sich an die roten Blutkörperchen und werden teilweise von den Lungen abgeatmet, teilweise verbinden sie sich auch mit Hämoglobin.

Die Kohlensäurebindung

Die im Blut enthaltene Kohlensäure wird durch die Lungenarterie zu den Lungenbläschen transportiert, wo sie ausgeschieden wird. Diese parallel zur Sauerstoffanreicherung stattfindende Elimination verwandelt das Blut der Lungenkapillaren in arterielles Blut.

Man beachte, daß die Kohlensäure im Blut nicht in gasförmigem Zustand vorliegt, sondern sich teilweise mit Hämoglobin verbindet: Es entstehen Verbindungen von Hämoglobin und Kohlendioxid sowie sogenannte Karbonate. Karbonate spielen eine wesentliche Rolle für den Stoffwechsel des Blutes, denn sie sind an der Regulierung des Säure-Basen-Gleichgewichts beteiligt.

Das Säure-Basen-Gleichgewicht

Der pH-Wert (Maß des Säuregrads) des Blutes ist sehr stabil. Dies wird durch die Existenz eines mit Kohlensäuresalzen (Bikarbonaten) und Kohlensäure arbeitenden Puffersystems ermöglicht, das die Bikarbonatkonzentration mit Hilfe der Nieren und die Kohlensäurekonzentration mit Hilfe der Lungen regelt.

Scheiden die Lungen nicht genügend Kohlendioxid aus (Hypoventilation), führt dies zu einer Kohlensäureerhöhung im Blut: Die Säuren im Blut vermehren sich (respiratorische Azidose). Wird dagegen sehr schnell geatmet (Hyperventilation), ist eine übermäßige Ausscheidung von Kohlensäure die Folge, was den Basengehalt im Blut erhöht (respiratorische Alkalose). Das Säure-Basen-Gleichgewicht ist somit gestört. Die Niere muß in diesem Fall ausreichend Bikarbonate ausscheiden, damit der pH-Wert des Blutes nicht zu stark verändert wird. Dieser Vorgang heißt kompensierte Alkalose. Gelingt dies der Niere nicht, spricht man von dekompensierter Alkalose. Häufig beruhen Veränderungen des pH-Werts des Blutes bis hin zur Azidose oder Alkalose auf der Stoffwechselaktivi-

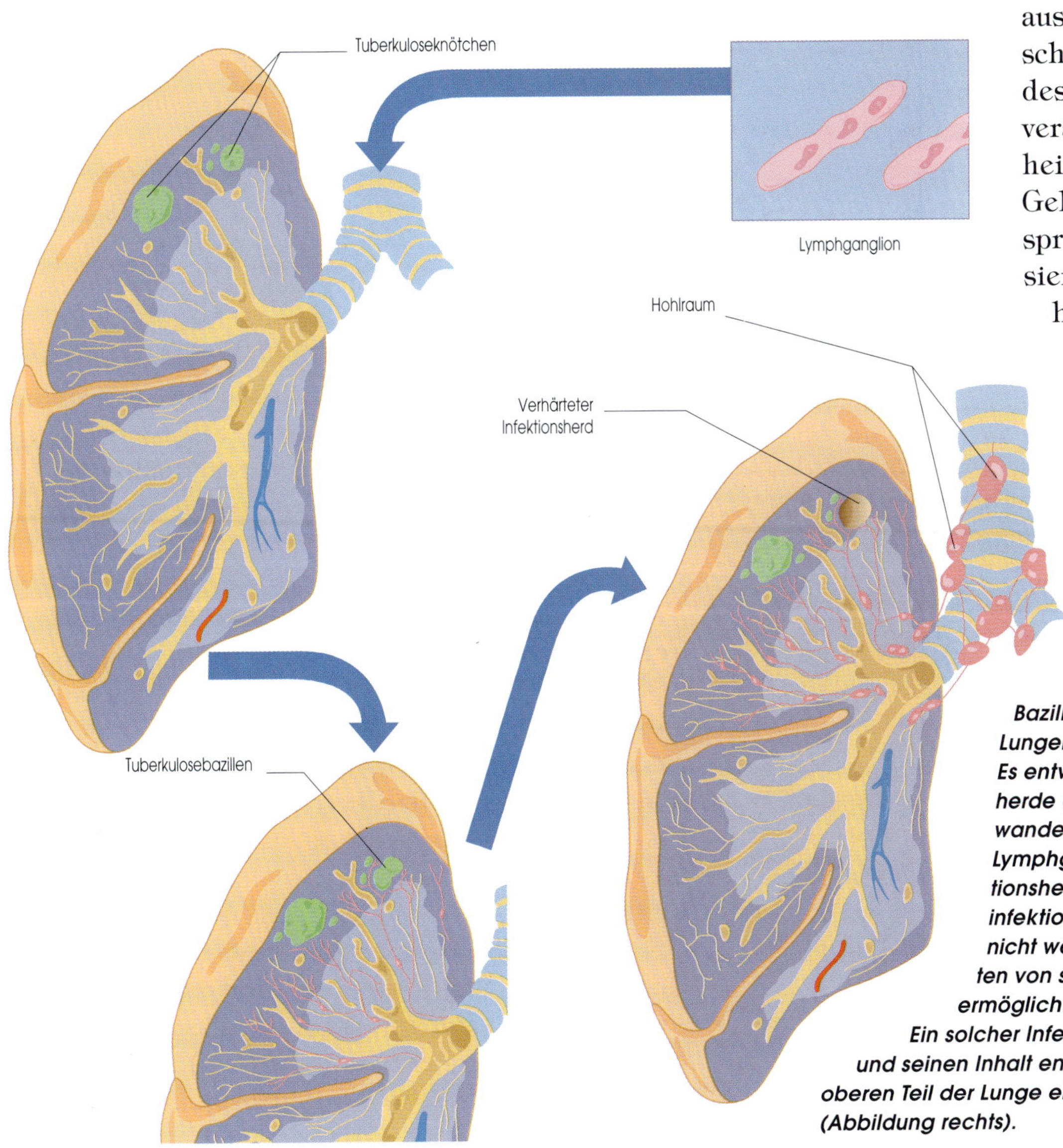

Stark vergrößerte Reproduktion einer Tuberkulose-Bazille: Diese Bazille gelangt über die Luftröhre in die Lungen, wo sie Entzündungen verursacht. Es entwickeln sich tuberkulöse Infektionsherde (Tuberkel). Die Tuberkelbazillen wandern durch die Lymphgefäße in die Lymphganglien, wo sich ebenfalls Infektionsherde bilden können. Dies ist die Erstinfektion. Die Infektion breitet sich meistens nicht weiter aus; die Infektionsherde verhärten von selbst. Eine Röntgenaufnahme ermöglicht eine genauere Befundbeurteilung. Ein solcher Infektionsherd kann auch aufplatzen und seinen Inhalt entleeren. Dies führt dazu, daß im oberen Teil der Lunge ein Hohlraum zurückbleibt (Abbildung rechts).

tät der Gewebe: Basen- oder Säurenaggression liegt vor. Die Lunge reagiert darauf mit Hypo- oder Hyperventilation, um die Konzentration der Kohlensäure zu normalisieren.

Blutfarbstoff (Hämoglobin) bindet nicht nur Sauerstoff und Kohlendioxid. Er hat gleichermaßen eine Affinität zum Kohlenmonoxid, das auch in Auspuffgasen enthalten ist. Die Verbindung mit den beiden ersten Gasen ist instabil, weshalb sie sich leicht vom Hämoglobin lösen, um in Luft und Gewebe überzugehen; die Verbindung mit Kohlenmonoxid dagegen ist stabil. Mit anderen Worten: Das Kohlenmonoxid läßt das Hämoglobin, nachdem es sich mit ihm verbunden hat (wobei Kohlenmonoxidhämoglobin entsteht), nicht mehr los. Es besetzt die roten Blutkörperchen, die dann nicht mehr für die normale Atmung zur Verfügung stehen: Der Organismus vergiftet sich allmählich, und Erstickungsgefahr droht.

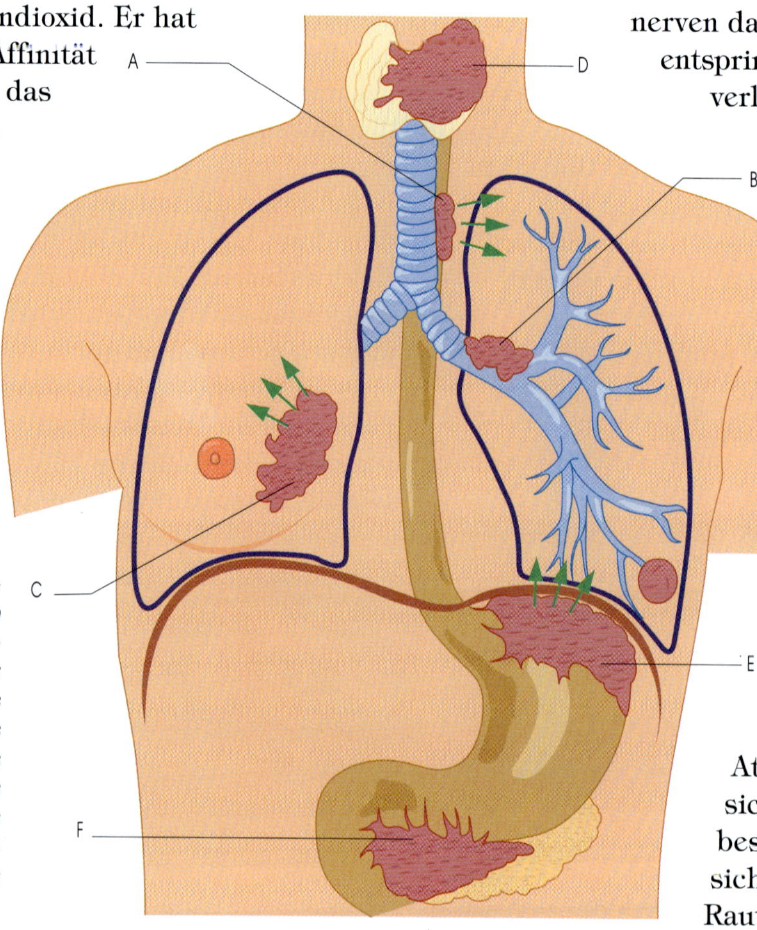

Die häufigsten Tumorformen, die in den Lungen und im Brustfell vorkommen können:
A: Speiseröhrenkrebs
B: Bronchialkrebs
C: Brustkrebs
D: Schilddrüsenkrebs
E: Magenkrebs
F: Bauchspeicheldrüsenkrebs

DER EINFLUSS DES SYMPATHISCHEN NERVENSYSTEMS

Die Skelettmuskulatur gewährleistet die Atemmechanik. Es handelt sich dabei um quergestreifte Muskeln, die im Gegensatz zu den glatten Muskeln der Organwände oder zum Herzmuskel nicht von den Nerven des vegetativen Systems, sondern von Nerven des zentralen Nervensystems versorgt werden (auch wenn sie am vegetativen Leben beteiligt sind).

Es sind motorische Nerven, die aus verschiedenen Abteilungen des Hirn-Rückenmark-Systems kommen. Außerdem innervieren zwei Zwerchfellnerven das Zwerchfell. Diese Nerven entspringen am vierten Halswirbel, verlaufen parallel zur Wirbelsäule nach unten und queren das Zwerchfellgewölbe.

Die Wände der Bronchien sind von glatten Nervenfasern durchsetzt und werden von neurovegetativen Nervenfasern des Sympathikus oder Parasympathikus innerviert. Sie sorgen dafür, daß sich die Bronchialwände nach dem Vorbild der Blutgefäße kontrahieren. Die Nervenzentren, die die Atmung kontrollieren, befinden sich in einer aus grauen Kernen bestehenden Säule. Sie erstreckt sich vom Rückenmark zum Rautenhirn (Formatio reticularis im verlängerten Rückenmark). Das Atemzentrum besteht aus einem exspiratorischen und einem inspiratorischen Anteil. Der inspiratorische Anteil ist konstant tonisch aktiv und wird vom Vagusnerv kontrolliert.

Die Regulationsmechanismen der Atmung werden durch den Vagusnerv gesteuert, dessen hemmende Fasern die Atembewegungen verlangsamen und anhalten, während die erregenden Fasern das Gegenteil bewirken, nämlich die Hyperventilation der Lungen. Außerdem verlaufen noch sensible Fasern zum Vagusnerv, die Informationen über die Ausdehnung oder Erschlaffung eines Lungenflügels weiterleiten.

Der Atmungsautomatismus wird durch drei Faktoren, die eine Hyperventilation der Lungen auslösen, aufrechterhalten: Kohlendioxiderhöhung im Blut, ansteigender Säuregrad des Plasmas und verminderter Sauerstoffpartialdruck infolge eines Sauerstoffmangels im Gewebe.

DAS HERZ-KREISLAUF-SYSTEM

Jede Zelle des Organismus braucht, um funktionieren zu können, eine bestimmte Menge an Elementarstoffen: Sauerstoff, Brennstoffe, die im wesentlichen aus der Nahrung stammen, sowie Vitamine und Hormone. Ausgehend von diesen Energielieferanten stellen die Zellen mit Hilfe verschiedener chemoenergetischer Prozesse, die den Zellstoffwechsel bilden, die für die normale Funktion des Organismus notwendigen Produkte her. Ein größerer Teil dieser Produkte muß aus der Zelle entfernt werden – beispielsweise Wärme und die „Abfallstoffe“, die bei diesen Prozessen entstehen.

Der Blutkreislauf

Der Blutkreislauf hat die Aufgabe, Zellen zu ernähren und ihre Ausscheidungsprodukte zu entsorgen. Das Blut ist das Transportmittel, das die verschiedenen Produkte befördert, die an der Zellaktivität beteiligt sind oder daraus hervorgehen.

Das Kreislaufsystem umfaßt folgende Funktionsbestandteile:

• eine zirkulierende Flüssigkeit: das Blut;
• einen Motor, der diese Zirkulation ermöglicht: das Herz;
• ein Gefäßsystem, in dem sich der Blutkreislauf vollzieht: Arterien, Venen und Kapillargefäße;
• ein System, das diese Zirkulation entsprechend den Bedürfnissen der Zelle und des Organismus regelt.

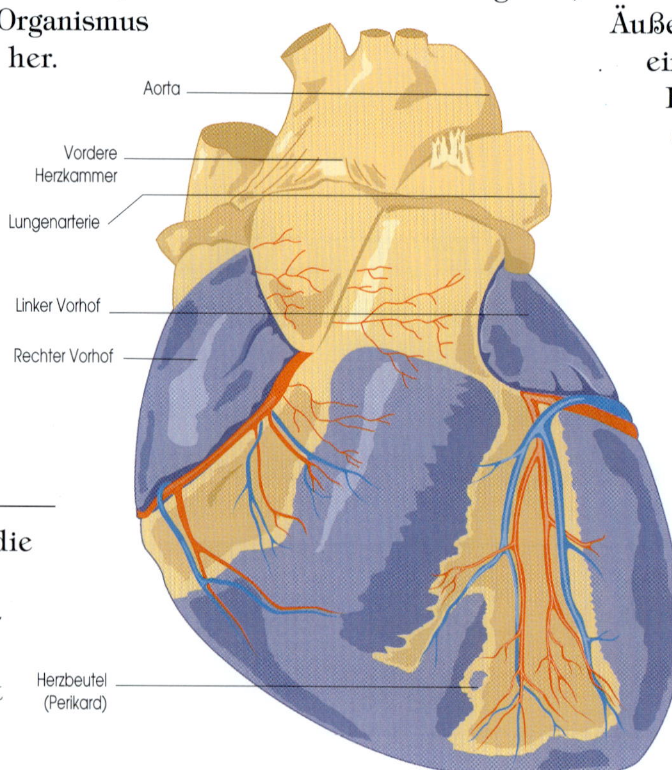

Ansicht des Herzens von vorne (zum Brustbein und den Rippen zeigender Teil): Die Kontraktion des Herzens, die auf die Entspannung folgt, vollzieht sich im Durchschnitt 78mal pro Minute. In jeder Minute werden auf diese Weise fünf Liter Blut durch den Körper gepumpt.

DAS HERZ

Das Herz ist das zentrale Element des Kreislaufsystems. Als Hohlmuskel funktioniert es wie eine Pumpe: mit Druck und Sog. Wenn das Herz Druck ausübt, preßt es das in ihm enthaltene Blut in die Arterien. Übt es Sog aus, nimmt es das in den Venen herantransportierte Blut auf. Das Herz kann diese Doppelfunktion erfüllen, denn es kontrahiert (Systole) und erschlafft (Diastole) abwechselnd.

Das Herz befindet sich im mittleren Teil des Brustkorbs zwischen den beiden Lungenflügeln und ist von mehr oder weniger dunkelroter Farbe. Es ist von einem wäßrig-faserhaltigen (serofibrösen) Beutel umgeben, dem Herzbeutel (Perikard).

Äußerlich hat das Herz etwa die Form einer dreieckigen Pyramide, deren Basis nach hinten rechts weist und deren Spitze (Apex) nach vorne unten links zeigt, zum linken fünften Zwischenrippenraum hin. Furchen teilen das Herz in vier Teile: in zwei Vorhöfe (Atrium) und zwei Kammern (Ventriculus). Diese Scheidewände (Septum intraventricularis, interartricularis und aurikuloventricularis) sind von gelblichem Fett bedeckt, das die Herzgefäße umhüllt. Die beiden Vorhöfe gehen in zwei abgeflachte und

Schema des Blutkreislaufs

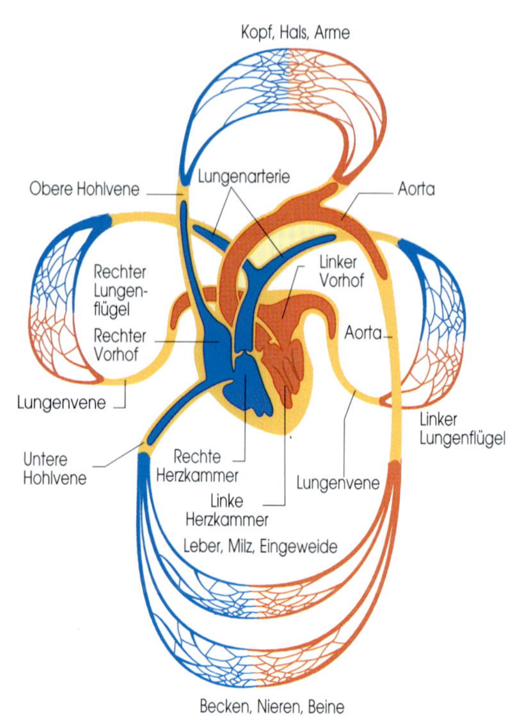

unregelmäßig geformte Herzkammern über. Der rechte Vorhof windet sich nach rechts um die Lungenarterie, der linke nach links um die große Schlagader (Aorta).

Auffällig dicke Gefäße münden in das Herz: sechs Venen und zwei Arterien. Die beiden Arterien setzen an der Vorderseite des Herzens an: die Lungenarterie an der rechten Herzkammer, die Aorta an der linken Herzkammer. Die beiden Hohlvenen (die obere sowie untere Hohlvene) und die vier Lungenvenen münden hinten, auf der Ebene der Herzbasis, jeweils in das rechte und linke Herzohr.

Gewicht und Maße des Herzens

Das Herz wiegt beim Mann durchschnittlich 300 Gramm, bei der Frau hat es ein Gewicht von 260 Gramm.

Es ist etwa zehn Zentimeter hoch und 10,5 Zentimeter breit. Sein Umfang beträgt durchschnittlich etwa 23 Zentimeter.

Das Innere des Herzens wird von einer Muskelwand in eine rechte und eine linke Hälfte geteilt. Jede dieser Hälften besteht aus zwei Hohlräumen: dem Vorhof mit Herzohr (obere Hälfte) und der Herzkammer (untere Hälfte). Die beiden Vorhöfe werden von der Vorhofkammerscheidewand voneinander getrennt, die beiden Herzkammern von der Herzkammerscheidewand. Man kann also von zwei Herzen sprechen, dem rechten und dem linken Herz.

Jede Herzkammer steht mit ihrem jeweiligen Vorhof durch die mit einer kleinen Klappe versehenen aurikuloventrikulären Öffnung in Verbindung. Diese Vorrichtung ermöglicht ausschließlich den Blutfluß vom Vorhof zur Herzkammer. Man unterscheidet hierbei die Mitralklappe links und die Trikuspidalklappe rechts.

Das rechte Herz pumpt das Blut in die Lungen und erzeugt dadurch den kleinen Kreislauf. Das linke Herz pumpt das Blut in den ganzen Körper und erzeugt damit den großen Kreislauf. Nach der Schließung des Botalli-Lochs bei der Geburt besteht keinerlei Verbindung mehr zwischen dem linken und dem rechten Herzen. Das Blut der beiden Herzteile kann sich dann nicht mehr vermischen.

Die Öffnungen der Arterien, die in die Herzkammern münden, weisen sigmaförmige Taschenklappen auf, die den Rückfluß des vom Herz ausgestoßenen Blutes verhindern. Im Gegensatz dazu besitzen die Öffnungen der Venen keine Klappen. Das mittlere Volumen eines Vorhofs (100 Milliliter) entspricht der Hälfte des Volumens einer Herzkammer. Die Wand der linken Herzkammer, die eine größere Leistung erbringen muß (sie versorgt den großen Kreislauf), ist dicker als die der rechten Herzkammer.

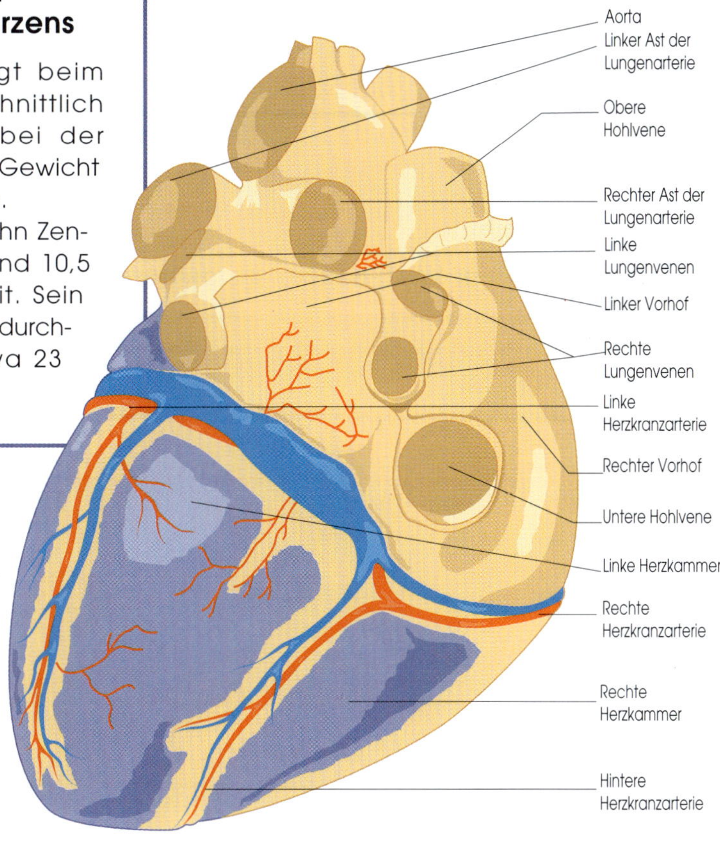

Hinteransicht des Herzens: Das Blut gelangt durch sechs große Venen zum Herzen und fließt durch zwei Arterien ab.

Der Herzbeutel besteht aus zwei Teilen:

- **Der wäßrige (seröse) Teil** hat zwei Blätter, die gegeneinander verschiebbar sind und die Herzbeutelhöhle abgrenzen.

- **Der faserige (fibröse) Teil** überzieht das äußere (parietale) Blatt des serösen Teils und ist durch ein Bändersystem mit der Wirbelsäule, dem Brustbein und dem Zwerchfell verbunden. Das Herz wird so am Brustkorb befestigt.

Das Organ Herz besteht aus einem dichten Muskelgewebe, dem Herzmuskel (Myokard), der innen von einer Membran (Endokard) ausgekleidet ist. Er ist ein automatischer Muskel, aufgebaut aus gestreiften Muskelfasern, die zu Bündeln zusammengefaßt sind, und besitzt sein eigenes, vom zentralen Nervensystem unabhängiges Nervensystem. Dieses endokardiale Nervensystem besteht aus einer großen Anzahl von Zellen und Nervenfasern, die in zwei Regionen zusammenliegen, nämlich dem Keith-Flack-Sinusknoten und dem Aschoff-Tawara-Knoten.

Das Erregungsleitungssystem des Herzens gewährleistet die zeitlich aufeinander abgestimmten Kontraktionsbewegungen; es besteht aus nervösen und muskulären Elementen.

Der rechte Vorhof nimmt das aus dem Kopf, den Armen (obere Hohlvene) und dem unteren Teil des Körpers (untere Hohlvene) kommende Blut auf. Er steht mit der rechten Herzkammer über die Trikuspidalklappe in Verbindung. Diese besitzt drei kleinere Klappenteile.

Die rechte Herzkammer nimmt das aus dem Vorhof kommende Blut durch die rechte aurikuloventrikuläre Öffnung auf. In dieser Herzkammer entspringt die Lungenarterie, die das Blut zu den Lungen führt. Wie schon erwähnt, wird die Öffnung der Lungenarterie von den Taschenklappen verschlossen, die den Rückfluß des in die Arterie gelangten Blutes in die Herzkammer verhindern.

Der linke Vorhof sammelt das aus den vier Lungenvenen stammende Blut und steht mit der linken Herzkammer über die linke aurikuloventrikuläre Öffnung in Verbindung. Diese Öffnung wird ebenfalls von einer Klappe verschlossen, der Bikuspidalklappe, die aus zwei kleineren Klappenteilen besteht und auch Mitralklappe genannt wird, da sie wie eine umgekehrte Bischofsmütze (Mitra) aussieht.

Die größte Arterie des Organismus, die Aorta, entspringt in der linken Herzkammer. Diese nimmt das Blut aus dem linken Vorhof über die linke aurikuloventrikuläre Öffnung auf. Die Mündung der Aorta ist ihrerseits mit Taschenklappen versehen, die die gleiche Funktion haben wie die Klappen der Lungenarterie: Sie verhindern den Rückfluß des Blutes in die Herzkammer.

• **Die Vorhofsystole.** Die beiden Vorhöfe mit den Herzohren ziehen sich gleichzeitig zusammen. Das Blut der Hohlvenen fließt in den rechten Vorhof, das der Lungenvenen in den linken Vorhof. Dieses Blut wird dann in die Herzkammern gepumpt. Das Blut, das durch die Kontraktion herausgepumpt wird, löst die Öffnung der aurikuloventrikulären Klappen aus, die sich nach der Kontraktion sofort wieder schließen. Die Vorhofsystole dauert 0,1 Sekunden.

• **Die Herzkammersystole.** Die beiden Herzkammern ziehen sich ebenfalls gleichzeitig zusammen. Das Blut wird dabei über die Aorta und die Lungenarterien in den Körper und in die Lungen gepumpt. Diese Blutwelle löst die Öffnung der Taschenklappen aus. Dazu müssen die aurikuloventrikulären Klappen geschlossen sein, weil sonst das Blut in den Vorhof zurückfließen würde. Die Kammersystole dauert 0,3 Sekunden. Danach schließen sich die

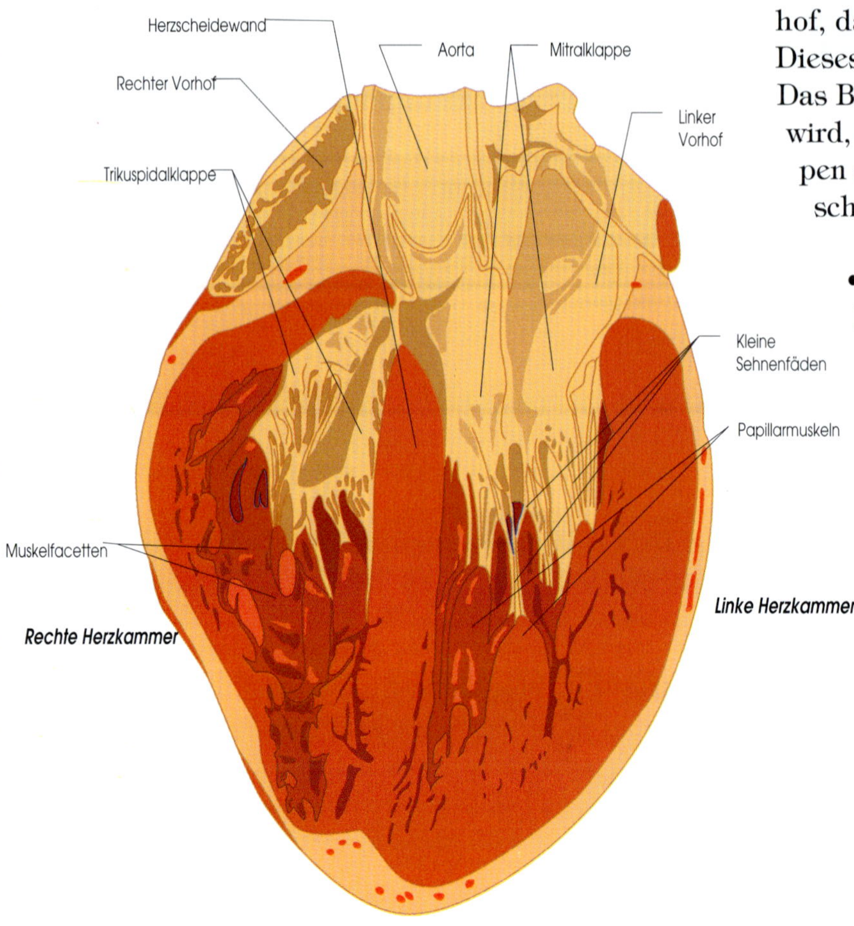

Querschnitt durch das Herz: Man sieht die Trikuspidalklappe und die Mitralklappe. Diese Klappen stehen mit den Papillarmuskeln in Verbindung, die Bestandteil des Herzmuskels sind und an der Kontraktion mitwirken. Die Muskelwände der linken und rechten Herzkammer zeichnen sich durch unterschiedliche Stärke aus.

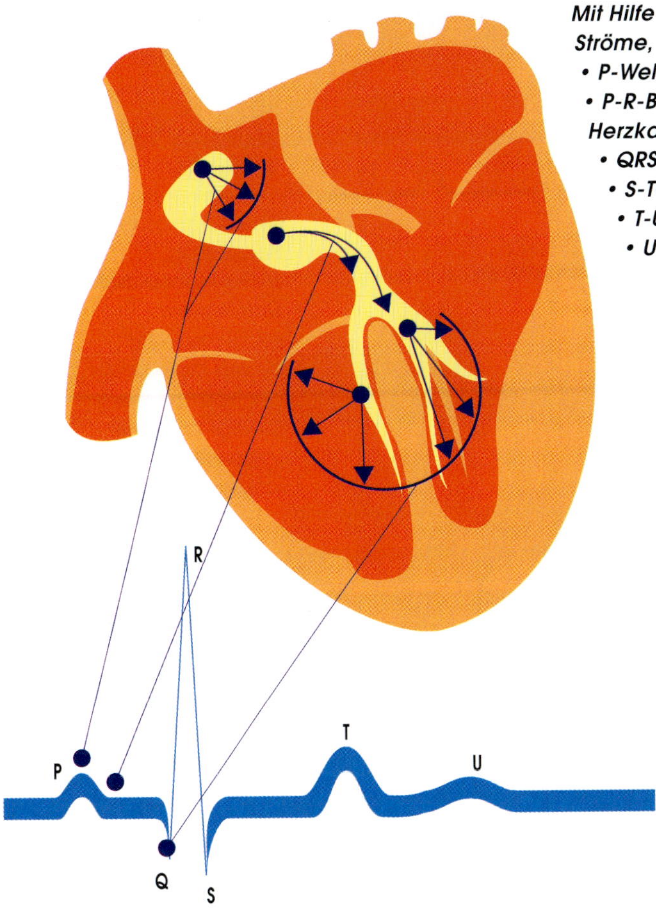

Mit Hilfe eines Elektrokardiogramms (EKG) erstelltes Schema der elektrischen Ströme, die durch das Herz und im Herzen fließen:
- *P-Welle: Kontraktion der Vorhöfe*
- *P-R-Bereich: Übertragung der Nervenleitung von den Vorhöfen zu den Herzkammern (maximal 0,16 Sekunden)*
- *QRS-Komplex: „elektrische Regeneration" der Herzkammern*
- *S-T-Segment: die Herzkammern werden gleichmäßig erregt*
- *T-U-Welle: „elektrische Regeneration" (oder Repolarisation) der Herzkammern*
- *U-Gipfel: „elektrische Regeneration" (oder Repolarisation) der Vorhöfe*

Taschenklappen wieder, um den Rückfluß des Blutes in die Herzkammern zu verhindern.

• **Die allgemeine Diastole.** Die beiden Herzkammern und Vorhöfe erschlaffen gleichzeitig. Während dieser Phase – 0,4 Sekunden – ist das Herz in Ruhestellung. Danach beginnt der Zyklus mit einer Dauer von 0,8 Sekunden von vorne. Es ergeben sich also 75 bis 80 Zyklen pro Minute.

Der Druckunterschied, der durch die Muskelkontraktionen in den Herzhöhlen entsteht, ermöglicht die auf den Blutfluß ausgeübte Sog- oder Pumpwirkung. Während der Diastole sind die Vorhöfe und Herzkammern erschlafft – das Blut fließt in sie hinein. Wenn sich diese Hohlräume während der Systole ähnlich einer Gummibirne kontrahieren, stoßen sie das Blut aus. Dieser Wechsel von Ausweitung und Kontraktion ergibt den Herzrhythmus.

Der Blutkreislauf im Herzen

Das mit Abfallprodukten der Zellen angereicherte venöse Blut gelangt über zwei Sammelgefäße, die untere und die obere Hohlvene, in den rechten Vorhof. Von hier aus fließt es in die rechte Herzkammer und wird über die Lungenarterie in die Lungen transportiert. In den Lungen vollzieht sich der Gasaustausch. Das venöse Blut gibt Kohlendioxid ab, und aus venösem wird wieder arterielles Blut. Über die Lungenvenen gelangt das sauerstoffreiche Blut in den linken Teil des Herzens, wo es durch den Vorhof zur linken Herzkammer fließt. Von hier aus wird das Blut über die Aorta im ganzen Körper verteilt. Auf seinem Weg gibt das arterielle Blut Sauerstoff und Nährstoffe ab, die für die Funktion der Zellen notwendig sind. Gleichzeitig nimmt das Blut Kohlendioxid und Abfallprodukte auf und kehrt als venöses Blut wieder zum Herzen zurück, um in einen neuen Zyklus einzutreten.

Wenn sich der Herzmuskel kontrahiert, ziehen sich die Hohlräume des Herzens zusammen. Diese Bewegung heißt Systole. Das Herz erschlafft dann, kehrt in seine ursprüngliche Form zurück, und die Hohlräume weiten sich. Dies ist die Diastole. Diese Bewegungen finden bei einem gesunden Menschen mit großer Regelmäßigkeit statt. Sie drückt sich in folgendem Zyklus aus:

1. Vorhofsystole 2. Kammersystole 3. Allgemeine Diastole.

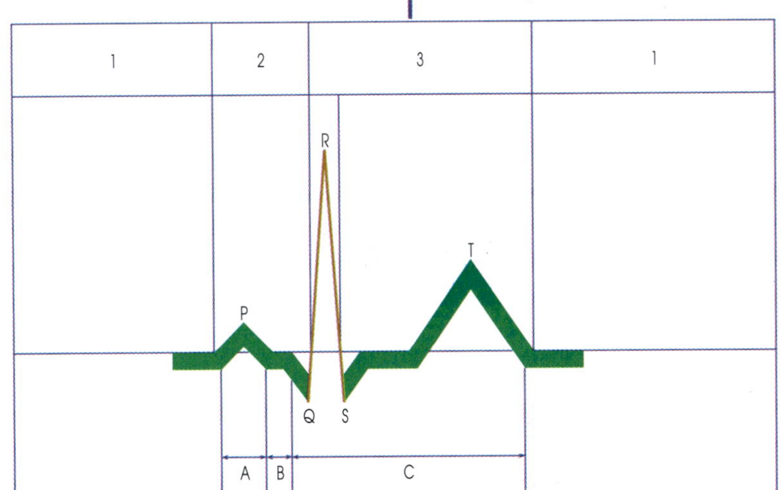

Elektrokardiographisches Schema der Kontraktion:
1. Diastole
2. Vorhofsystole
3. Kammersystole
A: Vorhofsystole
B: Spannungsaufbau in den Herzkammern
C: Kammersystole

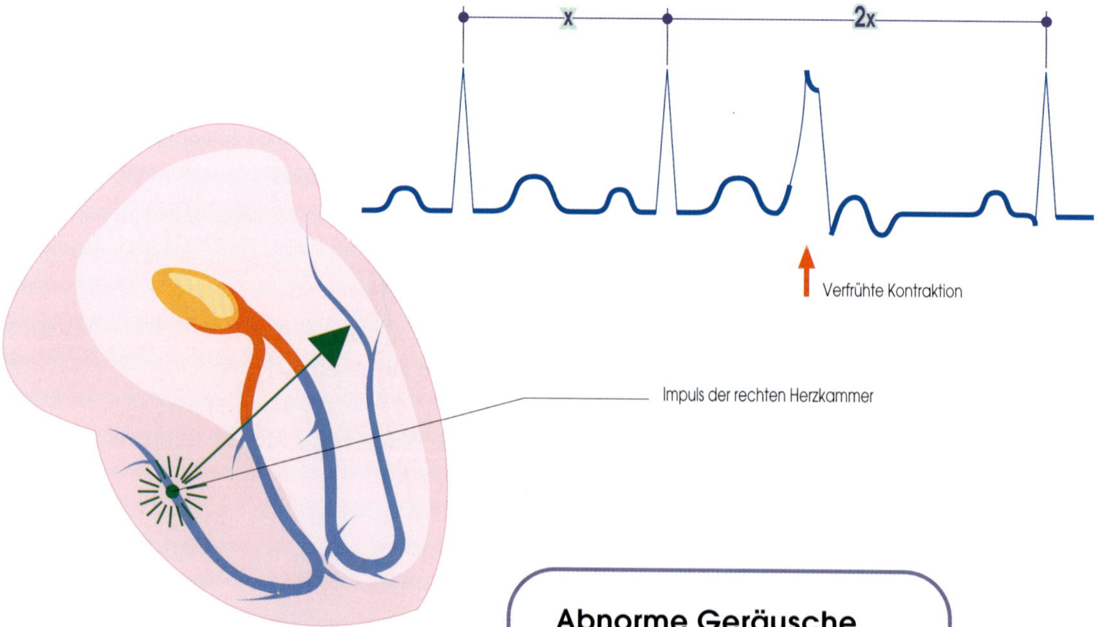

Ein unregelmäßiger Herzschlag (Extrasystole) äußert sich in einer plötzlichen und kurzen Kontraktion der Herzkammer, gefolgt von einer ungewöhnlich langen Pause.

DIE UNTERSUCHUNG DER HERZFUNKTION

Bestimmte Anzeichen, die mit dem Ohr an der Körperoberfläche wahrgenommen werden können, vermitteln Erkenntnisse über die Tätigkeit des Herzmuskels: Es handelt sich dabei um den Herzspitzenstoß und die Herzgeräusche. Die Untersuchungsmethode selbst wurde von dem Arzt Laennec (1819) beschrieben und heißt Auskultation.

Legt man die Hand in der Herzregion auf die Brust, so spürt man den dumpfen Herzschlag, dessen Intensität unterschiedlich sein kann. Er überträgt die Versteifung der Herzkammern bei der Kammersystole: Dies ist der Herzspitzenstoß.

Hört man das Herz mit einem Stethoskop oder einem Mikrofon

Abnorme Geräusche

Es gibt Herzgeräusche, die nicht normal sind, die man aber hören kann (Galopp, Nebengeräusche). Sie geben wertvolle Hinweise auf eine gestörte Aktivität des Herzens. So ist vielleicht die Funktion der Herzklappen nicht in Ordnung: Sie schließen zu stark oder sind nicht ausreichend gespannt und lassen Blut durchfließen (Insuffizienz), obwohl sie hermetisch geschlossen sein müßten. Abweichungen dieser Art verursachen abnorme Geräusche.

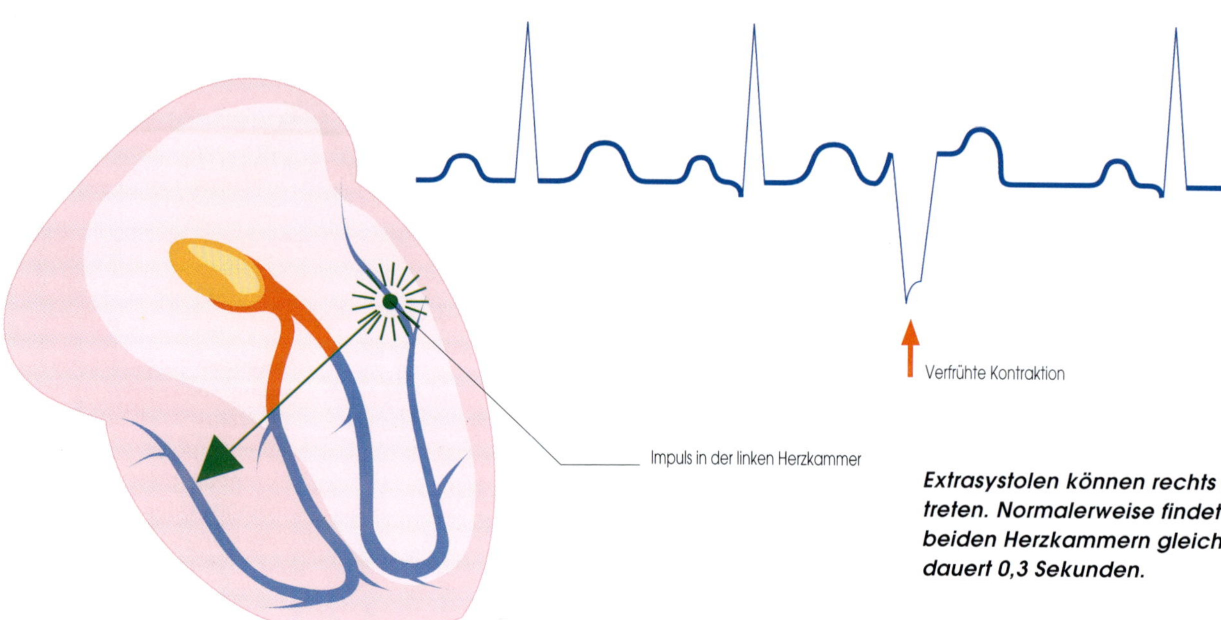

Extrasystolen können rechts oder links auftreten. Normalerweise findet die Erregung in beiden Herzkammern gleichzeitig statt und dauert 0,3 Sekunden.

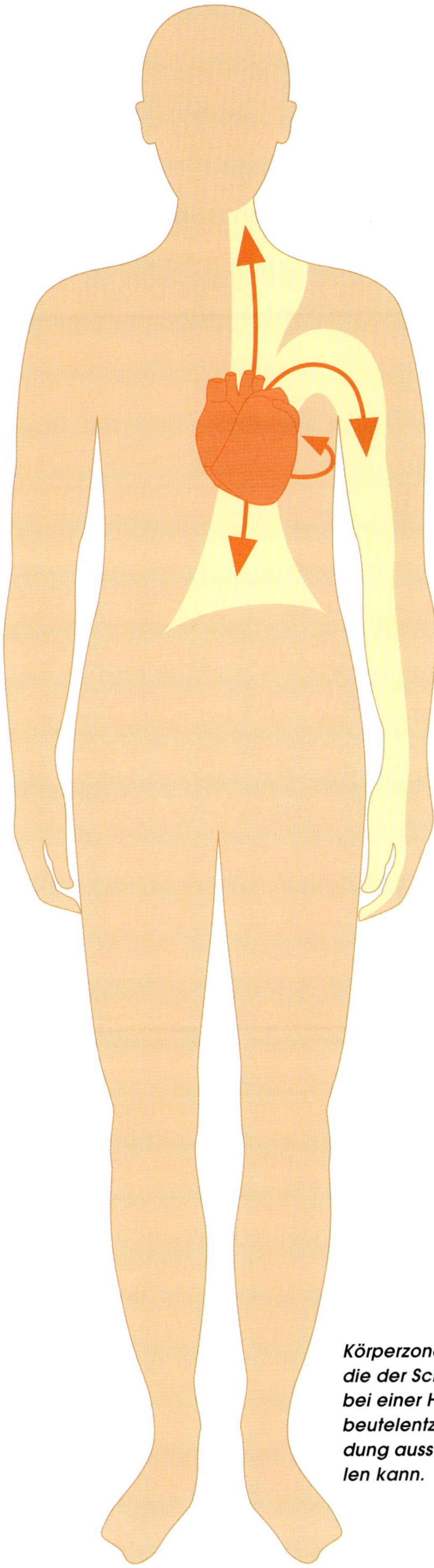

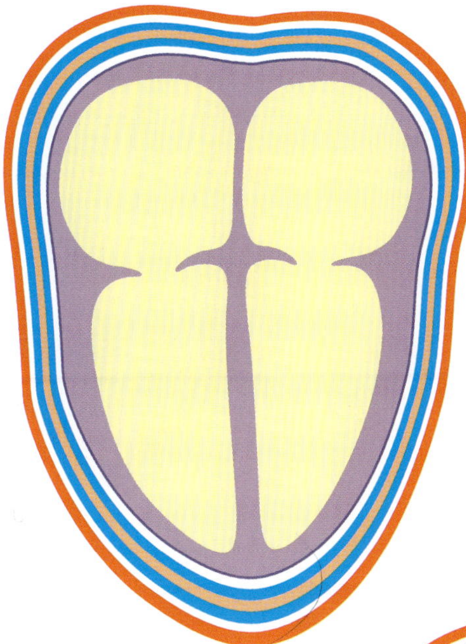

Links: Die trockene Herzbeutelentzündung (Perikarditis) führt zu einer extrem schmerzhaften Reibung des Herzbeutels. Es kann sogar vorkommen, daß die Herzbeutelblätter miteinander verkleben.

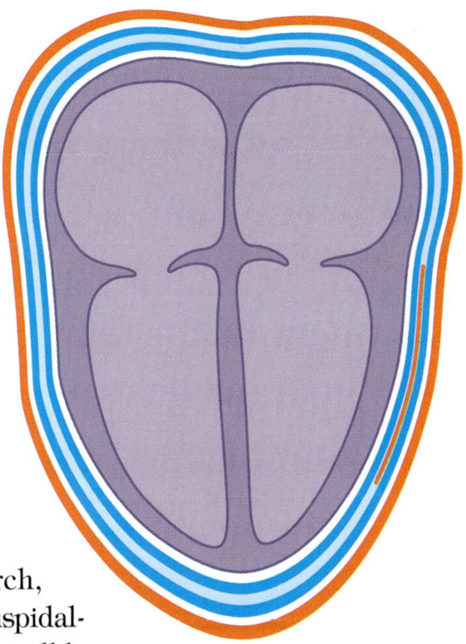

Unten: Bei einer exsudativen Herzbeutelentzündung entsteht eine Flüssigkeitsansammlung im Herzbeutel – meist infolge einer Tuberkulose; sie kann aber auch rheumatischen Ursprungs sein.

ab, nimmt man die Geräusche wahr, die beim Öffnen und Schließen der Klappen entstehen. Man unterscheidet zwei kurz aufeinanderfolgende Geräusche. Das erste entsteht bei der Kammersystole dadurch, daß sich die Trikuspidalklappe und die Mitralklappe schließen und die Taschenklappen öffnen. Das zweite Geräusch entsteht bei der Diastole: Trikuspidalklappe und Mitralklappe öffnen sich, und die Taschenklappen schließen sich.

Das Elektrokardiogramm

Das Herz verursacht durch die Kontraktionen elektrische Phänomene, die zur Untersuchung der Herztätigkeit genutzt werden. Elektroden werden zu diesem Zweck auf dem Körper plaziert. Die elektrischen Wellen des Herzens können so in graphische Diagramme (EKG) übertragen werden, die über die Aktivitäten der verschiedenen Teile des Herzens Auskunft geben.

Körperzonen, in die der Schmerz bei einer Herzbeutelentzündung ausstrahlen kann.

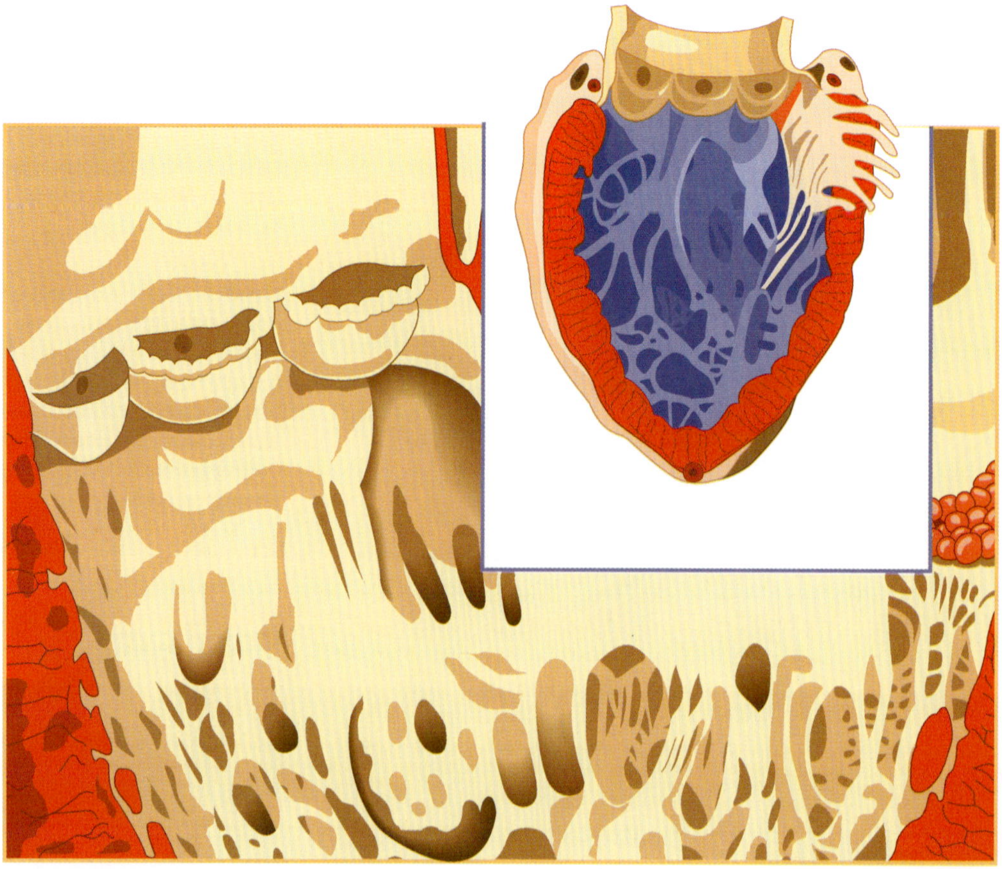

Bei einer Endokarditis ist die Herzinnenhaut akut oder chronisch entzündet. Hier ist ein Herz abgebildet, bei dem die Aortenklappe von einer Herzinnenhautentzündung betroffen ist - die Klappenwände sind von kleinen Knoten bedeckt.

In der auf Seite 85 abgebildeten Graphik ist eine Welle P zu erkennen, die die Tätigkeit der Vorhöfe darstellt, und eine darauf folgende Einheit QRS, die durch die Kontraktion der Herzkammern bestimmt wird. Eine Welle T beendet den Zyklus. Diese EKG-Linie hat einen genau definierten Verlauf, und alle Abweichungen dieser elektrokardiographischen Wellen haben für die kardiologische Diagnostik große Bedeutung.

Der Puls

Der Puls entsteht durch die arterielle Druckwelle, die von jedem Herzschlag ausgelöst wird. Tastet man die peripheren Arterien, besonders die Speichenarterie, indem man mit den Fingern am Handgelenk leichten Druck ausübt, so kann man die Qualität und den Ausschlagsumfang (Amplitude) des Pulsschlags beurteilen. Dies ermöglicht mehr oder weniger genaue Rückschlüsse auf den Zustand des Herzens. Man achtet dabei auf die Anzahl der Schläge pro Minute (Herzfrequenz), auf die Regelmäßigkeit der Schläge (Herzrhythmus), auf die Ausdehnung der Arterie (Pulsintensität) und die Zeit, die die Arterie braucht, um sich maximal auszudehnen (Pulsgeschwindigkeit).

DIE GEFÄSSE

Das Kreislaufsystem ist ein bemerkenswertes Beispiel für die Vernetzung und Wirksamkeit körperlicher Mechanismen. Die aneinandergefügten Blutgefäße eines Erwachsenen mittlerer Größe, die über 60 Milliarden Zellen mit Blut versorgen, erstrecken sich auf über 95.000 Kilometer. Das Gefäßsystem umfaßt drei Arten von Gefäßen: die Arterien, die Venen und die Kapillargefäße (die Arteriolen und Venolen weisen im wesentlichen die gleichen Strukturen wie die Arterien beziehungsweise Venen auf).

Sauerstoff- und nährstoffreiches Blut zirkuliert in den Arterien, die es zu den verschiedenen Teilen des Organismus transportieren. Die Venen führen das mit Kohlendioxid und Abfallprodukten angereicherte Blut zum Herzen zurück. Abfallstoffe werden von den Nieren, die das Blut filtern, ausgeschieden. In den Lungengefäßen findet darüber hinaus der Gasaustausch durch die Atmung statt.

Die Arterien werden immer kleiner (Arteriolen), je weiter sie sich vom Herzen entfernen, bis ihr Innendurchmesser mikroskopisch klein ist: Man nennt sie dann Haargefäße oder Kapillaren. Auf dieser Ebene findet der Austausch zwischen Blut

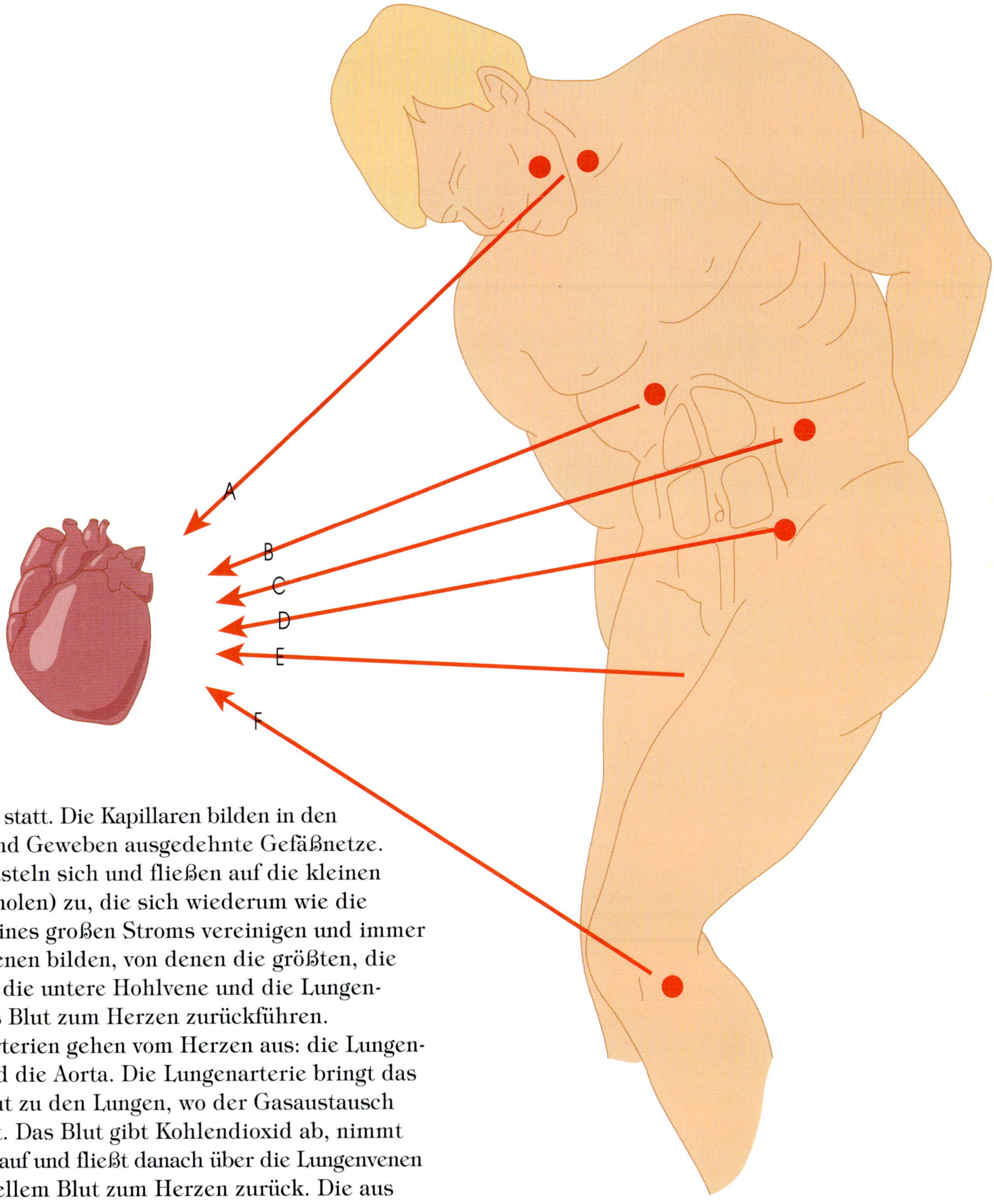

und Zellen statt. Die Kapillaren bilden in den Organen und Geweben ausgedehnte Gefäßnetze. Diese verästeln sich und fließen auf die kleinen Venen (Venolen) zu, die sich wiederum wie die Zuflüsse eines großen Stroms vereinigen und immer größere Venen bilden, von denen die größten, die obere und die untere Hohlvene und die Lungenvenen, das Blut zum Herzen zurückführen.

Zwei Arterien gehen vom Herzen aus: die Lungenarterie und die Aorta. Die Lungenarterie bringt das venöse Blut zu den Lungen, wo der Gasaustausch stattfindet. Das Blut gibt Kohlendioxid ab, nimmt Sauerstoff auf und fließt danach über die Lungenvenen mit arteriellem Blut zum Herzen zurück. Die aus Lungenarterie, Kapillaren und Lungenvenen bestehende Gefäßeinheit ergibt den kleinen Kreislauf.

Die Aorta teilt sich in zahlreiche Verästelungen, die schließlich das Kapillarnetz aller Organe bilden und das Blut in alle Körperregionen transportieren. Das Blut fließt in den Hohlvenen aus dem Körper zurück, die in den rechten Vorhof münden. Diese Gefäßeinheit bildet den großen Kreislauf.

Die wichtigsten Primärinfektionsherde, die eine Sekundärinfektion am Herzen auslösen können:
A: Zahn- und Kehlkopfinfektionen
B: Leber- und Gallenleiden
C: Nierenentzündungen
D: Divertikulose
E: Infektionskrankheiten
F: Gelenkrheumatismus

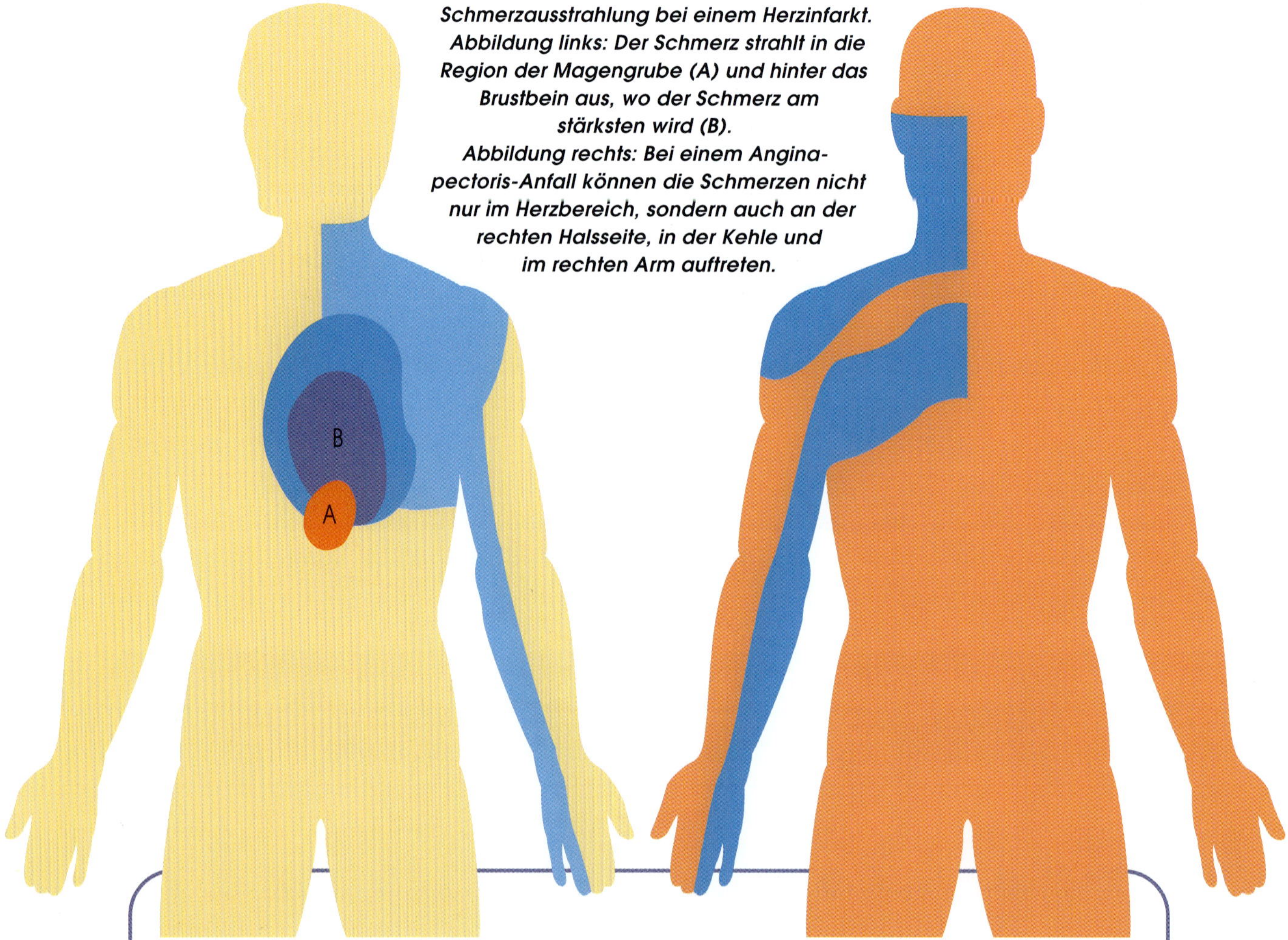

Schmerzausstrahlung bei einem Herzinfarkt. Abbildung links: Der Schmerz strahlt in die Region der Magengrube (A) und hinter das Brustbein aus, wo der Schmerz am stärksten wird (B). Abbildung rechts: Bei einem Angina-pectoris-Anfall können die Schmerzen nicht nur im Herzbereich, sondern auch an der rechten Halsseite, in der Kehle und im rechten Arm auftreten.

Der Infarktschmerz

Klinisch äußert sich der Herzinfarkt durch einen einschnürenden Schmerz hinter dem Brustbein, der in die oberen Gliedmaßen und den Kiefer ausstrahlt und sehr intensiv und beängstigend ist. Seltener tritt der Schmerz im Oberbauch auf. In diesem Fall kann er leicht mit einem Bauchsyndrom verwechselt werden.

Klassisch ist ein als beengend empfundener Schmerz. Er verbreitet sich, ausgehend von der Schulter, über die Innenseite des Ober- und Unterarmes, über das Handgelenk und erstreckt sich bis zu den beiden letzten Fingern der linken Hand. Häufig strahlt der Schmerz in Schultern, Hals und Kiefer aus.

Zwei Merkmale müssen hervorgehoben werden:

• die Intensität des Schmerzes – vergleichbar mit einer sehr schmerzhaften Beklemmung, die die der Angina pectoris übertrifft.

• die Dauer des Schmerzes – einige Stunden bei leichten Fällen, zwölf bis 24 Stunden in schweren Fällen. Der Schmerz läßt nur sehr langsam nach. Ein Gefühl der Enge und ein leichter Brustschmerz können über mehrere Tage oder Wochen zurückbleiben. Die lange Schmerzdauer löst sekundäre Reflexphänomene wie Erbrechen, Schweißausbruch oder Durchfall aus.

Der Herzinfarkt

Der Herzinfarkt ist das Absterben eines Teiles des Herzmuskels aufgrund einer Arterienverkalkung (Arteriosklerose). Sie macht die Herzkranzarterien für Blut unpassierbar. Die Folge ist eine Unterbrechung des Blutkreislaufs in der betroffenen Region.

Die Infarktursache

Die wichtigste Infarktursache ist die durch eine Verkalkung der Herzkranzgefäße auftretende arterielle Thrombose. Da die Herzkranzarterien davon schwerer und früher betroffen sind als andere Arterien, steht die Arterienthrombose nicht zwangsläufig mit einer allgemeinen Arterienverkalkung in Verbindung.

Der kleine Kreislauf

Das venöse Blut, das aus der rechten Herzkammer gepumpt wird, fließt über die linke und rechte Lungenarterie in die Lungenflügel. Hier teilen sich die Arterien in ebenso viele Äste, wie Lungenlappen vorhanden sind, und verzweigen sich dann weiter, um die Lungenläppchen zu erreichen und schließlich in das Kapillarnetz der Lungen zu münden.

Wie im Kapitel über die Atmung bereits deutlich wurde, sind die extrem dünnen Wände der Kapillargefäße für Gase durchlässig: Kohlendioxid wird vom Blut abgegeben und geht in die Lungenbläschen über, während Sauerstoff aus der Atemluft in den Lungenbläschen vom Blut aufgenommen wird.

Die Kapillargefäße transportieren das arterielle Blut in die Lungenvenolen. Diese werden durch ihre Vereinigung zu Lungenvenen, die den Rückweg zum Herzen finden und in den linken Vorhof münden. Die Lungenvenen transportieren Blut, das mit Sauerstoff angereichert und kohlendioxidarm ist – daher die kräftige hellrote Farbe.

Der große Kreislauf

Blut, das während der Kammersystole aus der linken Herzkammer gepumpt wird, fließt in die Aorta. Dieser Arterienstamm teilt sich dann in ein ausgedehntes Netz von mehr oder weniger langen und dünnen Arterien, die das Blut zu den Organen führen.

Die Aorta ist der Ausgangspunkt des großen Kreislaufs. Sie verläuft in großem Bogen (Aortenbogen), der nach hinten links absteigt und entlang der Wirbelsäule nach unten verläuft, um dann durch das Zwerchfell hindurch in die Bauchhöhle vorzudringen. Am Ende dieses Verlaufs teilt sich die Aorta in zwei Hüftarterien, die die unteren Gliedmaßen mit Blut versorgen und verschiedene Namen tragen, beispielsweise Oberschenkelarterie oder Schienbeinarterie.

Von der Aorta gehen zahlreiche Verästelungen ab. Am Aortenbogen entspringen die Schlüsselbeinarterien, die die Arme versorgen, und die Kopfarterien, die für die Durchblutung des Kopfes zuständig sind. Von der Brustkorbaorta gehen wiederum die Bronchialarterien, die Zwischenrippenarterien und die

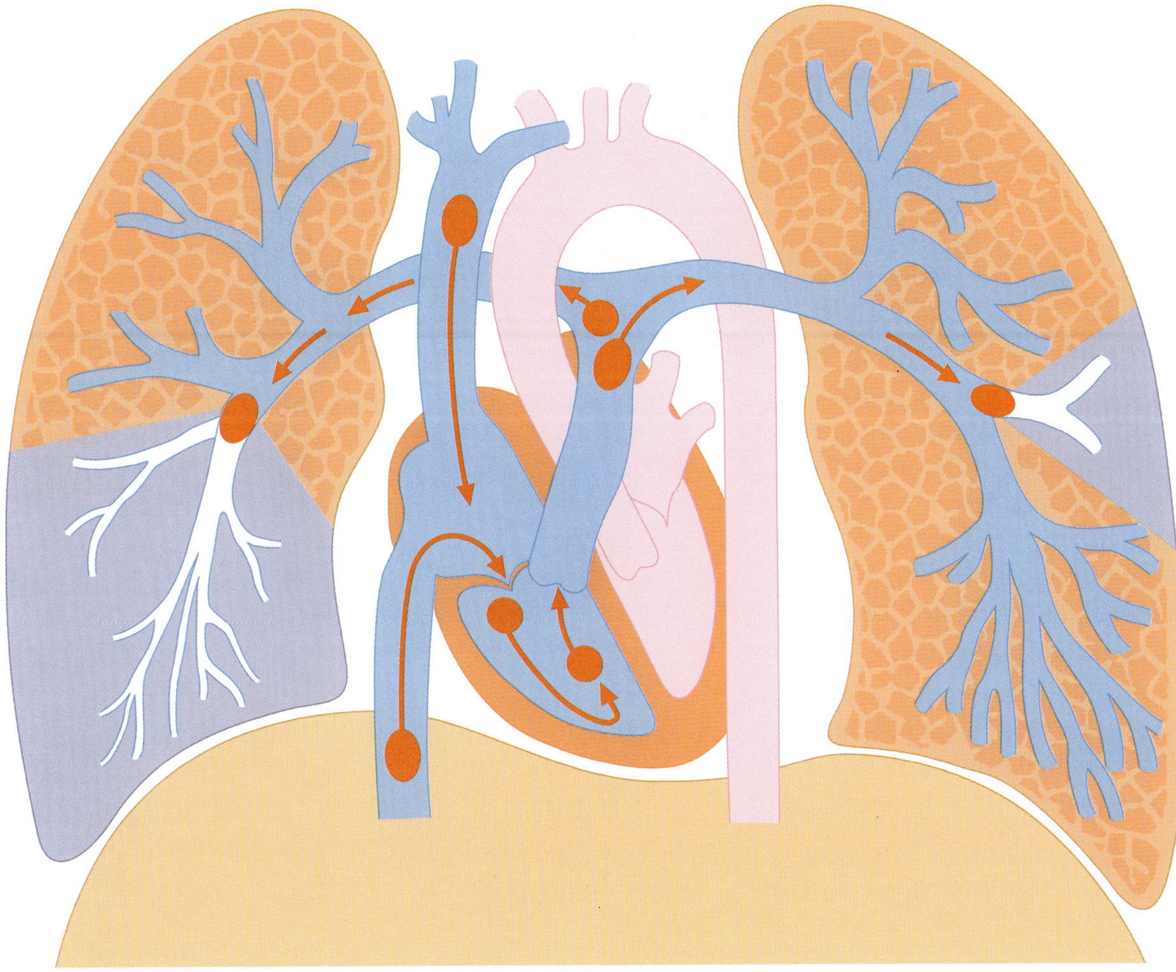

Die Lungenembolie wird durch den plötzlichen Verschluß der Lungenarterie (oder eines ihrer Äste) durch einen Fremdkörper ausgelöst. Dieser kann fest (Tumorfragment, Blutgerinnsel) oder gasförmig (Luftblase) sein.

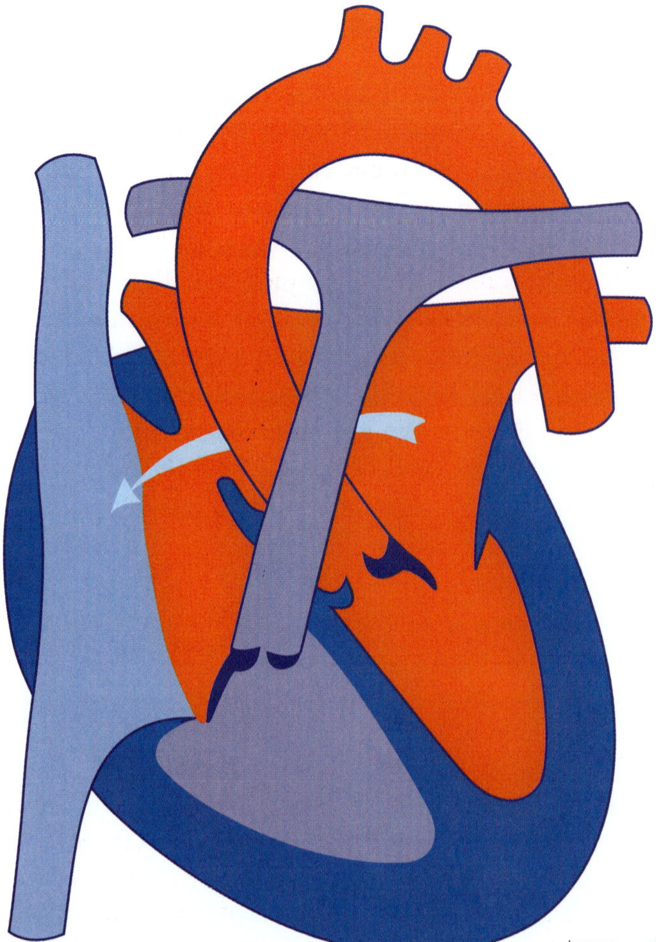

Verbindung zwischen den Vorhöfen durch das offene Botalli-Loch. Dies ist die häufigste Mißbildung des Herzens. Nach dem Ende des Fötalstadiums hat sich diese Öffnung, die die beiden Vorhöfe miteinander verbindet, nicht geschlossen.

Speiseröhrenschlagadern aus. Von der Baucharterie spalten sich jene Äste ab, die die Durchblutung der Eingeweide gewährleisten.

Wenn der Innendurchmesser der Arterien sehr klein wird (50 Mikrometer), nennt man sie Arteriolen. Das schließlich entstehende Kapillargefäßnetz ist noch feiner. Seine Gefäße haben einen Innendurchmesser, der geringer als 20 Mikrometer ist und damit der Dicke eines Haares entspricht – daher der Name Haargefäße (Kapillaren).

Diese Haargefäße, die in einem unentwirrbaren Durcheinander verwickelt sind, münden in ein Netz aus Venolen (kleinen Venen). Diese gehen wiederum in die Venen über, die in zwei Hauptvenenstämmen zusammentreffen: Der unteren Hohlvene, die das aus dem unteren Teil des Körpers (bis zum Zwerchfell) hochsteigende Blut aufnimmt, und der oberen Hohlvene für den über dem Zwerchfell liegenden Teil des Körpers. Diese beiden Hohlvenen münden, wie oben bereits dargestellt, im rechten Vorhof.

Das aus der linken Herzkammer gepumpte Blut hat damit bei seiner Rückkehr zum rechten Vorhof einen sehr langen Weg hinter sich gebracht. Deshalb nennt man diesen Kreislauf den großen Kreislauf.

Fallot-Tetralogie: Vier Anomalien des Herzens haben dieser pathologischen Einheit ihren Namen gegeben, darunter die Rechtsverlagerung der Aorta (Dextroposition) und die Zwischenkammerposition.

Rechte Seite oben: Darstellung einer Aortenverengung (Stenose) mit einer Erweiterung der aufsteigenden Aorta. Man kann hier eine Erweiterung und Vergrößerung (Hypertrophie) der linken Herzkammer erkennen (die blau gepunktete Linie markiert die normale Form).

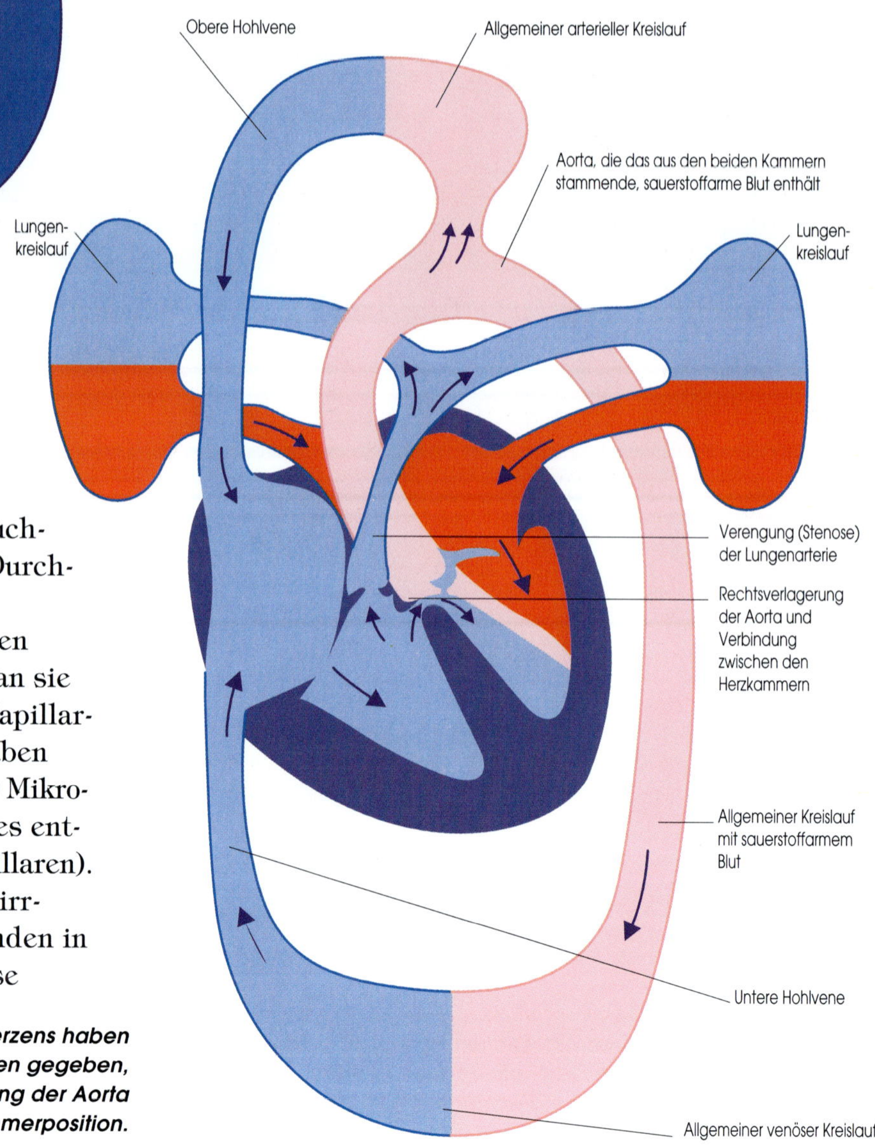

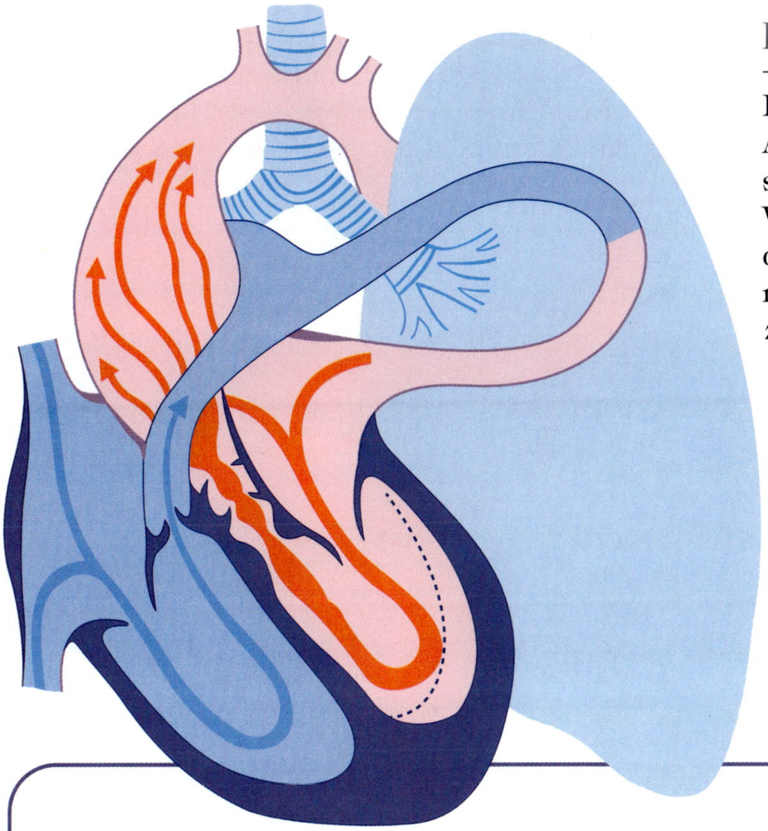

Die Kapillargefäße

Ein Kapillargefäß liegt zwischen einer afferenten Arteriole und einer afferenten Venole und bildet, sofern es nicht mit einem benachbarten Netz in Verbindung steht, ein Endkapillarnetz. Der Innendurchmesser der Kapillaren kann drei bis 30 Mikrometer betragen. Die Wände sind sehr dünn (ein bis zwei Mikrometer) und das Blut fließt darin sehr langsam (0,5 Millimeter pro Sekunde). Dadurch kann das Blut Nährstoffe an die Zellen abgeben und ihre Abfallprodukte aufnehmen. Eine Veränderung der Durchflußmenge in den Kapillargefäßen spiegelt passiv die Reaktionen der Arteriolen-Gefäßbewegungen wider.

Die Venen

Die Venen sind Gefäße, die das aus allen Teilen des Körpers fließende Blut zum Herzen leiten. Sie vollziehen den Verlauf der Arterien in umgekehrter Richtung nach. In der Regel sind sie doppelt ausgebildet: Jede Lungenarterie wird von zwei Lungenvenen begleitet. Folglich münden vier Lungenvenen in den linken Vorhof. Das von der Aorta und ihren Verästelungen in die Peripherie des Körpers

Die Herzklappenfehler

Herzklappenfehler gehen auf eine Entzündung der Herzinnenhaut (Endokard) zurück und verhindern, daß die Klappen normal funktionieren. Dabei können zwei pathologische Phänomene entstehen: die Stenose (Verengung) und die Insuffizienz (die Klappen öffnen sich nicht vollständig und lassen zuviel Blut passieren).

Diese Funktionsstörungen machen sich beim Abhören durch abnorme Herzgeräusche bemerkbar. Sie wirken sich zudem auf die Dynamik des Kreislaufs und auf das Herz aus. Die Vorhöfe oder die Kammern weiten sich aus, wodurch das Volumen des Herzens größer wird (Hypertrophie).

Alle vier Herzklappen können von der einen oder anderen Störung (Stenose oder Insuffizienz) betroffen sein, was acht mögliche „Klappenfehler" ergibt. Die Entwicklung der Störungen hängt vom mechanischen Zustand der Klappen und dem verursachenden Infektionsfaktor ab, der weiterhin schädigenden Einfluß haben kann. Die häufigsten Herzklappenfehler sind die Stenose, die Mitralklappeninsuffizienz und die Aorteninsuffizienz. Zum Nachteil des Patienten treten im allgemeinen immer zwei Klappenfehler gemeinsam auf.

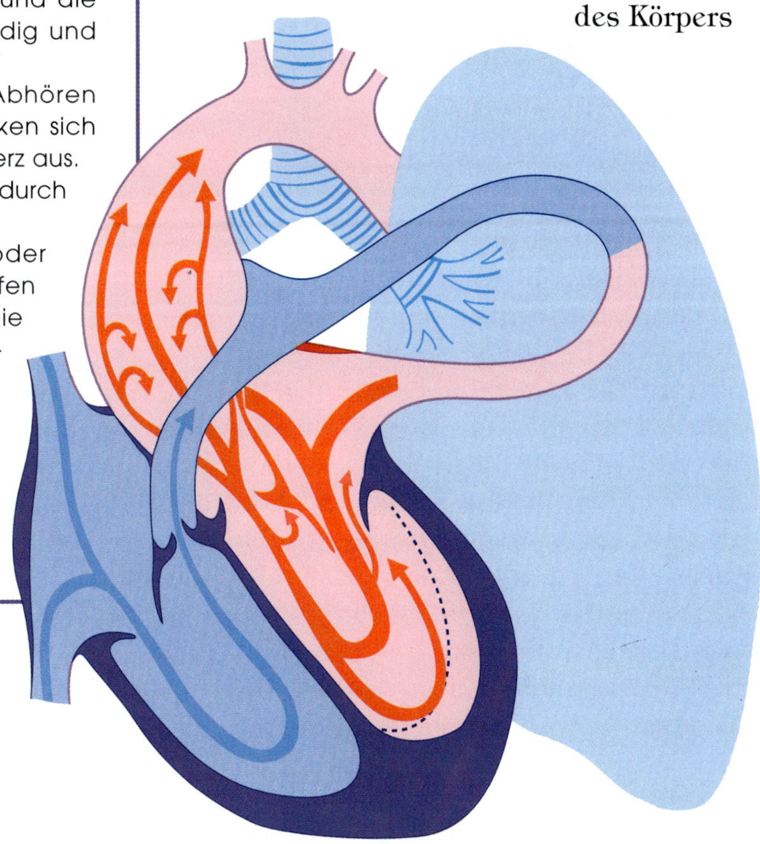

Aorteninsuffizienz: Eine Erweiterung und Hypertrophie der linken Herzkammer und der aufsteigenden Aorta ist deutlich zu erkennen. Diese Insuffizienz stellt die wichtigste aller Störungen der Aorta dar.

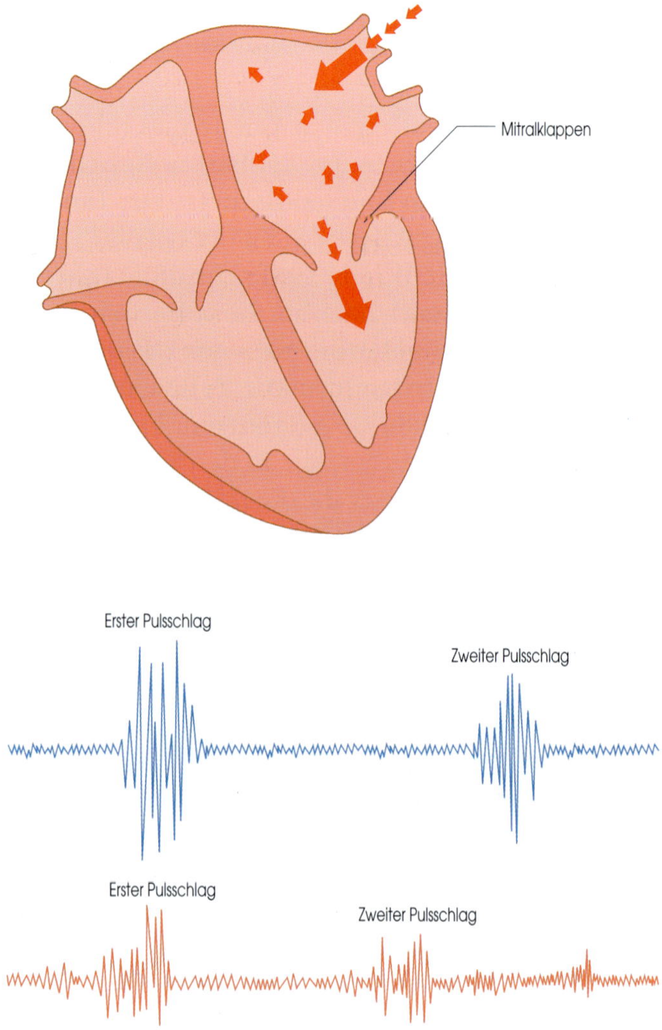

Die beiden Aufzeichnungen stellen zwei Phonogramme dar: Blau – eine normale Kurve, Rot – die Aufzeichnung einer Verengung der Mitralklappen. Der erste Pulsschlag dauert länger, weil das Herz versucht, so viel Blut wie möglich in die linke Herzkammer zu pumpen.

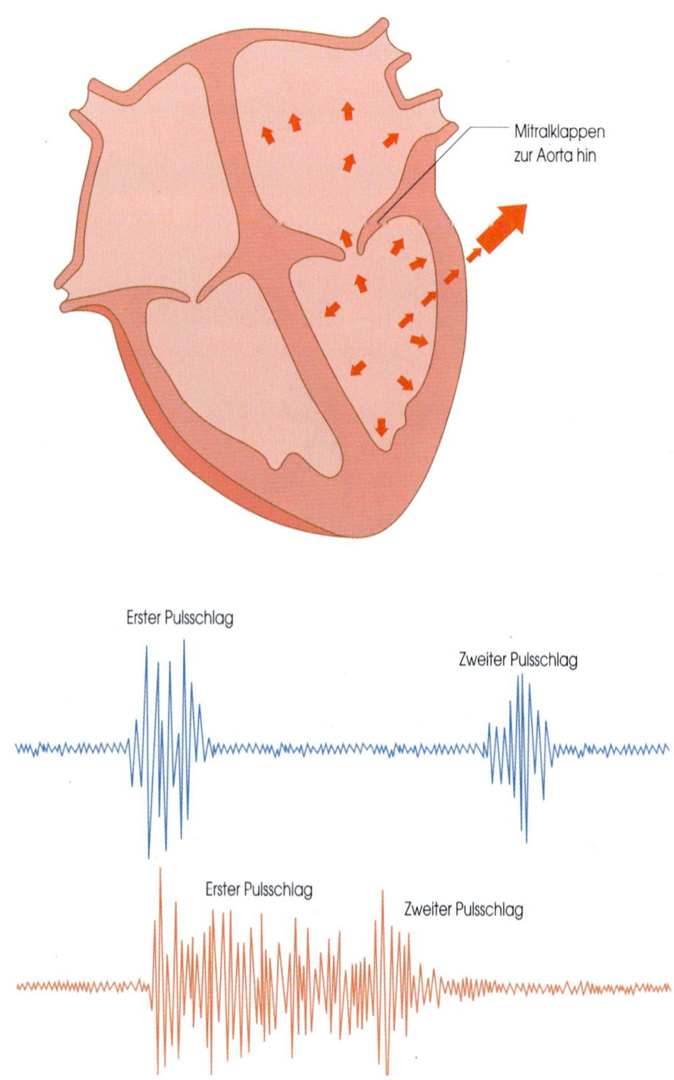

Blau – normales Phonokardiogramm, Rot – Aufzeichnung eines von einer Mitralklappeninsuffizienz betroffenen Herzens. Statt in die Aorta wird ein Teil des Blutes aus der linken Herzkammer in den linken Vorhof zurückgepumpt.

transportierte Blut strömt ebenfalls durch zwei Venen zurück: die obere und die untere Hohlvene.

• **Die obere Hohlvene** nimmt das Blut auf, das aus dem oberen Teil des Körpers (oberhalb des Zwerchfells) kommt – aus Kopf und Hals, Brustkorb und Armen. Die Verlängerungen der Kopf- und Halsvenen gehen in die Drosselvenen über, die neben den paarigen Kopfarterien (Karotisarterien) verlaufen und in den Venenstamm der Bronchien und des Kopfes münden. Die Venen der oberen Gliedmaßen bilden ein oberflächliches Venensystem, das auf den Armen und Händen verläuft, und ein tiefer liegendes Netz, das in den Schlüsselbeinvenen zusammenläuft. Diese drei komplexen Venengefäßnetze vereinigen sich schließlich zu einem einzigen großen Gefäß: der oberen Hohlvene, die in den rechten Vorhof mündet.

• **Die untere Hohlvene** nimmt das Blut aus dem gesamten, unter dem Zwerchfell liegenden Körperteil auf – aus dem Bauch und den unteren Gliedmaßen. Das Blut aus den Beinen, Füßen und Oberschenkeln sammelt sich in den Hüftvenen in zwei Systemen, einem tiefliegenden System, das dem Verlauf der Arterien folgt, und einem oberflächlichen System, das sich in zwei Venen sammelt, der kleinen und der großen Rosenvene. Die untere Hohlvene nimmt auch die Blutströme aus der Bauchwand, den Nieren und den Geschlechtsorganen (Hodenvene oder Gebärmuttervene) auf. Das Blut aus den Eingeweideorganen wird vor dem Einfließen in die

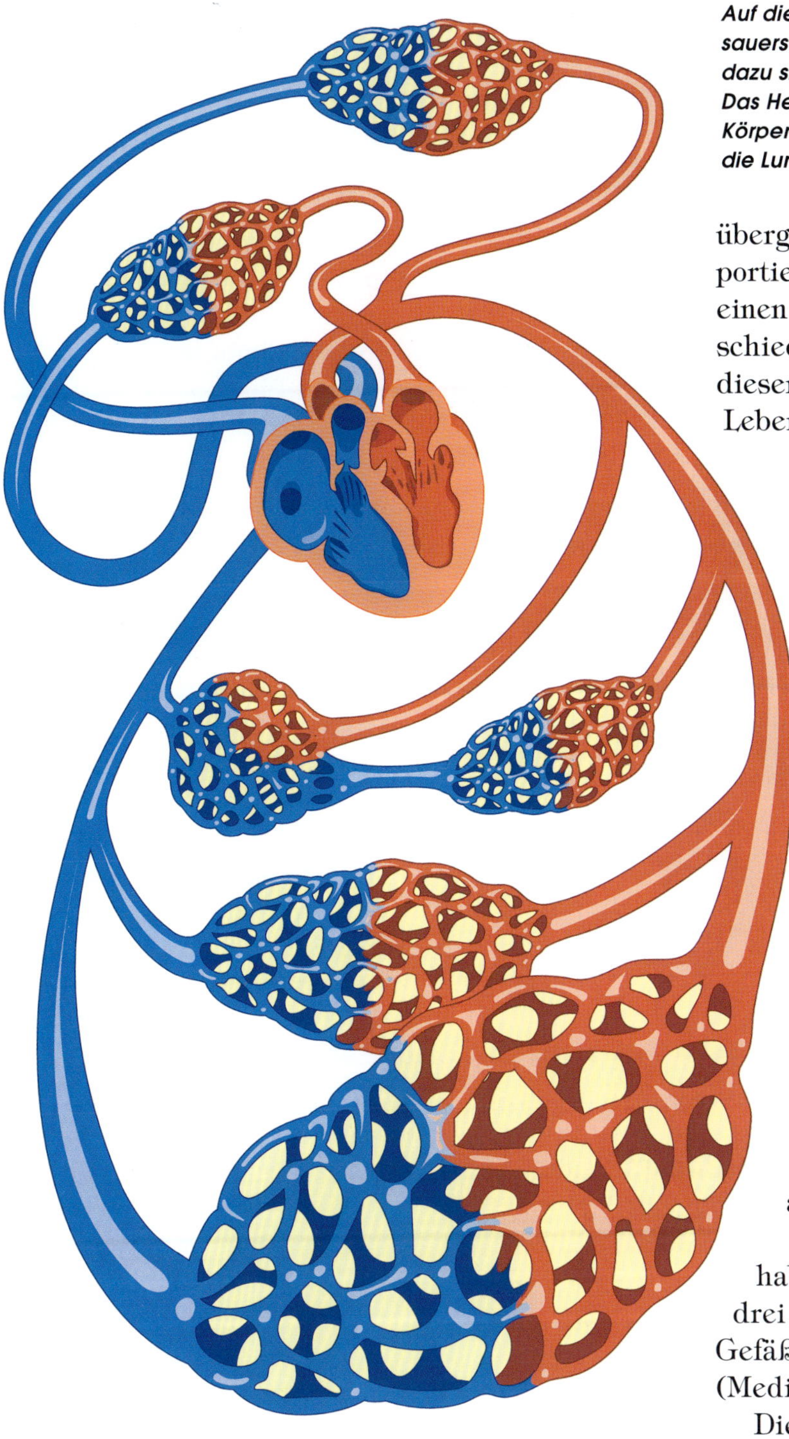

Auf dieser Abbildung des Blutkreislaufs sind die Blutgefäße, die sauerstoffreiches Blut enthalten, rot dargestellt. Im Gegensatz dazu sind die Gefäße mit sauerstoffarmem Blut blau abgebildet. Das Herz pumpt sauerstoffreiches Blut in die Arterien, die es im Körper verteilen, und sorgt dafür, daß das sauerstoffarme Blut in die Lungen fließt.

untere Hohlvene durch die Leber geleitet, in die es über die Pfortader gelangt.

• **Die Pfortader** ist ein dicker Venenstamm, der durch die Vereinigung der Gekrösevenen, die die Eingeweide versorgen, und der Milzvene, die die Milz versorgt, entsteht. Der Pfortaderstamm, der sich auf der Rückseite der Bauchspeicheldrüse befindet, steigt in den Leberstiel auf und mündet links und rechts mit zwei Ästen, von denen zahlreiche Gefäße aus- und in ein dichtes Kapillarnetz übergehen, in die Leberpforte. Die Pfortader transportiert das gesamte Eingeweideblut und damit einen Großteil der von den Eingeweiden ausgeschiedenen Stoffe zur Leber. Nach der Umwandlung dieser Stoffe verläßt das Blut die Leber über die Lebervenen, die in die untere Hohlvene münden.

DIE STRUKTUR UND FUNKTION DER GEFÄSSE

Wie bereits deutlich wurde, gibt es drei Arten von Gefäßen: die Arterien, die Venen und die Kapillargefäße. Die Arterien und Venen haben prinzipiell die gleiche Struktur, unterscheiden sich aber durch ihre Aufgaben. Die Arteriolen und Venolen wiederum sind ähnlich aufgebaut wie die Arterien und die Venen. Arterien und Venen sind dehnbar, elastisch, kontraktil und können sich im Blutkreislaufsystem dynamisch verhalten, das heißt unterschiedlichen Erfordernissen anpassen. Diese Eigenschaften sind bei den Arterien ausgeprägter, da sie die durch die Kammersystole produzierte Blutwelle aushalten müssen.

Alle Gefäße – mit Ausnahme der Kapillaren – haben die gleiche Struktur und bestehen aus drei konzentrischen Gewebeschichten: der Gefäßinnenhaut (Intima), der Gefäßmittelhaut (Media) und einer Bindegewebshülle (Adventitia).

Die Intima ist ein einfaches Gewebe, das aus aneinandergefügten Platten besteht (Endothel) und direkten Kontakt mit dem Blut hat. Die mittlere Gewebeschicht der Media ist die dickste der drei Gefäßschichten und besteht aus kreisförmig angeordneter glatter Muskulatur sowie kreisförmig angeordneten elastischen Fasern. Diese Gewebeschicht ermöglicht die Erweiterung und Verengung der Blutgefäße. Die äußere Gefäßschicht hat eine bindegewebige Struktur. Sie enthält die nervösen Bestandteile (Fasern und Zellen), die die glatten Muskeln der Media kontrollieren. Kollagenfasern bilden

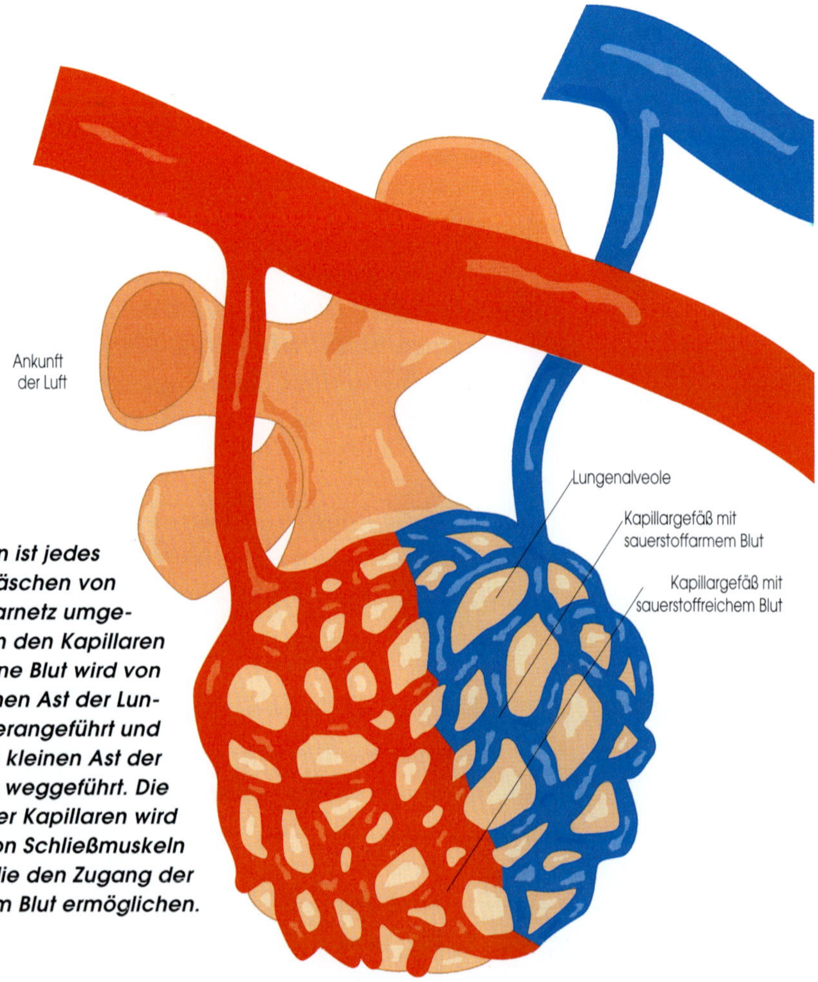

In den Lungen ist jedes Lungenbläschen von einem Kapillarnetz umgeben. Das in den Kapillaren enthaltene Blut wird von einem kleinen Ast der Lungenarterie herangeführt und von einem kleinen Ast der Lungenvene weggeführt. Die Versorgung der Kapillaren wird mit Hilfe von Schließmuskeln geregelt, die den Zugang der Kapillaren zum Blut ermöglichen.

nen, um das Blut bis an die Körperperipherie zu pumpen. Im Gegensatz dazu fließt das Blut in die Venen, nachdem es die Kapillaren passiert hat.

Wie ist es also möglich, daß das Blut zum Herzen zurückfließt, vor allem, da es ja auch zu einem großen Teil die Schwerkraft überwinden muß?

Drei Phänomene sind wichtig:

- Die Form der Venen, die mit schwalbennestähnlichen Klappen ausgestattet sind. Sie hindern das Blut daran, zurückzufallen und zwingen es, in eine einzige Richtung zu fließen.
- Die Muskeln, die Druck auf die in ihnen verlaufenden Venen ausüben. Dadurch wird das Blut zum Herzen gepumpt.
- Der venöse Rückfluß des Blutes zum Herzen, der durch die Atmung erleichtert wird: Wenn wir den Brustkorb erweitern, um Luft in die Lungen fließen zu lassen, sinkt der

Die Gefäßverengung

Die Kontraktion der Muskelfasern in den Arterien (Vasokonstriktion) wird durch die Freisetzung eines chemischen Signalstoffes ausgelöst, das Noradrenalin. Der Stoff wird aufgrund einer unmittelbaren Erregung von sympathischen Nervenfasern ausgeschüttet, die ein bestimmtes Organ versorgen, oder aber durch die Erregung des Nebennierenmarks oder der sympathischen Nervenzentren. Aus diesem Grund können Gefühle und psychische Störungen die Höhe des Blutdrucks verändern.

zwischen Media und Adventitia Netzstrukturen, die bei der Gefäßausdehnung Widerstand leisten können. Elastische Fasern sind je nach Gefäß mehr oder weniger zahlreich vorhanden. In den großen Gefäßen (Aorta, Schlüsselbeinarterie, Hohlvenen) überwiegen die elastischen Fasern (wenig Muskelfasern), wodurch sie kaum dehnbar, aber sehr elastisch werden. Im Gegensatz dazu haben die Venen mit geringerem Innendurchmesser und die Arteriolen viele Muskelzellen, was Bewegungsprozesse durch die Veränderung des Gefäßinnendurchmessers erlaubt – das Phänomen der Vasomotorik.

Ganz allgemein gesehen, sind die Venen weniger dick als die Arterien. Die Arterien müssen sich bei der Ankunft der Blutwelle stark ausdeh-

Die Gefäßerweiterung

Die Gefäßerweiterung (Vasodilatation) wird durch die Erregung vegetativer Nervenfasern ausgelöst. Manche gehören zum parasympathischen System (etwa die erektilen Nerven, die die Gefäßerweiterung in den Geweben des Penis herbeiführen), andere zum sympathischen System, wie die der Herzkranzgefäße oder der Gefäße in der quergestreiften Muskulatur. Der chemische Signalstoff ist Azetylcholin für das parasympathische und Adrenalin für das sympathische System. Es gibt jedoch kein allgemeines Zentrum der Gefäßerweiterung.

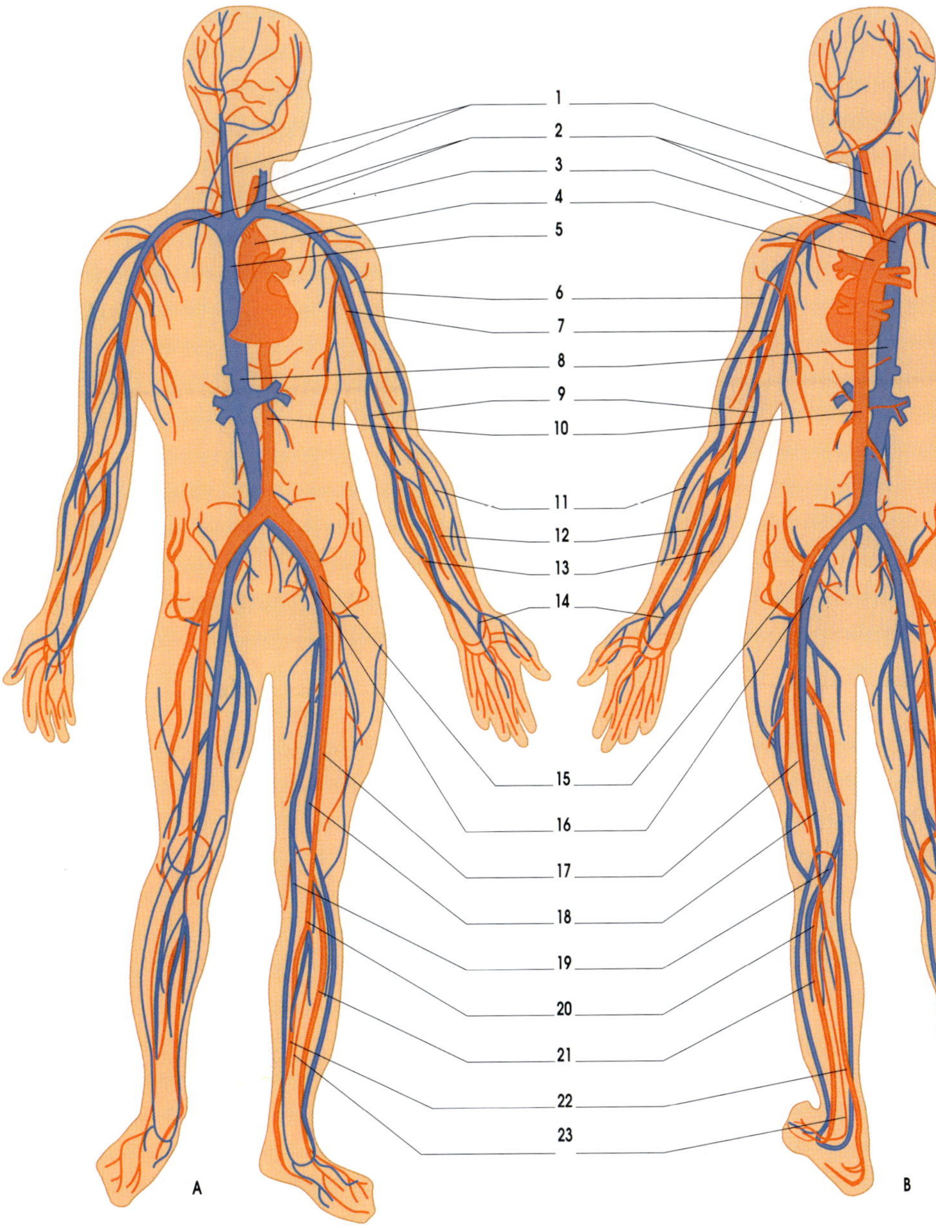

Das arteriovenöse Gefäßsystem von vorne (A) und von hinten (B): 1. Halsschlagader. 2. Schlüsselbeinarterie. 3. Stamm der Arm- und Kopfvene. 4. Aorta. 5. Obere Hohlvene. 6. Armvene. 7. Oberarmarterie. 8. Untere Hohlvene. 9. Ellenbeugenvene. 10. Gekrösearterie. 11. Speichenvene. 12. Speichenarterie. 13. Ellenarterie. 14. Venennetz des Handgelenks. 15. Hüftarterie. 16. Hüftvene. 17. Oberschenkelarterie. 18. Oberschenkelvene. 19. Innere Rosenvene. 20. Kniekehlenarterie. 21. Vordere Schienbeinarterie. 22. Hintere Schienbeinarterie. 23. Wadenbeinarterie.

Schema des Reflexbogens zur Regulierung des arteriellen Blutdrucks: Reize, die auf der Ebene der Körperregionen Herz, Aorta und Kopfschlagader eingehen, werden zum vasomotorischen Zentrum im verlängerten Mark geleitet und auf den Sympathikusstrang übertragen, der den Innendurchmesser der Gefäße in den Eingeweiden und Gliedmaßen kontrolliert. Die Nieren und die Nebennieren stehen mit diesem Mechanismus in enger Verbindung.

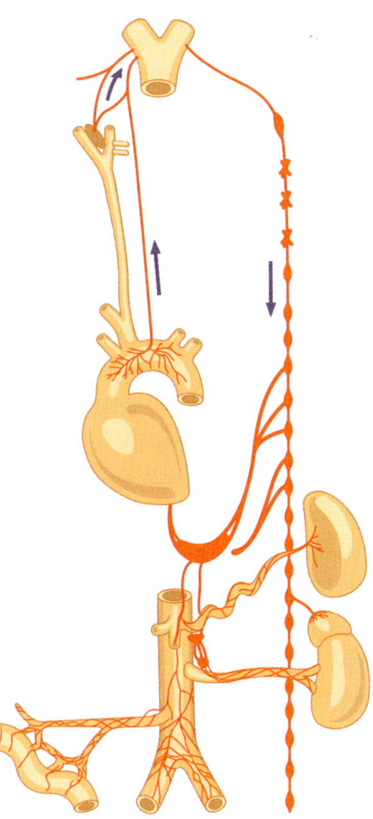

Druck im Brustkorb ab. Das Herz ist dann einem geringeren Druck ausgesetzt als die peripheren Gefäße, und das venöse Blut kann vom Herzen angesaugt werden.

Der arterielle Druck

Der arterielle Druck ist die Kraft, die das Blut auf die Arterienwände ausübt. Er löst die arterielle Spannung aus, die Druckveränderungen exakt ausgleichen kann. Abhängig ist er vom Herzminutenvolumen und dem Widerstand, den die Arteriolen und Kapillaren dem Blutfluß entgegensetzen. Der Druck ist um so höher, je kräftiger das Herz schlägt, je enger die Arterien und je größer die dem Blutfluß in der Peripherie entgegengesetzten Widerstände sind.

Verringern die kleinen peripheren Arterien ihren Innendurchmesser, kann das Blut nur schwer in die Gewebe eindringen, während der Druck auf die Arterienwände ansteigt. Eine Gefäßverengung (Vasokonstriktion) liegt vor.

Werden dagegen die peripheren Gefäße erweitert, fließt das Blut leichter in die Gewebe und der Druck ist geringer: Gefäßerweiterung (Vasodilatation) liegt vor.

Die Fließgeschwindigkeit des Blutes und die Höhe des Blutdrucks hängen davon ab, ob das Herz gerade schlägt (Systole) oder ruht (Diastole). Im Moment des Herzschlags ist der Druck höher.

Man nimmt an, daß der normale Maximaldruck dem Alter des Individuums plus 100 entspricht, der normale Minimaldruck dagegen der Hälfte des Maximaldrucks plus zehn. Das Blut übt auch Druck auf die Venen und Kapillaren aus, der jedoch schwächer ist und in Richtung Herz abnimmt, während die Fließgeschwindigkeit zunimmt.

Die Blutflußgeschwindigkeit verändert sich abhängig von der Entfernung zum Herzen. Sie beträgt 50 Zentimeter pro Sekunde in den großen Arterien und verringert sich auf einen Millimeter pro Sekunde in den Kapillaren. In den Venen und Hohl-

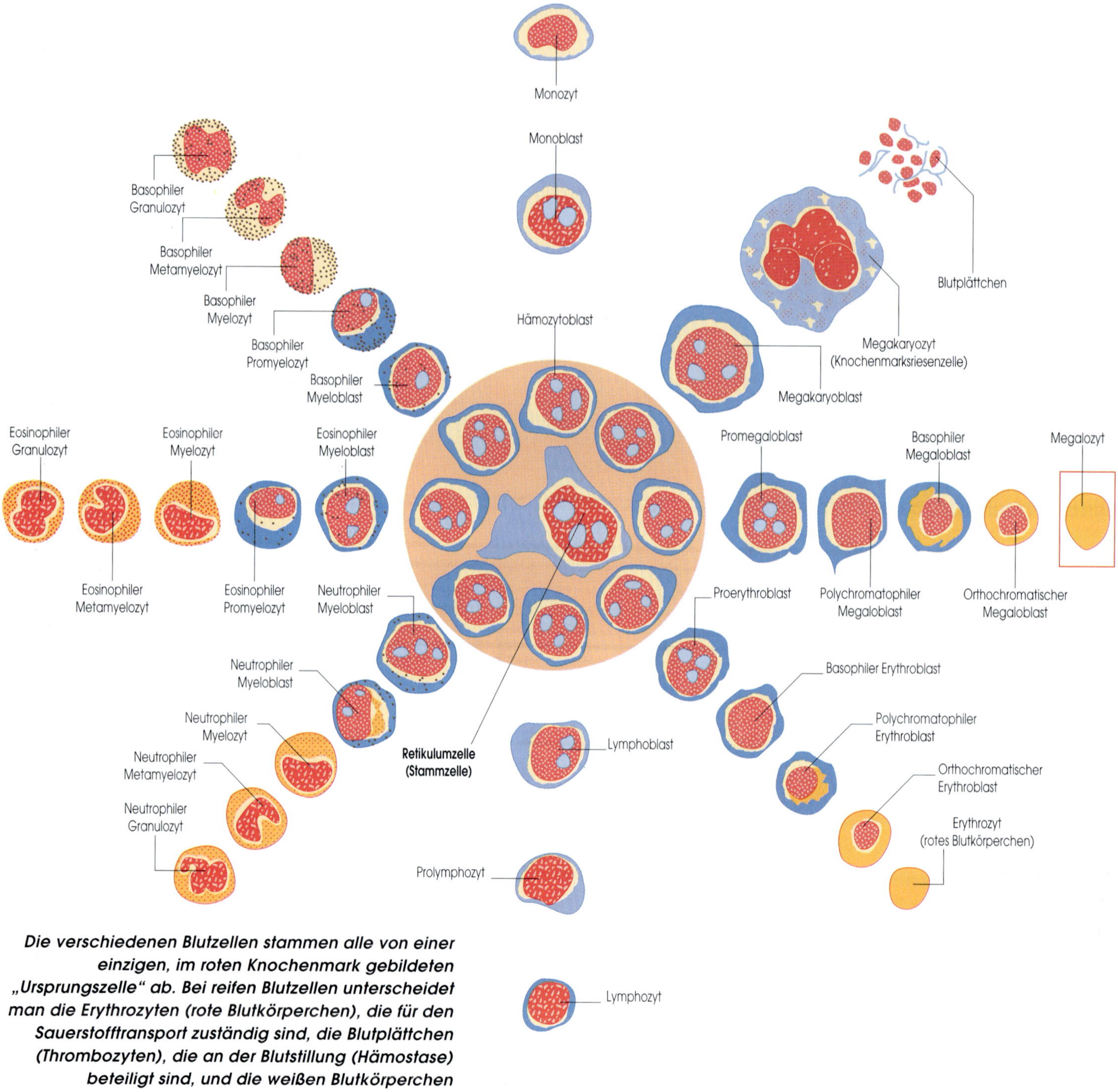

Die verschiedenen Blutzellen stammen alle von einer einzigen, im roten Knochenmark gebildeten „Ursprungszelle" ab. Bei reifen Blutzellen unterscheidet man die Erythrozyten (rote Blutkörperchen), die für den Sauerstofftransport zuständig sind, die Blutplättchen (Thrombozyten), die an der Blutstillung (Hämostase) beteiligt sind, und die weißen Blutkörperchen (Leukozyten), deren Rolle darin besteht, krankheitserregende Keime zu bekämpfen.

venen sind dagegen zehn Zentimeter pro Sekunde zu verzeichnen.

DAS BLUT

Das Blut durchläuft in etwa zwölf Stunden den großen Kreislauf. Blut ist eine rote undurchsichtige Flüssigkeit mit leicht salzigem Geschmack, zähflüssig, hat eine etwas größere Dichte als Wasser und reagiert basisch. Sein pH-Wert liegt bei 7,33 bis 7,45. Das Gesamtblutvolumen beträgt fünf bis sechs Liter; das entspricht einem Dreizehntel des Körpergewichts eines Menschen. Die normale Temperatur schwankt zwischen 36,7° und 37,3° Celsius. Blut besteht zu einem Teil aus Flüssigkeit, dem Plasma, und zum anderen Teil aus Blutzellen: roten Blutkörperchen (Erythrozyten), weißen Blutkörperchen (Leukozyten) und Blutplättchen (Thrombozyten). Das flüssige Plasma entspricht 58 Prozent der Gesamtmenge des Blutes, die festen Bestandteile 42 Prozent.

Das Plasma

Blutplasma ist eine hellgelbe, leicht basische Flüssigkeit von sehr komplexer chemischer Zusammensetzung. Es enthält Bestandteile, die für viele Körperfunktionen von lebenswichtiger Bedeutung sind:

- Nährstoffe aus der Verdauung (Aminosäuren, Fette, Glukosen)
- Mineralstoffe (Natrium, Kalium, Kalzium, Eisen und andere Stoffe)
- Vitamine aus Nahrungsmitteln
- Abfallprodukte aus den Zellen, die ausgeschieden werden sollen
- Antikörper (körpereigene Substanzen), die für die Abwehr sorgen
- Eiweißstoffe (Proteine), die der Blutgerinnung dienen
- Enzyme
- Wasser ist Hauptbestandteil des Serums. Es enthält die anderen Bestandteile in gelöster Form. Die Gewichtsanteile der verschiedenen Bestandteile sind folgendermaßen verteilt: Der Wasseranteil beträgt insgesamt etwa 900 Gramm. Dieses Gewicht wird konstant gehalten. Die anorganischen Substanzen, wobei Kochsalz den größten Anteil ausmacht, wiegen etwa neun Gramm, die organischen Substanzen 91 Gramm. Dabei muß man

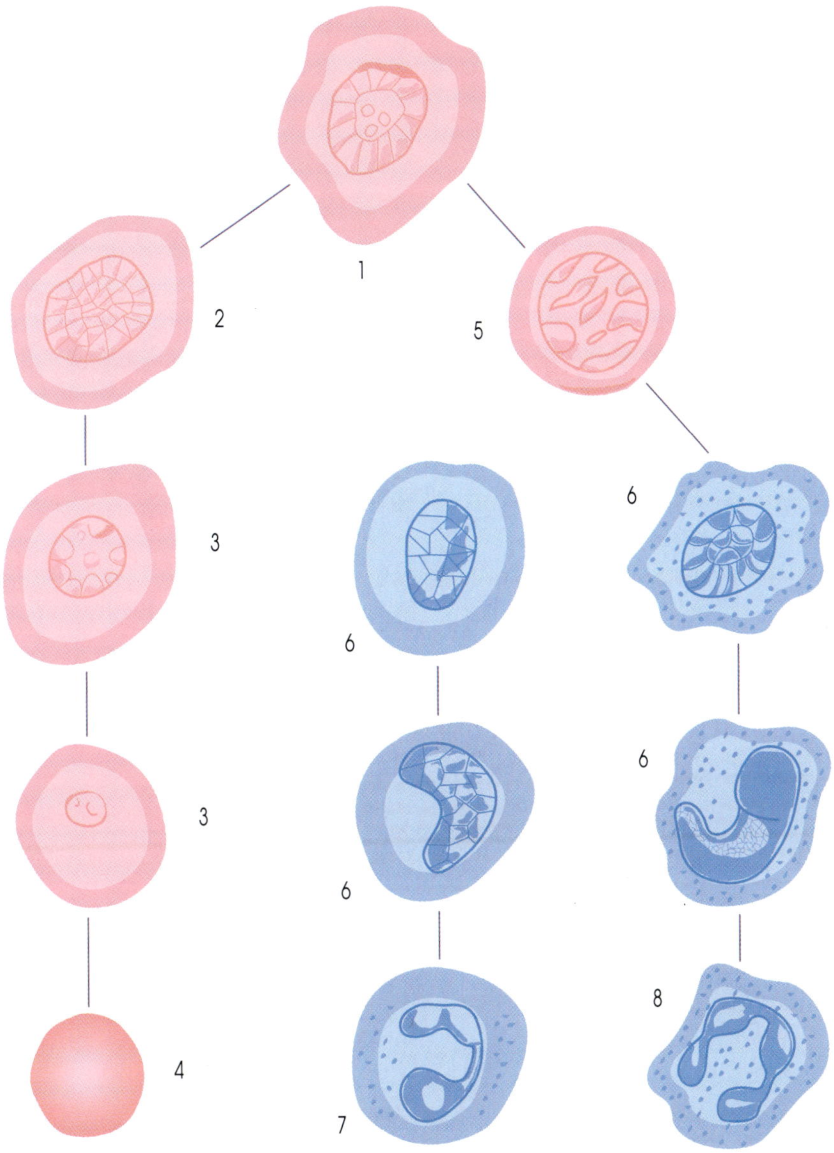

Die Blutkörperchen lassen sich in einkernige und mehrkernige Leukozyten und in kernlose Erythrozyten unterteilen. Der Hämozytoblast (Blutstammzelle) ist eine Zelle des Knochenmarks. Aus dem mit einem Kern versehenen Erythroblasten (erythro = rot) entsteht das rote Blutkörperchen. Der Myeloblast (myelo = Mark) bringt die mehrkernigen Leukozyten hervor. 1. Hämozytoblast. 2. Erythroblast. 3. Erythrozyt. 4. Rotes Blutkörperchen. 5. Myeloblast. 6. Myelozyt. 7. Mehrkerniger Eosinophiler. 8. Mehrkerniger Neutrophiler.

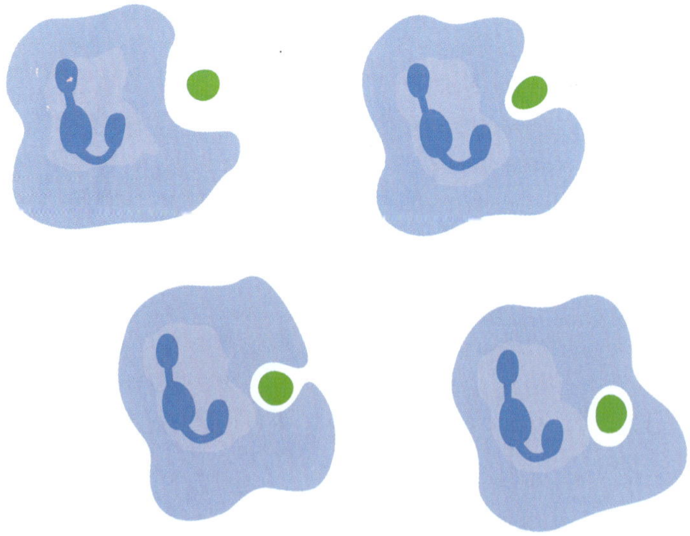

Bei der Phagozytose umschließen, absorbieren und verdauen die weißen Blutkörperchen andere Zellen und Fremdkörper.

Es gibt drei Typen weißer Blutkörperchen: Der Monozyt bringt Makrophagen hervor, der Lymphozyt ist eine spezialisierte Abwehrzelle und der Granulozyt ein Makrophage, der ebenfalls an der Verteidigung des Organismus mitwirkt. In einem Kubikmillimeter Blut finden sich nur 6.000 bis 8.000 weiße Blutkörperchen.

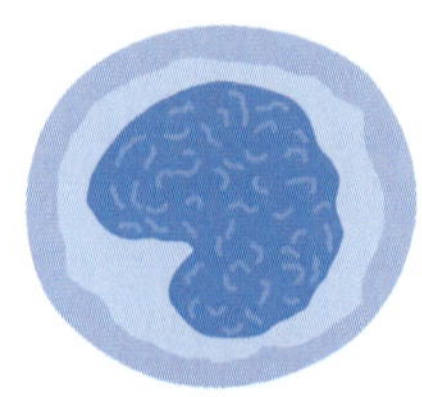

Monozyt

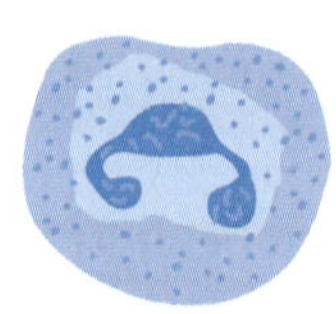

Granulozyt

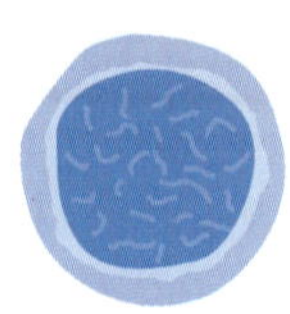

Lymphozyt

Zucker (Glukose, ein Gramm pro Liter), eiweißhaltige Substanzen (etwa 85 Gramm), Fibrinogen (5 Gramm), ohne das Blut nicht gerinnen könnte, und schließlich die Abfallstoffe unterscheiden, von denen der wichtigste der Harnstoff ist.

Der Hämatokrit

Der Hämatokrit entspricht 42 Prozent der Blutmenge und umfaßt vor allem die weißen und die roten Blutkörperchen sowie die Blutplättchen.

• **Die roten Blutkörperchen.** Sie werden auch Erythrozyten genannt und verdanken ihre rote Farbe dem Farbstoff Hämoglobin. Beim Menschen sehen sie aus wie kleine bikonkave Linsen von sieben Mikrometern Durchmesser und zwei Mikrometern Dicke. Sie sind sehr elastisch, können ihre Form verändern und die Wand der Kapillaren oder Gefäße passieren. Bei einem gesunden Erwachsenen befinden sich in einem Kubikmillimeter Blut 4,5 bis 5,5 Millionen Erythrozyten, was eine Gesamtsumme von etwa 25.000 Milliarden roter Blutkörperchen im Blut ergibt.

Die Erythrozyten bestehen zum Großteil aus Wasser (65 bis 70 Prozent), Mineralstoffen (vor allem Kaliumionen und Chlorionen) und der organischen farbstoffhaltigen Substanz Hämoglobin, die etwa 27 Prozent der Gesamtmenge ausmacht. Dieser komplexe Eiweißstoff (Molekularmasse 68.000) hat die bemerkenswerte Eigenschaft, Sauerstoff binden zu können.

Man unterscheidet zwei Arten von Hämoglobin: das nicht sauerstoffhaltige Hämoglobin (reduziertes Hämoglobin) Hb und das sauerstoffhaltige Hämoglobin oder Oxihämoglobin HbO_2. 100 Milliliter Blut enthalten 15 Gramm Hämoglobin. Es nimmt in den Lungen Sauerstoff und in den Geweben Kohlensäure auf. Da die Verbindungen des Hämoglobins mit Sauerstoff und Kohlensäure nicht stabil sind, können die roten Blutkörperchen in den Lungenbläschen Sauerstoff aufnehmen, ihn zur Körperperipherie transportieren und dort leicht in die Gewebe abgeben. Danach können sie sich mit Kohlensäure anreichern, die zu den Lungen transportiert und mit der Atemluft ausgeschieden wird. Die roten Blutkörperchen sind

Die Fähigkeit der weißen Blutkörperchen, die Blutgefäße zu verlassen, um in das Bindegewebe einzudringen, nennt man Diapedese.

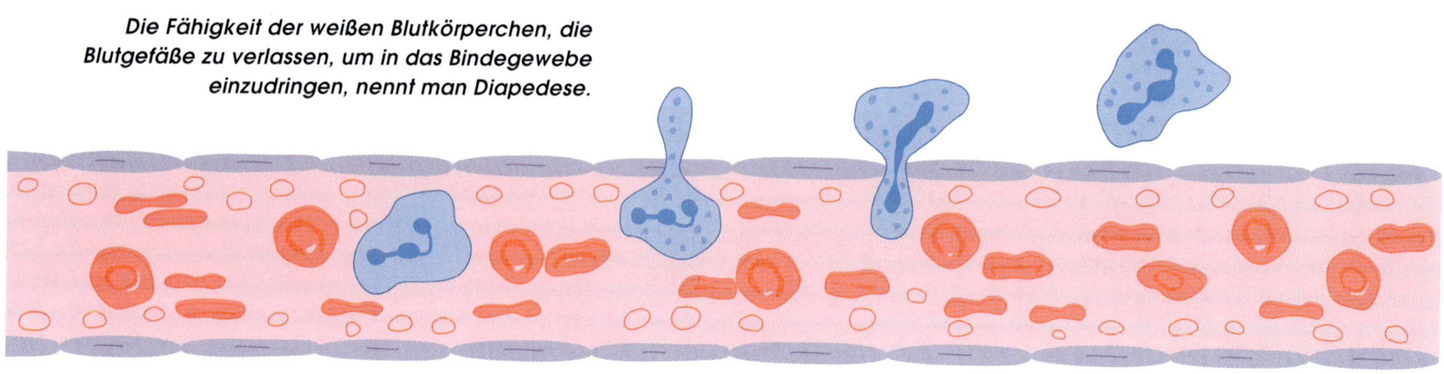

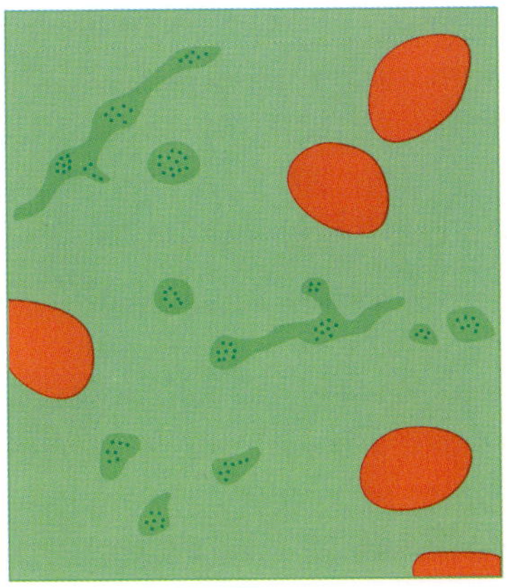

Die Blutplättchen, hier grün mit dunkelgrünen Punkten, sind kleiner als die roten Blutkörperchen.

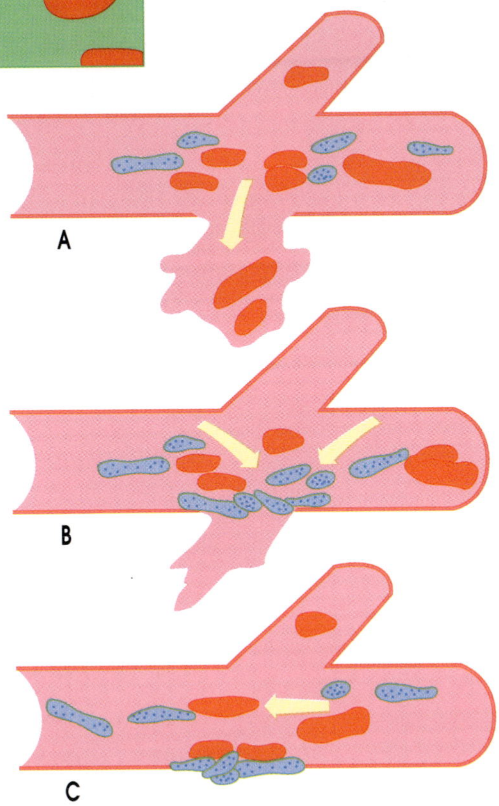

A, B und C zeigen verschiedene Phasen der Blutgerinnung: Die Blutplättchen lagern sich am zerstörten Blutgefäß an, um die Öffnung zu verschließen und die Blutung zu stoppen.

während ihrer gesamten Lebensdauer (etwa drei Wochen) Transportmittel zwischen den Lungen und den Geweben. Sie werden im Knochenmark gebildet (zu einem kleinen Teil auch in der Leber und der Milz) und schließlich in der Milz abgebaut. Dort werden die abgestorbenen Blutzellen aufgenommen und von den weißen Blutkörperchen ausgeschieden (Phagozytose).

• Die weißen Blutkörperchen (Leukozyten) sind unregelmäßig geformte Blutzellen, deren Durchmesser (acht bis neun Mikrometer) größer ist als der Durchmesser der Erythrozyten. Sie sind nicht sehr zahlreich (6.000 bis 8.000 Leukozyten pro Kubikmillimeter Blut). Leukozyten sind wie die Erythrozyten echte Zellen; daher kann man das Blut als „flüssiges Gewebe" bezeichnen. Im Gegensatz zu den roten Blutkörperchen besitzen die weißen Blutkörperchen einen oder mehrere Zellkerne. Man unterscheidet deshalb einkernige und mehrkernige Leukozyten.

Bei den einkernigen weißen Blutkörperchen werden Lymphozyten und größere Monozyten unterschieden. Lymphozyten spielen eine wichtige Rolle für die Abwehrfunktion und sind Zellen, die auf Farbstoffe unterschiedlich reagieren.

• Die vielkernigen weißen Blutkörperchen haben einen Kern, der aus zwei oder drei Teilen (daher der Name) besteht. Sie werden auch Granulozyten genannt, da sich in ihrem, den Kern umgebenden Zytoplasma „Körnchen" (Granula) befinden, die bei der Vorbereitung für mikroskopische Untersuchungen spezifische Einfärbungen annehmen. Man unterscheidet folgende Arten von Granulozyten:

- azidophile oder eosinophile Granulozyten, die säurehaltige Farbstoffe und besonders Eosin annehmen
- basophile Granulozyten, die sich mit basischen Farbstoffen einfärben lassen
- neutrophile Granulozyten, die keine besondere Affinität zu einem bestimmten Farbstoff haben

Granulozyten sind kleine Freßzellen (Makrophagen). Ihre Rolle besteht darin, sich die Fremdkörper und besonders Bakterien, die den Organismus infizieren, einzuverleiben und schließlich zu

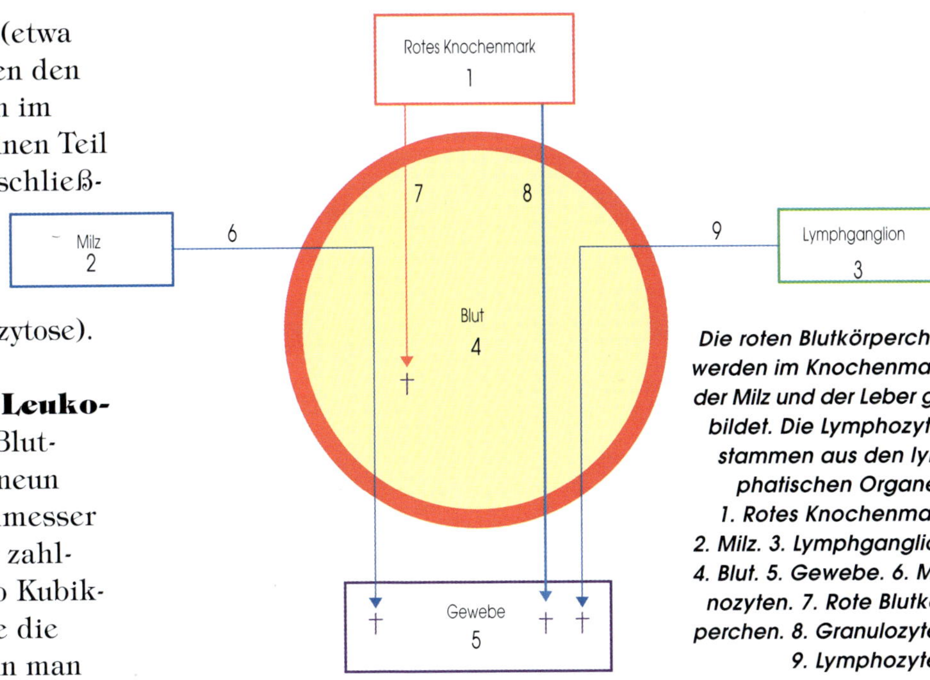

Die roten Blutkörperchen werden im Knochenmark, der Milz und der Leber gebildet. Die Lymphozyten stammen aus den lymphatischen Organen: 1. Rotes Knochenmark. 2. Milz. 3. Lymphganglion. 4. Blut. 5. Gewebe. 6. Monozyten. 7. Rote Blutkörperchen. 8. Granulozyten. 9. Lymphozyten.

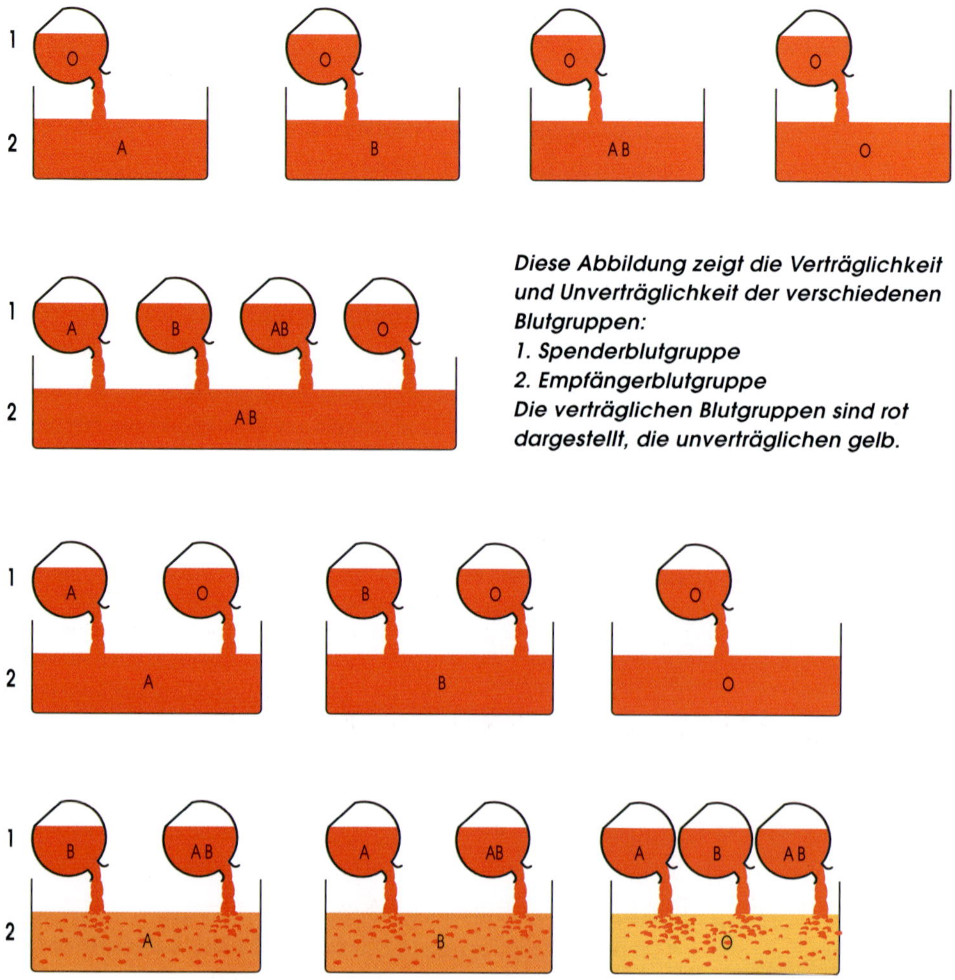

Diese Abbildung zeigt die Verträglichkeit und Unverträglichkeit der verschiedenen Blutgruppen:
1. Spenderblutgruppe
2. Empfängerblutgruppe
Die verträglichen Blutgruppen sind rot dargestellt, die unverträglichen gelb.

verdauen. Granulozyten können sich amöbenartig bewegen. Sie werden wie die Erythrozyten im Knochenmark produziert.

• **Die Monozyten** haben einen einzelnen Kern, verfügen nicht über Körnchen und sind relativ groß. Ihre wichtigste Funktion ist die Aufnahme (Phagozytose) von großen Partikeln, Fremdkörpern und Zelltrümmern. Sie können sich in sehr unterschiedliche Freßzellen (Makrophagen) verwandeln und werden im Geflecht der Lymphganglien gebildet.

• **Die Lymphozyten** werden ebenfalls in den lymphatischen Organen (Ganglien, Rachenmandeln, Milz, Appendix) gebildet, stellen jedoch eine eigene Stammlinie dar.

Es gibt davon zwei abgeleitete Populationsformen: die B-Lymphozyten mit kurzer Lebensdauer, die am humoralen Immunsystem beteiligt sind (Gedächtniszellen), und die T-Lymphozyten, die nach dem Durchlaufen der Thymusdrüse eine Immunkompetenz erlangen, die ihnen erlaubt, sich an eine Begegnung mit einem bestimmten Antigen zu erinnern. Deshalb spielen sie eine wichtige Rolle im Immunprozeß (Killer-Lymphozyt).

• **Die Blutplättchen** (Thrombozyten) sind Blutbestandteile, die bei der Blutgerinnung mitwirken. Sie entstehen dadurch, daß sich die aus dem Knochenmark stammenden Knochenmarkriesenzellen aufspalten. In einem Milliliter Blut befinden sich 250.000 bis 300.000 Blutplättchen.

Die Funktion des Blutes

Wie bisher deutlich wurde, hat das Blut drei wichtige Funktionen:

• Den Sauerstofftransport von den Lungen zu den Zellen und den Abtransport von Kohlensäure aus den Geweben zu den Lungen. Diese Aufgabe übernehmen die roten Blutkörperchen.

• Der Nährstofftransport vom Darm zu den Geweben und der

Dieses Schema stellt die Möglichkeiten der allgemeinen Empfänger oder Spender dar. Die Blutgruppe 0 ist allgemeiner Spender und die Blutgruppe AB allgemeiner Empfänger.

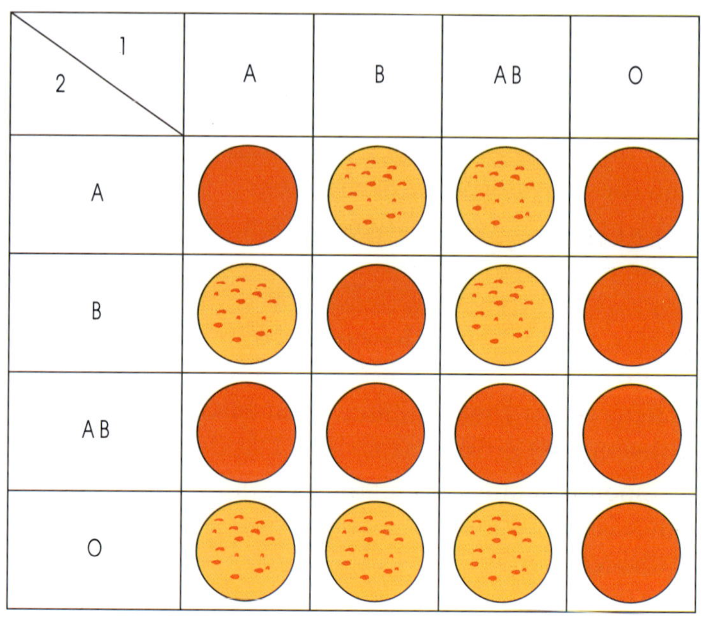

Abtransport von Abfallstoffen, die anschließend über die Nieren ausgeschieden werden, ist Aufgabe des flüssigen Teils des Blutes, des Plasmas.

• Für die Verteidigung des Organismus gegen Angreifer sorgen schließlich die weißen Blutkörperchen, die in gewisser Hinsicht die schweren Geschütze des Immunsystems sind. Die Granulozyten und die Monozyten müssen Kontakt mit Eindringlingen aufnehmen und diese dann „auffressen". Die Lymphozyten produzieren Antikörper, die verhindern, daß Keime oder Fremdkörper im Körper bleiben und sich dort ausbreiten können.

körperbildung (A-Agglutinogene), das Plasma hingegen weist Anti-B-Agglutinogene auf – denn das Blut eines Menschen mit einer bestimmten Blutgruppe enthält niemals Agglutinogene, die die Verklumpung der eigenen Erythrozyten auslösen könnten.

In bestimmten Fällen verklumpen die roten Blutkörperchen des Spenders beim Kontakt mit dem Blut des Empfängers. Zerstörung durch Hämolyse ist die Folge. Diese Unverträglichkeit, die schwere, ja sogar tödliche Komplikationen verursachen kann, tritt dann ein, wenn Spender und Empfänger nicht den gleichen oder miteinander verträglichen Blut-

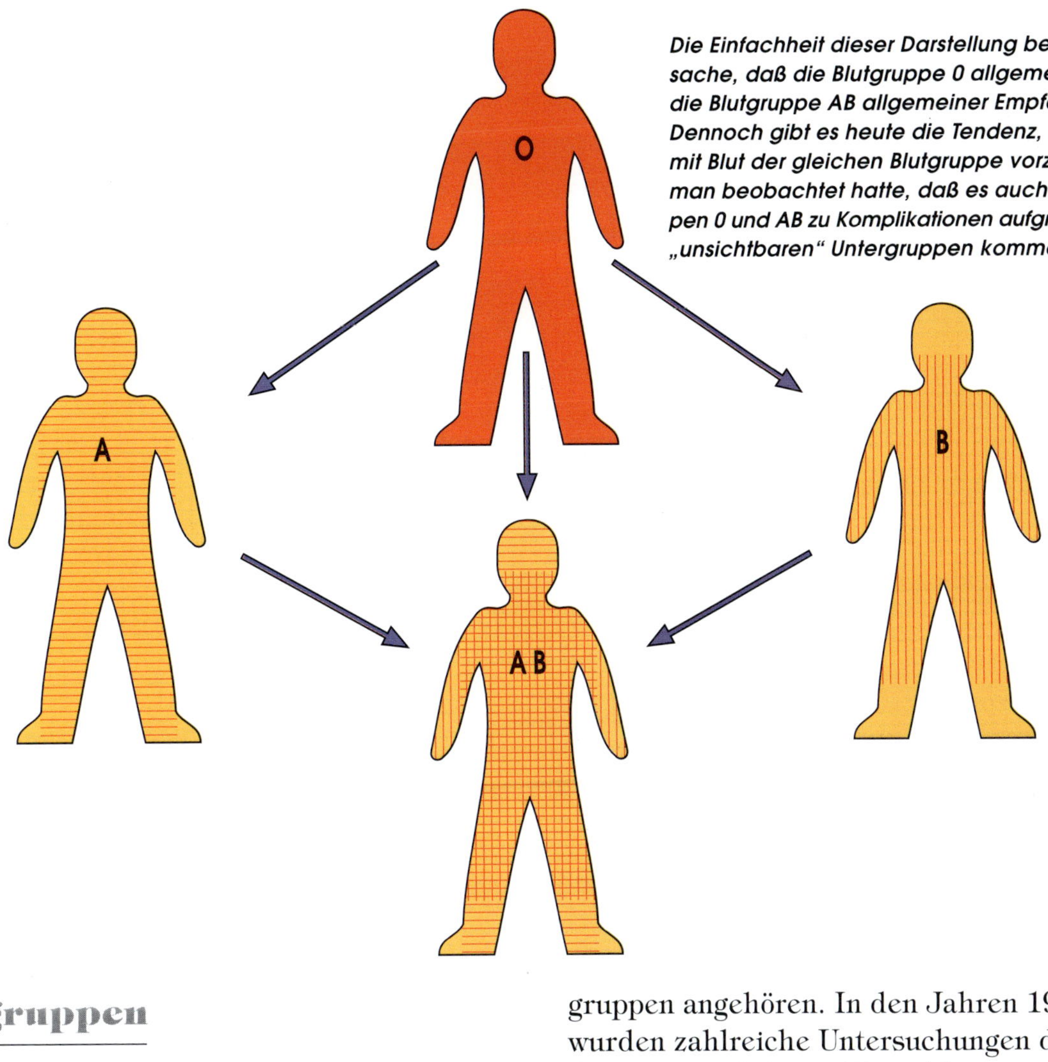

Die Einfachheit dieser Darstellung beruht auf der Tatsache, daß die Blutgruppe 0 allgemeiner Spender und die Blutgruppe AB allgemeiner Empfänger sein kann. Dennoch gibt es heute die Tendenz, Transfusionen nur mit Blut der gleichen Blutgruppe vorzunehmen, weil man beobachtet hatte, daß es auch bei den Gruppen 0 und AB zu Komplikationen aufgrund von anderen, „unsichtbaren" Untergruppen kommen kann.

Die Blutgruppen

Bis zum Jahr 1900, in dem Karl Landsteiner die Blutgruppen entdeckte, führten Blutübertragungen (Transfusionen) nur zu sehr schlechten Ergebnissen; die Patienten litten unter schwerwiegenden, oft sogar tödlichen Komplikationen. Erst als die Blutgruppen bekannt waren, konnte man tatsächlich wirksame Bluttransfusionen vornehmen.

Die roten Blutkörperchen im Blut der Blutgruppe A enthalten Blutantigene zur spezifischen Anti-

gruppen angehören. In den Jahren 1900 bis 1902 wurden zahlreiche Untersuchungen durchgeführt. Sie zeigten, daß vier Hauptblutgruppen existieren, die mit den Symbolen 0 (Null), A, B und AB bezeichnet wurden.

Jede Blutgruppe ist durch Besonderheiten der roten Blutkörperchen gekennzeichnet: Es gibt zwei spezielle Substanzen, die Agglutinogene A und B, von denen entweder eine vorliegt, während die andere fehlt (Gruppe A und B), oder von denen beide gleichzeitig vorhanden (Gruppe AB) oder nicht vorhanden (Gruppe 0) sind. Das Blut jedes Menschen besitzt also Agglutinogene, die die Eigenschaft haben, die roten Blutkörperchen mit Hilfe des entgegengesetzten Faktors zu verklumpen. So hat das Blut der Gruppe A Anti-B-Agglutinogene, die die roten Blutkörperchen des Faktors B verklumpen – und umgekehrt.

Die Blutgruppenunverträglichkeit

Blut der Gruppe A kann Menschen mit gleicher Blutgruppe oder mit Blutgruppe AB gespendet werden.

Blut der Gruppe B können Menschen mit gleicher Blutgruppe oder mit Blutgruppe AB erhalten.

Blut der Gruppe AB kann nur Menschen mit dieser Blutgruppe übertragen werden.

Blut der Gruppe 0 kann dagegen allen gespendet werden. Menschen mit dieser Blutgruppe sind deshalb „Universalspender". Sie selbst können jedoch nur Blut ihrer eigenen Gruppe empfangen.

Da Blut der Blutgruppe AB mit jeder anderen Blutgruppe verträglich ist, heißen Menschen dieser Gruppe „Universalempfänger".

Statistiken zeigen, daß 45 Prozent der Weltbevölkerung der Blutgruppe A angehören, acht Prozent der Gruppe AB, drei Prozent der Gruppe B und 44 Prozent der Blutgruppe 0.

Darüber hinaus gibt es eine große Anzahl agglutinogener Faktoren, die schwach ausgeprägt sind und deshalb kaum in Erscheinung treten. Die Kombination aller beschriebenen Gruppierungssysteme ergibt mehr als 120.000 verschiedene Blutgruppen. Jedes Individuum hat demnach seine eigene Kombination von Agglutinogenen.

Blut gerinnt, sobald es die Gefäße verläßt und mit der Außenluft in Berührung kommt. Auf diese Weise entsteht bei einem Gefäßeinriß ein Blutgerinnsel, das die Wunde verstopft und die Blutung stoppt, damit wieder neues Gewebe gebildet werden kann.

Ein solches Blutgerinnsel enthält Blutkörperchen, die in einer Flüssigkeit, dem Serum (Plasma ohne Gerinnungsstoffe), gelöst sind und in ein weißliches Fibrinnetz eingelagert werden, das bei der Blutgerinnung entsteht.

Blut, das in den Gefäßen zirkuliert, enthält kein Fibrin. Fibrin wird im Verlauf eines komplizierten chemischen Prozesses gebildet, an dem 13 biochemische Faktoren beteiligt sind, die aus einer Plasmasubstanz mit dem Namen Fibrinogen hervorgehen. Dieser Eiweißstoff verwandelt sich in Fibrin durch Wirkung des Enzyms Thrombin, das in Abwesenheit von Plasma, aber gemeinsam mit Thromboplastinen aus Prothrombin gebildet wird. Die Blutgerinnungsfunktion ist mit der Produktion dieser Thromboplastine eng verbunden. Erwähnt sei nur, daß die Blutplättchen innere Thromboplastine freisetzen, während die von verletzten Geweben abgegebene Flüssigkeit

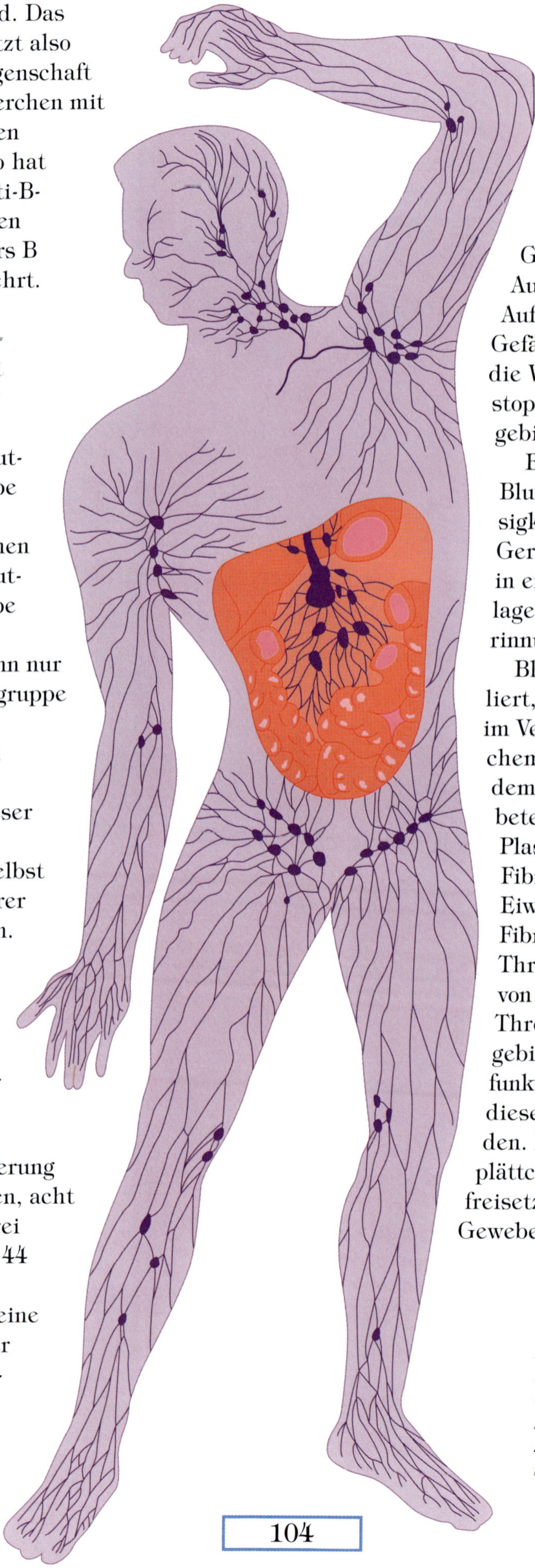

Die Lymphe fließt in einem Netz von Gefäßen, den Lymphgefäßen. Die Aufgabe der Lymphe besteht darin, Nährstoffe (Sauerstoff und Nahrung) zu den Geweben zu transportieren und Abfallstoffe abzutransportieren. Die Abbildung zeigt die Lymphgefäße und Lymphganglien.

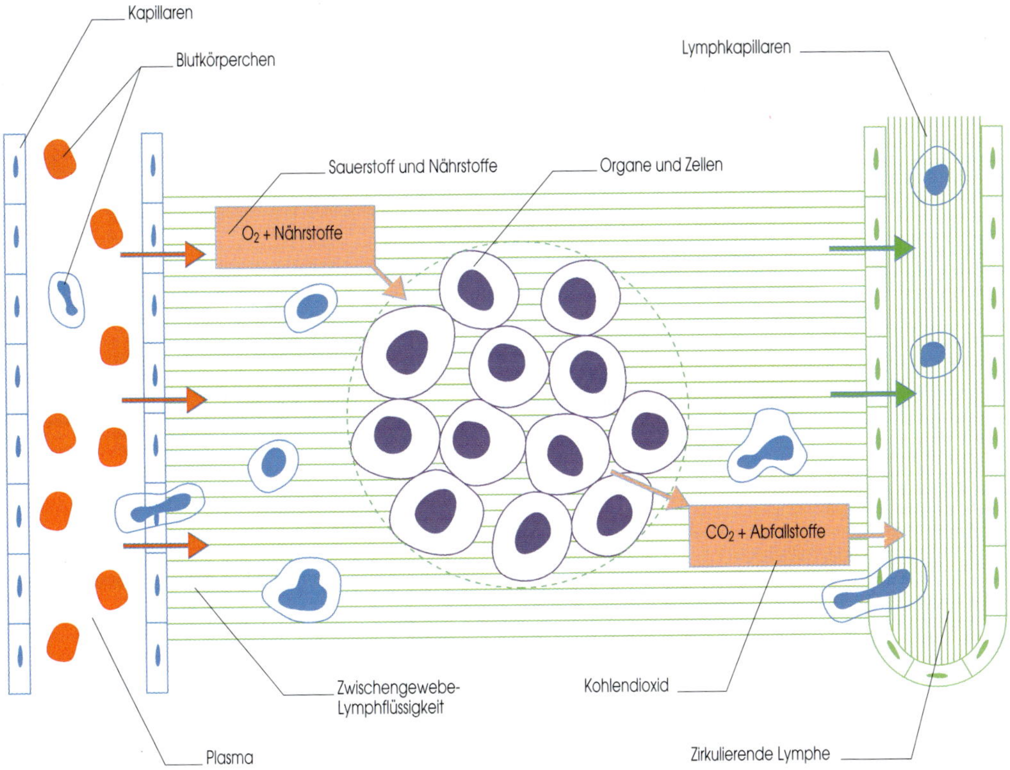

Die Lymphe wird vom Blutplasma, das die Wände der Blutkapillaren passiert, gebildet. Sie enthält Leukozyten.

äußere Thromboplastine entbindet. Diese Thromboplastine verwandeln innerhalb kurzer Zeit Prothrombin in das Enzym Thrombin, das die Umwandlung von Fibrinogen in Fibrin ermöglicht.

Während das Fibrinogen im Plasma gelöst ist, handelt es sich bei Fibrin um eine feste Substanz, die sich als Faserstoff absetzt. In den so entstehenden Fasermaschen werden die Blutkörperchen und -plättchen eingefangen.

Der Blutanteil, der flüssig bleibt, ist das Serum. Es ist mit dem Plasma nicht identisch, denn es enthält kein in Fibrin umgewandeltes Fibrinogen.

Fast alle krankhaften oder normalen Vorgänge führen zu einer mehr oder weniger deutlich nachweisbaren Veränderung der Bluteigenschaften – daher das diagnostische Interesse an konstanten Blutwerten beziehungsweise Abweichungen.

Blut ist nicht die einzige Flüssigkeit, die im Körper zirkuliert. Die Lymphe fließt wie das Blut in einem System von Gefäßen durch den Körper, den sogenannten Lymphgefäßen. Analog zum Blutkreislauf existiert also ein Lymphkreislauf. Man weiß, daß der Körper zu 50 bis 70 Prozent aus Wasser besteht. Darin sind verschiedene Substanzen gelöst, im allgemeinen in ionisiertem Zustand. Das Wasser verteilt sich in zwei große Bereiche: den intrazellulären Raum, der zwei

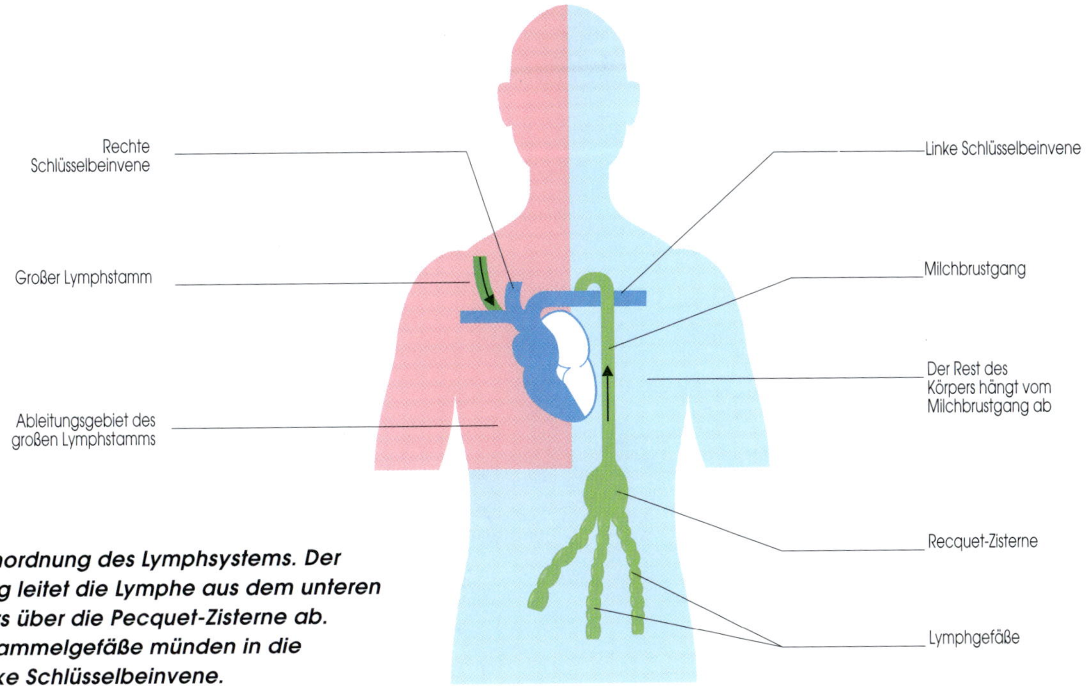

Allgemeine Anordnung des Lymphsystems. Der Milchbrustgang leitet die Lymphe aus dem unteren Teil des Körpers über die Pecquet-Zisterne ab. Die anderen Sammelgefäße münden in die rechte und linke Schlüsselbeinvene.

Drittel des im Körper enthaltenen Wassers aufnimmt, und den extrazellulären Raum. In ihm sind die verschiedenen Flüssigkeiten des menschlichen Körpers enthalten, wie das Plasma und die Lymphe sowie Flüssigkeiten, die Hohlräume ausfüllen (Hirn-Rückenmarks-Flüssigkeit oder Liquor, Innenohrflüssigkeit, Augenflüssigkeit).

Die Lymphflüssigkeit dient als Vermittler zwischen Blut und Zellen, denen sie Nährstoffe bringt und deren Stoffwechselprodukte sie aufnimmt. Lymphe wird in den Geweben aus Blut gebildet.

Man unterscheidet die im Zwischengewebe befindliche (interstitielle) Lymphe und die in den Lymphgefäßen enthaltene Lymphflüssigkeit, die über den Blutkreislauf abfließt.

Der Lymphkreislauf

Die Zellen brauchen, um funktionieren zu können, eine gewisse Menge an Nährstoffen, die im Blut enthalten sind. Auf der Ebene der Kapillaren durchtritt das nährstoffhaltige Plasma die Gefäßwände und breitet sich in den Geweben zwischen den Zellen aus. Es heißt dann Gewebelymphe oder Gewebespaltflüssigkeit.

Die nährenden Substanzen, die die Zelle braucht, werden vom Blut herbeigeschafft – aber auch von der Lymphe. Die aus dem Verdauungsvorgang stammenden Substanzen werden von der Wand des Dünndarms aufgenommen und in den Kapillaren ebenso gesammelt wie in dem sehr

Die Lymphknoten sind die Kontrollposten des Organismus, in denen Reinigungsvorgänge ablaufen. Im Verlauf ihrer Reinigungstätigkeit schwellen sie manchmal an und entzünden sich (Lymphknotenentzündung), kehren aber danach wieder in ihren normalen Zustand zurück.

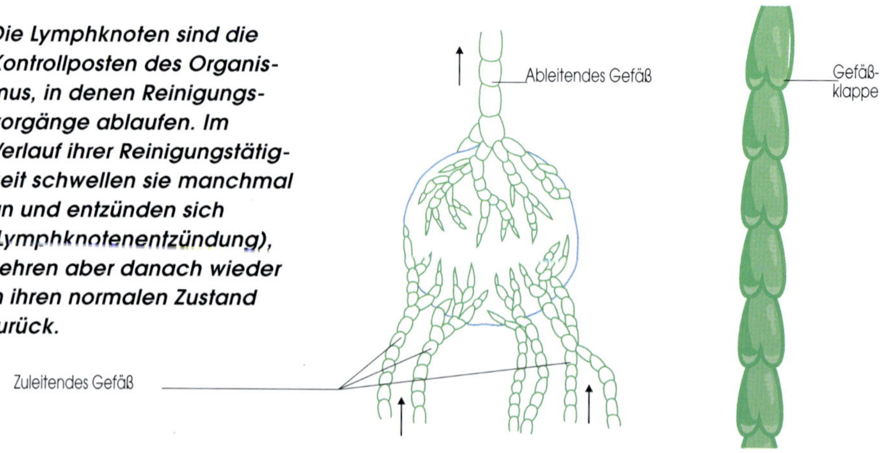

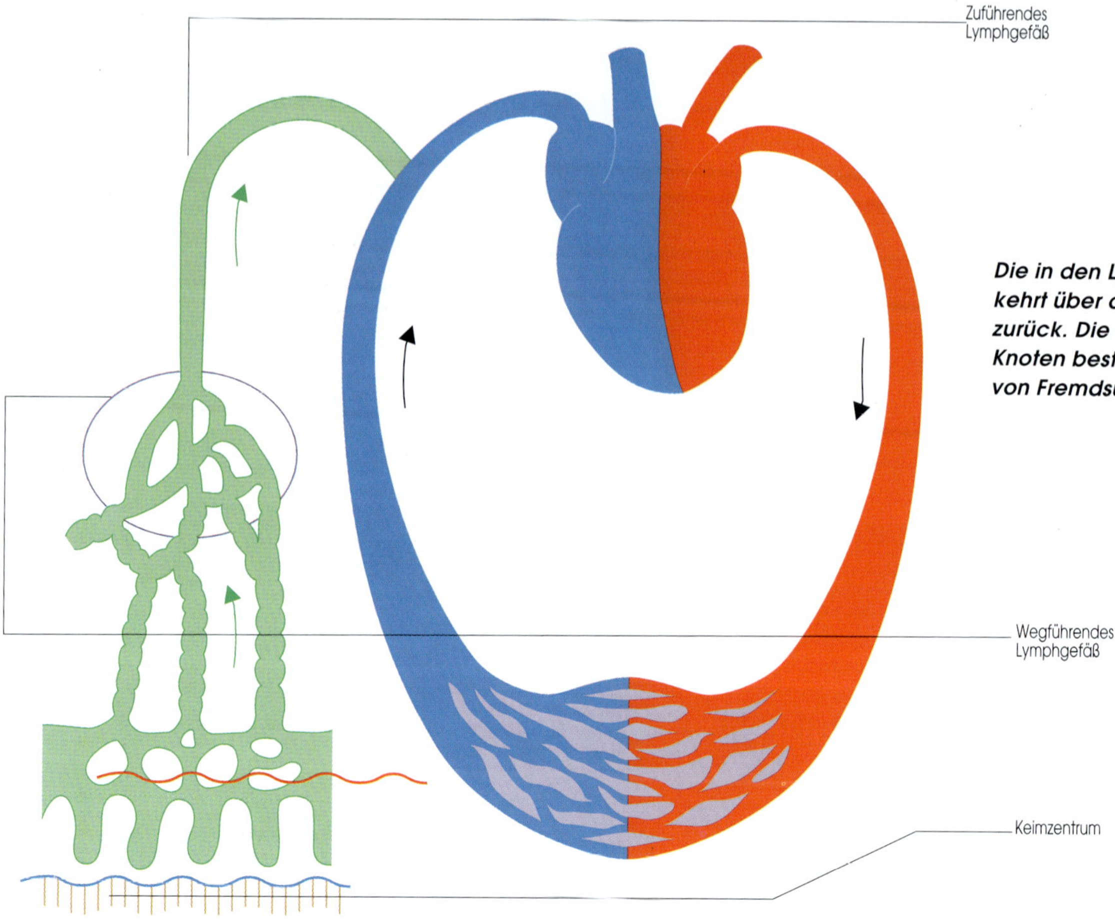

Die in den Lymphknoten gefilterte Lymphe kehrt über den Lymphstamm in das Blut zurück. Die wesentliche Aufgabe der Knoten besteht darin, die Lymphflüssigkeit von Fremdsubstanzen zu reinigen.

dichten Netz kleiner Lymphgefäße, den Chyluskanälen. Nachdem die Gewebelymphe ihre Nährstoffe abgegeben und die verschiedenen, von den Zellen in die Zwischenzellflüssigkeit gelangten Stoffwechselprodukte aufgenommen hat, sammelt sie sich in den Lymphgefäßen. Diese münden in immer dicker werdende Kanäle, die die Lymphe innerhalb eines eigenen Kreislaufsystems in das Blut zurückführen. Die derart vermischte und veränderte Lymphe wird bis in die Venen der Halsbasis geleitet, wo sie sich verteilt. Diese permanente Flüssigkeitsableitung nennt man Lymphabfluß.

Die Lymphe, die aus den Lymphgefäßen entnommen wird, besteht zu 92 bis 95 Prozent aus Wasser sowie aus gelösten Substanzen (darunter Eiweißstoffe und Aminosäuren), Fetten und mineralischen Salzen.

Die Lymphknoten

Lymphknoten sind ovale Organe. Man unterscheidet einerseits eine faserhaltige Kapsel, die sich im Inneren fortsetzt und dadurch zahlreiche Hohlräume abteilt, und andererseits das eigentliche Drüsengewebe, das Lymphgewebe genannt wird. Dieses Gewebe wird von Spalten durchzogen, durch die die Lymphe das Gewebe durchqueren kann.

Die Knoten sind zu Knäueln zusammengefaßt und bilden ganze Lymphknotengebilde. Sie liegen unter der Haut, können gelegentlich getastet werden und leiten ihren Namen von der Körperregion ab, in der sie sich befinden.

Die Kanäle, die in einen Lymphknoten münden, sind immer zahlreicher als jene, die aus ihm hinausführen und die Lymphe konzentrieren. Sie münden in folgende Sammelgefäße:

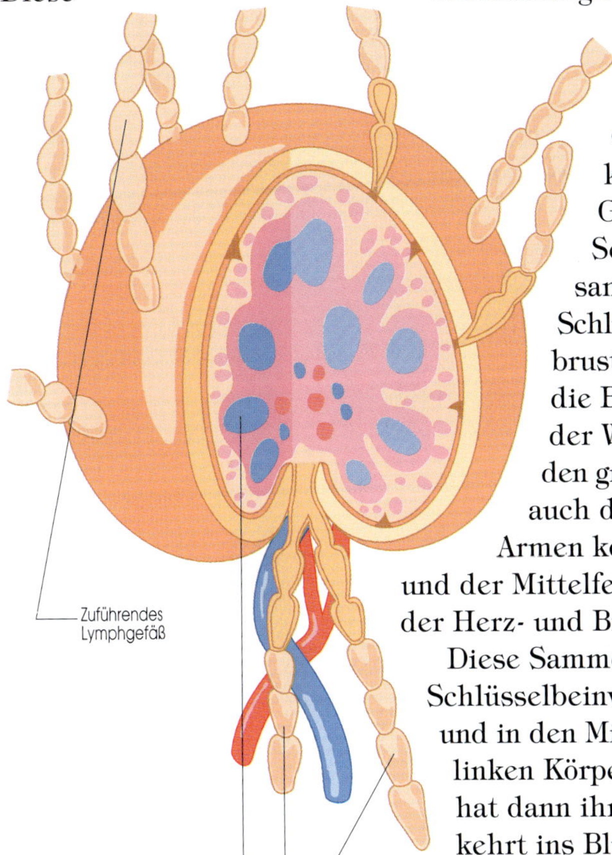

Auf dieser Abbildung eines Lymphknotens lassen sich in der Mitte die Keimzentren (Anhäufung von Lymphozyten) und außen herum das Bindegewebe mit lockerem Maschenwerk, in dem die Lymphe zirkuliert, unterscheiden.

- Den Milchbrustgang, der die Lymphe aus dem unterhalb des Zwerchfells liegenden Teil des Körpers und der Brustkorbrückseite ableitet. Durch diesen Gang fließt vor allem die in den Chyluskanälen gesammelte Lymphe ab. Am Ursprung des Milchbrustganges, auf Höhe der Lendenwirbel, befindet sich ein kleines Lymphreservoir, die Pecquet-Zisterne.
- Bei den anderen Sammelkanälen handelt es sich um acht Gefäßstämme, die auf jeder Seite des Halses liegen (insgesamt also 16), darunter die Schlüsselbeinvene, in die der Milchbrustgang einmündet, nachdem er die Bauch- und Brusthöhle links von der Wirbelsäule durchquert hat. Zu den großen Sammelgefäßen gehören auch der Kehlstamm, der die aus den Armen kommende Lymphe sammelt, und der Mittelfellstamm, der die Lymphe aus der Herz- und Brustkorbregion aufnimmt.

Diese Sammelgefäße gelangen in die rechte Schlüsselbeinvene, wenn sie aus der rechten, und in den Milchbrustgang, wenn sie aus der linken Körperhälfte kommen. Die Lymphe hat dann ihren Kreislauf vollendet und kehrt ins Blut zurück.

Um ihrer Aufgabe gerecht zu werden, sind die Lymphknoten mit Lymphozyten angefüllt. Wenn durch eine Gewebeverletzung, Furunkel, Wunden oder einen Abszeß infektiöses Material in den Organismus eindringt, gelangen Keime in die Lymphbahnen. Nun beginnt der Kampf zwischen den Keimen und den Lymphknoten. Diese können sich bei einer Verteidigungsreaktion entzünden (Lymphknotenentzündung). Dadurch bleibt die Infektion auf ein peripheres Organ beschränkt, das speziell für die Verteidigung des Organismus ausgerüstet ist, und greift kein lebenswichtiges Organ an. Ist die Infektion überwunden, nimmt der Lymphknoten wieder seine normale Größe an. Die Lymphknoten spielen eine sehr wichtige Rolle bei der Verteidigung des

Die Milz ist ein lymphatisches Organ, das unter dem linken Teil des Zwerchfells liegt und aus einer roten, durchbluteten Pulpa besteht. Die Aufgabe der Milz ist die Produktion von Hämoglobin, Gallepigment und Antikörpern.

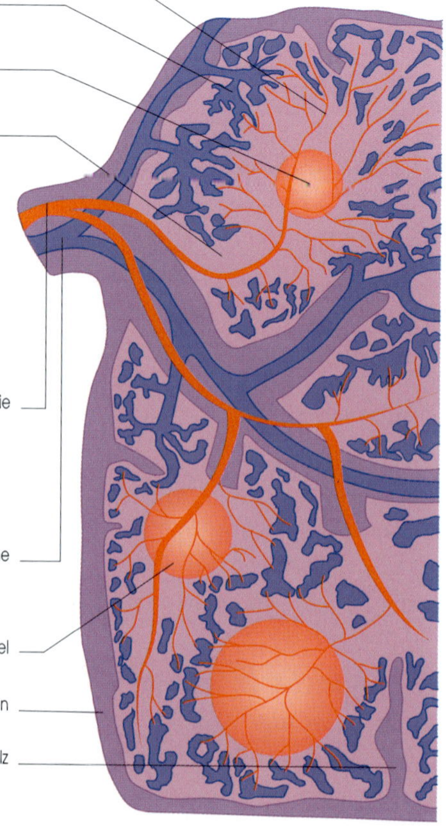

Körpers, da sie spezialisierte weiße Blutkörperchen, die Lymphozyten, produzieren. Diese stellen Antikörper her.

Lymphgefäße haben keinen konstanten Durchmesser. Einschnürungen und ampullenförmige Erweiterungen wechseln sich ab. Wie in den Venen verhindert ein Klappensystem den Rückfluß der Lymphe.

Lymphgefäße sind am häufigsten in der Nähe von Organen in Gruppen angeordnet und verbinden sich untereinander zu dichten und komplizierten Netzen, den Lymphgefäßgeflechten.

Im Organismus gibt es zahlreiche Organe mit lymphatischer Struktur. Dies trifft besonders auf die Rachenmandeln, den Appendix („Blinddarm“) und Lymphgewebehaufen wie die Peyer-Plaques in den Darmwänden zu.

Ansicht auf die Innenseite der Milz: Die Milz weist zwar eine Struktur auf, die in etwa mit der der Lymphgefäße vergleichbar ist, sie ist aber durchblutet.

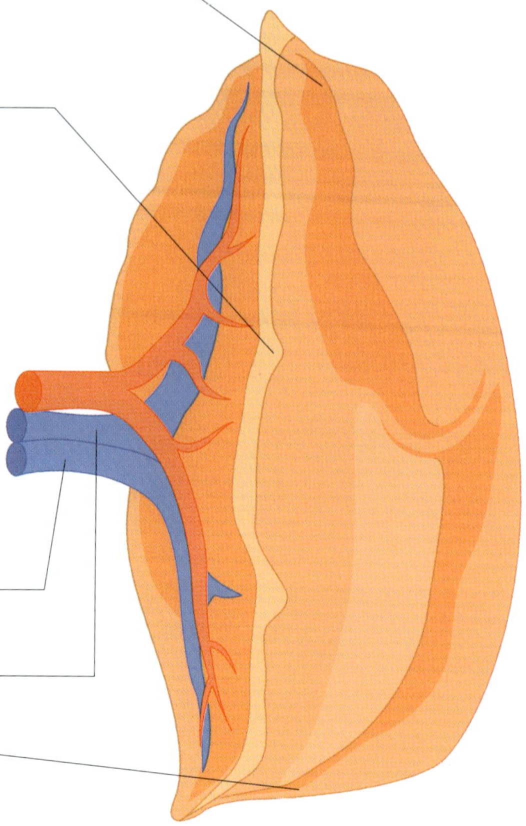

Die Milz

Die Milz ist das Lymphorgan des Bauches. Sie liegt in einer serumhaltigen Loge, links hinter dem oberen Ende des Magens, und ist ein typisches Beispiel für lymphatische Organe.

Die Milzarterie, die die Milz versorgt, zweigt von der Aorta über den Bauchgefäßstamm ab, während die Milzvene in die Pfortader einmündet. Die Milz sieht aus wie ein abgeflachtes Ei und wiegt blutleer 150 bis 200 Gramm. Äußerlich scheint sie aus Läppchen zu bestehen, die die rote Pulpa enthalten (festes Fleisch mit Retikulumzellen, die von einem dichten Venensystem versorgt werden) und die weiße Pulpa mit Malpighi-Körperchen, die aus Lymphgewebe bestehen. Zwischen diesen Körperchen befinden sich typische Blutbestandteile, besonders Erythrozyten und weiße Blutkörperchen.

Die Aufgabe der Milz ist nicht genau bekannt. Man weiß jedoch, daß sie Monozyten und Lymphozyten bildet und eine wichtige Rolle für die Speicherung und den Abbau verbrauchter Erythrozyten spielt. Außerdem stellt sie rote Blutkörperchen her, deren Produktion dann vom Knochenmark fortgeführt wird.

DER VERDAUUNGS-APPARAT

Nahrung ist der Brennstoff des Lebens. Ohne Nahrung kann der menschliche Organismus nicht funktionieren. Die meisten Lebensmittel, die wir aufnehmen, muß unser Körper erst umwandeln, um sie verwerten zu können: Sie werden verdaut, das heißt in einfachere Substanzen zerlegt, deren Resorption dem Blut möglich ist. So aufgespalten wird die Nahrung zu den Körperzellen transportiert.

Die Umwandlung der Nahrung vollzieht sich im Verdauungsapparat, der grob gesehen aus zwei Teilen besteht: dem Verdauungskanal, in dem die Nahrungsbestandteile transportiert werden, und den Anhangsdrüsen, die die Verdauungssäfte produzieren.

Der Eingang zum Verdauungskanal ist der Mund, der Ausgang am anderen Ende der Anus. Der Verdauungskanal besteht aus verschiedenen Organen, die hier, dem Weg der Nahrung folgend, behandelt werden.

DER MUND

Der Mund ist nicht nur die obere Öffnung des Verdauungskanals. Hier findet auch die erste chemische Umwandlung der Nahrung statt: Die Nahrung wird beim Kauen mit Speichel durchtränkt. Der gute Rat, Speisen langsam zu kauen, bevor man sie hinunterschluckt, ist physiologisch begründet und gilt nach wie vor.

Im Mundraum unterscheidet man den Mundboden, an dem die bewegliche Zunge (willentliche Muskulatur) ansetzt, den Gaumen und die beiden seitlichen Backeninnenwände. Der nach oben gewölbte Gaumen ist das Dach der Mundhöhle. Der Gaumen besteht zum größten Teil aus Knochen. Er setzt sich nach hinten in einer Art Falte fort, die ausschließlich aus Muskeln und Membranen besteht; dies ist das Gaumensegel – mit einem zylindrischen Fortsatz in der Mitte, dem Zäpfchen. Das Gaumensegel verläuft auf beiden Seiten in zwei Falten nach unten und bildet die Gaumenbögen. Darin eingebettet liegen die Mandeln. Die seitlichen Wände des Mundes werden durch die Wangen und die beiden Kieferknochen, in deren Rändern die Zähne sitzen, begrenzt.

Zähne sind knöcherne Gebilde, die die Nahrung zerschneiden und zermahlen. Ein Erwachsener besitzt mit den Weisheitszähnen normalerweise 32 Zähne, ein Kind 16. Die Zähne sind in kleine Hohlräume, die Zahnalveolen, eingebettet; diese reichen tief in den Kieferknochen hinein. Jede Zahnreihe einer Kieferhälfte ist sowohl oben als auch unten gleichermaßen symmetrisch angeordnet. Deshalb wird hier nur eine Kieferhälfte näher erläutert. Geht man von der Mitte des Kiefers aus, so stößt man der Reihe nach auf zwei Schneidezähne, einen Eckzahn, zwei vor den Mahlzähnen liegende Zähne und drei Mahlzähne. Jeder Zahn hat einen freiliegenden Teil, die Zahnkrone, einen mittleren Teil am Rand des Zahnfleisches (Zahnhals) und einen verborgenen Teil, die Zahnwurzel, mit einem oder mehreren Wurzelästen sowie Öffnungen für die Gefäße und Nerven des Zahnes. Zähne bestehen aus Zahnbein, das am freien Teil von Zahnschmelz und an der Wurzel von Zahnzement bedeckt wird. Die jeweils hintersten Mahlzähne im Kiefer, also in jeder Kieferhälfte einer, entwickeln sich sehr spät, im Alter von 18 bis 25 Jahren. Sie heißen deshalb Weisheitszähne. Diese klemmen häufig im Winkel des Unterkiefers, so daß sie quer einwachsen. Manchmal erscheinen nur zwei Zähne, seltener drei

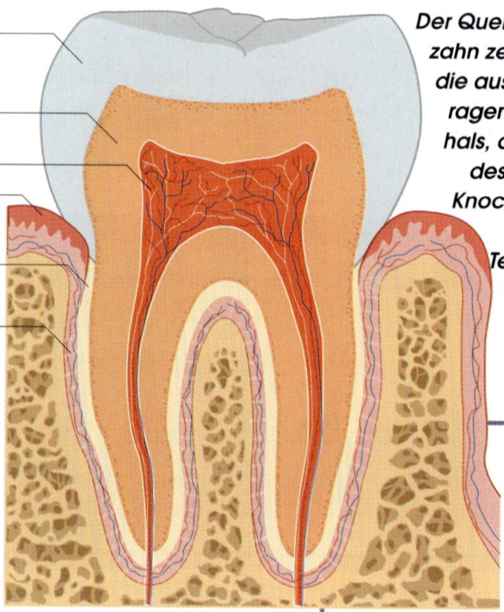

Der Querschnitt durch einen Mahlzahn zeigt drei Zahnbestandteile: die aus dem Zahnfleisch herausragende Zahnkrone, den Zahnhals, den mittleren Teil am Rand des Zahnfleisches, und die im Knochen liegende Zahnwurzel. Zähne, deren äußerer Teil abgenutzt wird, müssen regelmäßig geputzt und vom Zahnarzt kontrolliert werden.

Die drei Zahntypen und ihre Funktion

- *Schneidezähne:* flache Zähne zum Schneiden oder Zerteilen von Nahrung.
- *Eckzähne:* kegelförmige, spitze Zähne zum Zerreißen der Nahrung.
- *Vordere und hintere Mahlzähne:* würfelförmige, kaum erhöhte Zähne, deren Oberflächen Vorsprünge aufweisen, zum Zerreiben, Zermahlen und Zerkauen der Nahrung.

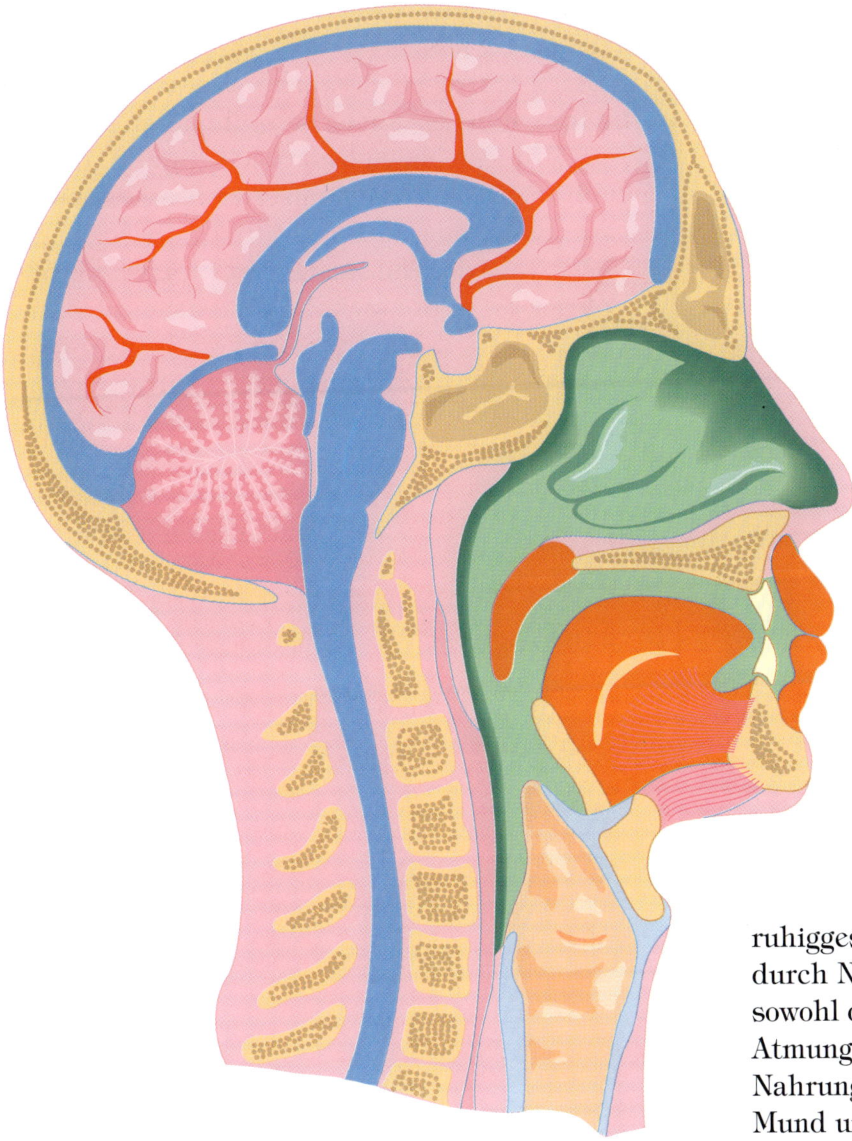

Längsschnitt durch Kopf und Rachen: Der etwa 14 Zentimeter lange Rachenkanal gehört gleichzeitig zum Verdauungssystem und zum Atemapparat. Der obere Teil hat die Funktion einer „Weiche".

Die Funktion des Kehlkopfes

Im Moment des Schluckens hebt sich der Kehlkopf leicht an. Seine Öffnung wird vollständig vom Kehldeckel verschlossen, und zwar so, daß der Speisebrei umgelenkt wird und direkt in die Speiseröhre fällt.

oder nur einer. Es kommt auch vor, daß die Weisheitszähne gar nicht ausgebildet werden. Der äußere Teil der Zähne und das Zahnmark (Zahnpulpa) werden im Lauf des Lebens beständig abgenutzt und somit allmählich abgebaut. Die Gefäße und Nerven schwinden, der Zahn wird schließlich zum Fremdkörper, den das Zahnfleisch abstößt.

DER RACHEN

Der Rachen, auch „Schlund" genannt, liegt unmittelbar hinter dem Mund; der Übergang wird vom Zäpfchen markiert. Der Rachen verläuft hinter den Nasenhöhlen bis zur Schädelbasis. Zwischen den Nasenhöhlen und dem Rachen besteht eine Verbindung, durch die alles, was über die Nase in den Körper gelangt, hinuntergeschluckt werden kann. Wird zum Beispiel der Kiefer eines Patienten ruhiggestellt, ist deshalb auch künstliche Ernährung durch Nasensonden möglich. Der Rachen gehört sowohl dem Verdauungsapparat wie auch dem Atmungssystem an. Er ist der Durchgang für den Nahrungsbrei (Nahrungsbolus), denn er verbindet Mund und Speiseröhre. Ebenso läßt er Luft hindurch, denn er verbindet den Mund auch mit der Luftröhre. Im unteren Bereich teilt sich der Rachen in zwei Kanäle, den Kehlkopf für die Atmung und die Speiseröhre für die Verdauung. Damit diese Kanäle nicht verwechselt werden, dient der obere Teil des Kehlkopfes als „Weiche": Der Kehlkopf steht mit der Zunge in Verbindung und wird durch einen kleinen Knorpel, den Kehldeckel, verschlossen. Er sorgt dafür, daß man nicht gleichzeitig schluckt und atmet. Nur Säuglinge sind in den ersten Lebensmonaten dazu in der Lage. Trotzdem kann es auch später noch vorkommen, daß ein Speisestückchen in den Kehlkopf gelangt und man heftig husten muß – daher der Ausdruck „sich verschlucken".

Anatomisch gesehen, gliedert sich der Rachen in drei Teile: den oberen Teil hinter den Nasenhöhlen, den mittleren Teil hinter dem Mund und den unteren trichterförmigen Teil, der „Kehlkopf-Rachen" genannt wird. Der Rachen ist etwa 14 Zentimeter lang

Die Speiseröhre liegt neben und hinter dem Kehlkopf und der Luftröhre und verläuft vor der Wirbelsäule. Sie ist ein aus Muskeln und Membranen bestehender Kanal, der den Nahrungsbolus vom Kehlkopf zum Magen transportiert.

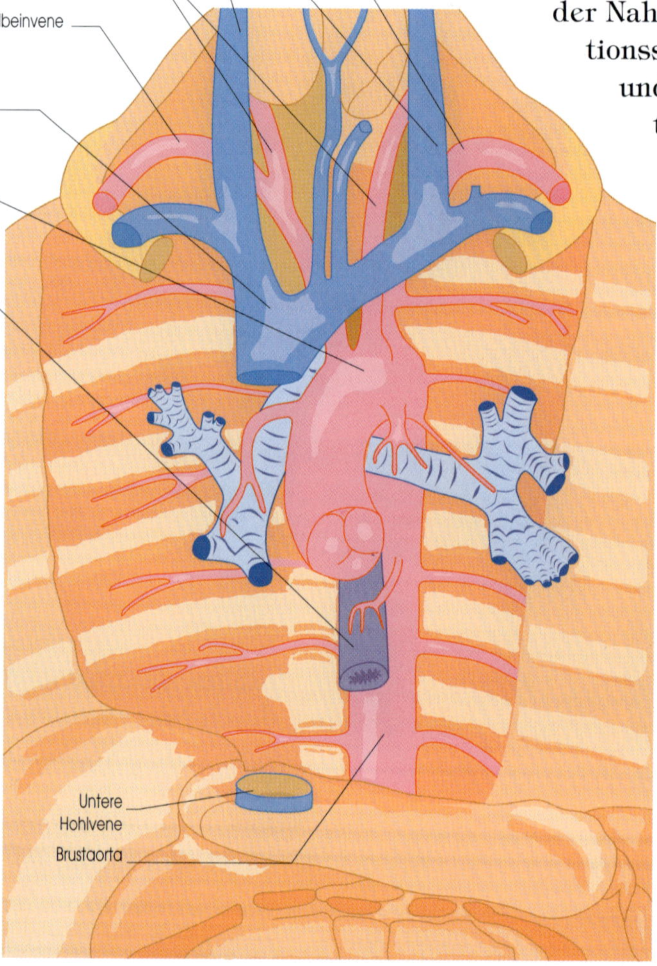

und zwei bis fünf Zentimeter breit. Im Nasenteil des Rachens befinden sich Lymphknötchen, die die Rachenmandeln bilden. Die Öffnungen der zwei Eustachischen Röhren liegen ebenfalls im Nasenteil des Rachens und verbinden diesen mit dem Innenohr. Der Rachen besteht aus einer faserigen Platte (Rachen-Aponeurose) und ist außen von Muskeln bedeckt, die ihm eine gewisse Beweglichkeit ermöglichen. Sie heben ihn während des Schluckvorgangs an, damit der Nahrungsbolus besser aufgenommen werden kann.

DIE SPEISERÖHRE

Der Rachen verjüngt sich nach unten hin wie ein Trichter und geht in die Speiseröhre (Ösophagus) über. Der Nahrungsbolus wird durch diesen Kanal in den Magen geleitet. Wenn die Speiseröhre leer ist, hat sie die Form eines abgeflachten Bandes. Sobald sie mit Nahrung gefüllt wird, nimmt sie zylindrische Form an. Sie besteht aus drei Teilen: dem Halssegment, dem Brustsegment und dem Bauchsegment. Insgesamt ist sie etwa 25 Zentimeter lang, und ihr Innendurchmesser variiert von 23 bis 27 Millimeter. Ihr vertikaler Verlauf folgt etwa dem der Wirbelsäule. Die Speiseröhre durchquert das Zwerchfell und mündet in den Magen.

Die Speiseröhre hat eine besondere Struktur: Die innere Schleimhaut ist nach außen hin mit ringförmigen Muskelfasern ausgestattet, die ihrerseits von längslaufenden Muskelfasern bedeckt sind. Diese Struktur bewirkt, daß der Nahrungsbolus durch Kontraktionsschübe (Peristaltik) langsam und gleichmäßig vorwärts transportiert wird. Dieser Vorgang verhindert den Rückfluß (Reflux) oder Stau des Nahrungsbreis und ermöglicht uns das Schlucken selbst dann, wenn der Kopf nicht aufrecht gehalten wird.

DER MAGEN

Man könnte den Magen auch als eine Verdikkung des Verdauungskanals betrachten, die zwischen Speiseröhre und Darm liegt. Der Magen befindet sich unmittelbar unterhalb des Zwerchfells und gleicht der Form nach einem Dudelsack. Der Magen liegt schräg zur horizontalen und vertikalen Körperachse, ist etwa 25 Zentimeter lang, zwölf Zentimeter breit und kann je nachdem, ob er leer oder gefüllt ist, bis zu acht Zentimeter dick werden. Seine Aufnahmefähigkeit liegt bei etwa 1,3 Litern.

Der Magen öffnet sich nach oben über den Magenmund zur Speiseröhre und nach unten zum Dünndarm hin über den Magenpförtner, eine Verengung, die durch eine Schleimhautfalte gebildet und von einem Ringmuskel verschlossen wird, der sogenannten Pförtnerklappe. Diese verhindert den Rückfluß des Nahrungsbreis – es sei denn, dies wäre zur Gesunderhaltung des Körpers zwingend notwendig (Erbrechen). Der Magen hat zwei Wände, die die große und die kleine Magenwölbung bilden. Oben befindet sich die große Magenhöhle und unten, in der Nähe des Pförtners, die kleine Magenhöhle. Der mittlere Teil des Magens heißt Magenkörper.

Das Bauchfell umschließt den Magen vollständig und hält den Magen in stabiler Lage. Die Magenrückseite steht mit anderen Organen in Verbindung: der Bauchschlagader (Aorta), dem Zwölffingerdarm (Duodenum), der Bauchspeicheldrüse (Pankreas), der Milz, der linken Niere und der unteren Hohlvene (Vena cava). Durch den Netzbeutel ist der Magen von diesen Organen getrennt. Der

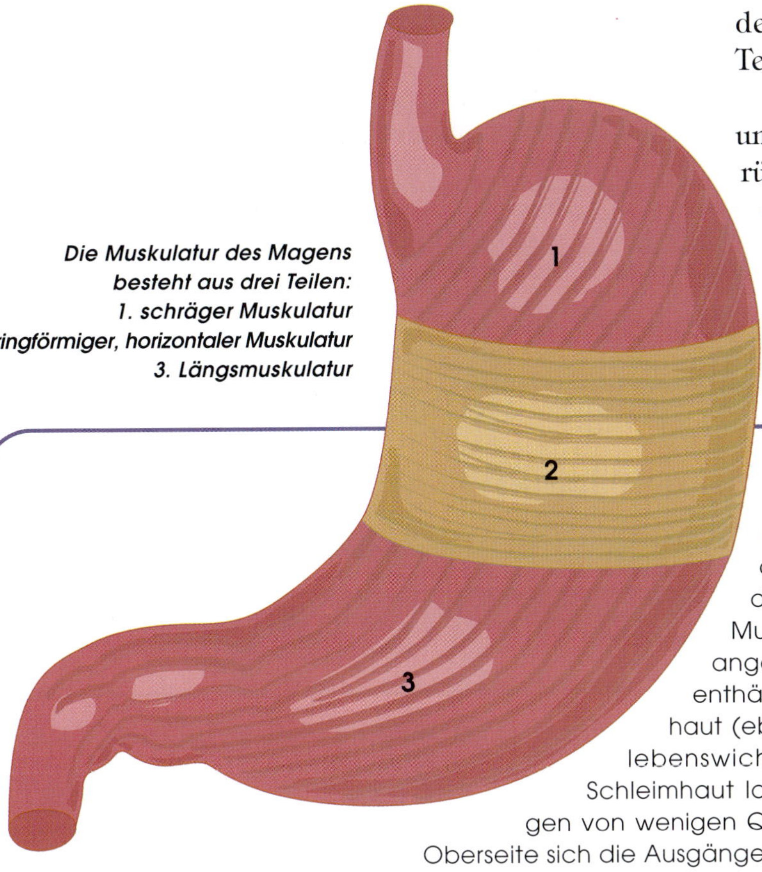

Die Muskulatur des Magens besteht aus drei Teilen:
1. schräger Muskulatur
2. ringförmiger, horizontaler Muskulatur
3. Längsmuskulatur

Die Magenwände

Die Magenwand besteht (von außen nach innen) aus folgenden vier Gewebeschichten (Tunicae): dem Bauchfell (Serosa), der Muskelschicht (glatte Muskulatur in Längs- und Schrägrichtung, kreisförmig angeordnet), der Unterschleimhautschicht (sehr dünn, enthält Gefäße und Nerven) und schließlich der Schleimhaut (ebenfalls sehr dünn, etwa einen Millimeter), die eine lebenswichtige physiologische Aufgabe erfüllt. Auf dieser Schleimhaut lassen sich, abgesehen von den Falten, Verdickungen von wenigen Quadratmillimetern Oberfläche erkennen, an deren Oberseite sich die Ausgänge der Drüsenkanäle befinden.

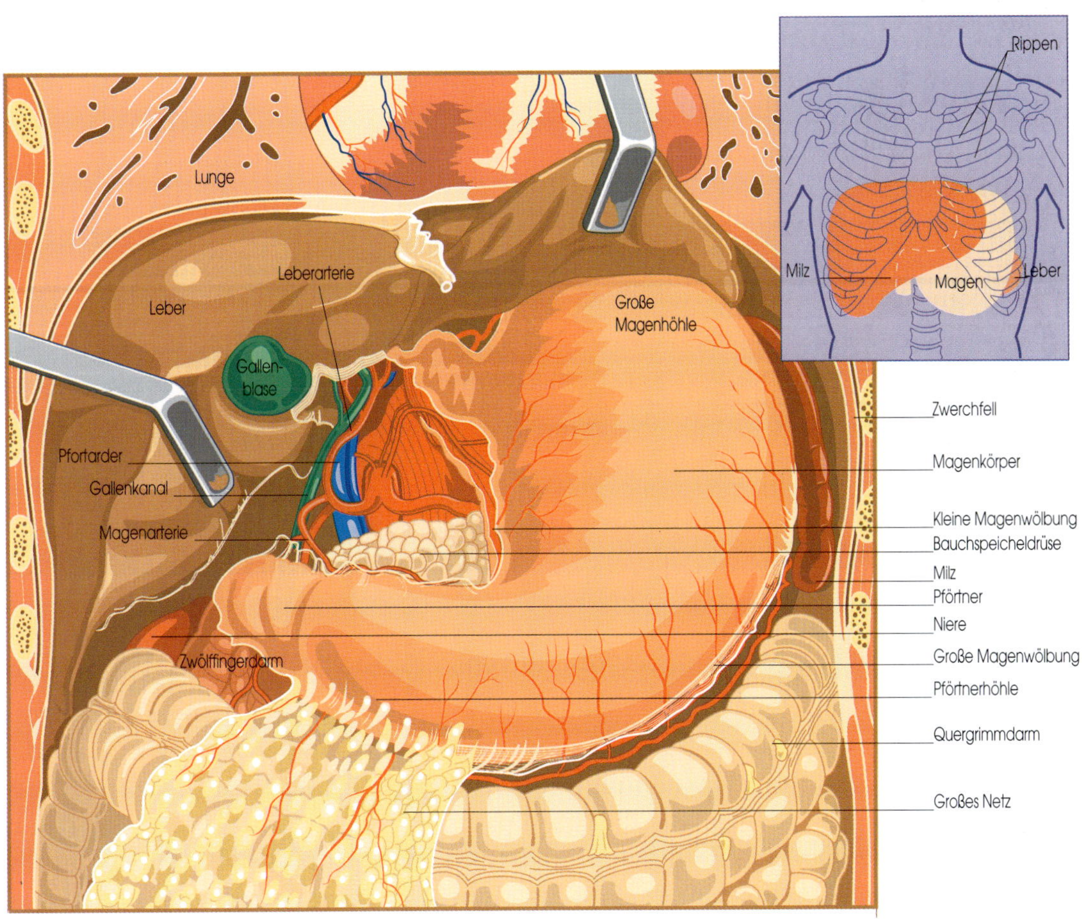

Der Magen arbeitet wie ein „Mixer". Er befindet sich in der oberen Bauchwandhöhle unter dem Zwerchfell und schräg unter der Leber. Er besteht aus drei Teilen: der großen Tuberositas, dem Magenkörper und der Pförtnerhöhle. Der Abbau von Eiweißstoffen (Proteine) beginnt im Magen durch die Wirkung von Pepsin und unter dem Einfluß von Salzsäure.

Netzbeutel ist mit einer faltigen Schleimhaut ausgekleidet, die sich glättet, wenn der Magen sich dehnt. Die Schleimhaut sieht in diesem Zustand samtig und eben aus.

Drüsen produzieren ganz unterschiedliche Substanzen. Die in der Nähe des Pförtners gelegenen Drüsen geben Schleim ab, andere sind richtige Magendrüsen und produzieren Salzsäure und Pepsin zur Eiweißverdauung. Im Magen wird der Nahrungsbolus in Speisebrei umgewandelt.

DER DARM

Anschließend gelangt der Speisebrei über den Magenpförtner aus dem Magen in den Darm. Der Dünndarm schließt unmittelbar an den Magen an und endet auf der Höhe des Blinddarms mit der Krummdarmklappe (Ileozäkalklappe). Der Dünndarm gliedert sich in drei Teile: den Zwölffingerdarm, den Leerdarm und den Krummdarm. Der Dickdarm (Colon) setzt den Dünndarm hinter der Ileozäkalklappe fort und besteht aus dem Blinddarm, dem aufsteigenden Dickdarm, dem Quergrimmdarm, dem absteigenden Dickdarm und schließlich dem Sigmoid.

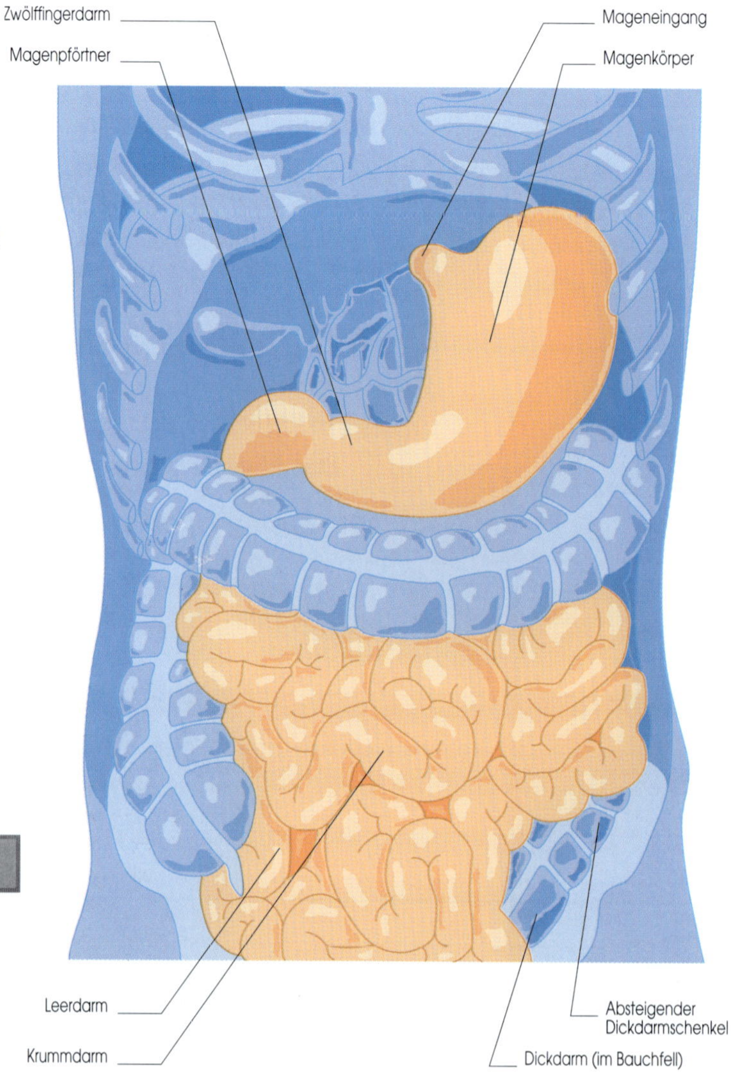

Drei Teile bilden den Dünndarm: der Zwölffingerdarm (Duodenum), der Leer- (Jejunum) und der Krummdarm (Ileum), der von der Pförtnerhöhle bis zum Blinddarm verläuft. Hier vollzieht sich die Verdauung. Die nährenden Substanzen werden hier in Baustoffe und Brennstoffe umgewandelt, die anschließend ans Blut abgegeben werden.

Die Struktur des Dünndarms

Der Dünndarm besteht (von außen nach innen) aus folgenden vier Gewebeschichten: dem Bauchfell (Serosa), der Muskelschicht (glatte Fasern in Längsrichtung und kreisförmig angeordnet), der Unterschleimhautschicht (Bindegewebe) und schließlich der grauen und mit Falten versehenen Schleimhaut. Diese Falten sind fünf bis sechs Millimeter lange und sechs bis acht Millimeter hohe gekrümmte Klappen (Falten der Darmschleimhaut). Man zählt insgesamt 800 bis 900 Darmfalten. Die Darmfalten fehlen in den Anfangsbereichen des Dünndarms, erscheinen etwa ab der Mitte des Zwölffingerdarms und liegen wie die Ziegel eines Daches übereinander. Diese Anordnung bewirkt eine beträchtliche Vergrößerung der inneren Oberfläche des Darmtraktes.

• **Der Dünndarm** (Jejunum und Ileum) ist bei einem Durchmesser von 20 bis 30 Millimeter sieben bis acht Meter lang. Er füllt die gesamte Bauchhöhle unterhalb von Leber, Magen und Milz aus und wird von einer ausgedehnten Bauchfellfalte in Position gehalten: dem Dünndarmgekröse (Mesenterium). Der erste Teil, der Zwölffingerdarm, ist 25 Zentimeter lang und der dickste Teil des Dünndarms. Der Zwölffingerdarm bildet eine Krümmung, die den Kopf der Bauchspeicheldrüse umschließt. Leer- und Krummdarm, die an den Zwölffingerdarm anschließen, sind sich in Größe und Aussehen ähnlich. Ihr Innendurchmesser entspricht der Dicke eines Daumens. Beide winden sich um sich selbst und bilden dabei Darmschlingen und -windungen. Unmittelbar vor dem Blinddarm weist der Dünndarm manchmal eine kleine Ausstülpung auf, die wie ein Finger eines Handschuhs aussieht: das Meckel-Divertikel, Überrest eines embryonalen Kanals in Richtung Nabel, der bei zwei von 100 Personen nachweisbar ist. An der Stelle, wo der Dünndarm in die Ampulle des Blinddarms mündet,

-follikeln, die entweder isoliert oder in kleinen rundlichen Zusammenballungen von der Größe eines Stecknadelkopfes vorkommen: die Peyer-Drüsen oder -Platten (Peyer-Plaques).

• **Der Dickdarm** (Colon) ist die Fortsetzung des Dünndarms. Er mündet an seinem freien Ende in den Anus, ist etwa 1,70 Meter lang und hat einen größeren Durchmesser als der Dünndarm, nämlich drei bis sieben Zentimeter. Der Dickdarm scheint aus einer Reihe von aneinandergesetzten Ampullen zu bestehen, die von einem Muskelband zusammengehalten werden. Diese Vorsprünge werden von Furchen unterteilt, die im Darminneren Kämme austreiben. Der erste Teil des Dickdarms, der Blinddarm, hat die Form einer Ampulle, die in bildet der Krummdarm eine Klappe, die Ileozäkalklappe oder Bauhin-Klappe.

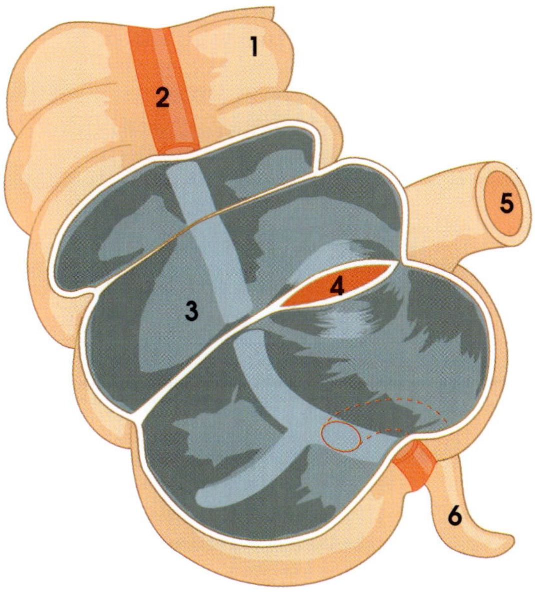

Schematische Darstellung des Blinddarms, des Wurmfortsatzes (Appendix) und eines Teils des Dickdarms.
1. Aufsteigender Dickdarmschenkel
2. Längsmuskeln
3. Sichelförmige Falten
4. Ileozäkalklappe
5. Dünndarm
6. Wurmfortsatz

Auf der Darmschleimhaut sitzen winzige Erhebungen, die frei in den Darmtrakt ragen: Darmzotten, die die Nährstoffe aufnehmen (absorbieren). Der Mensch hat etwa fünf Millionen Darmzotten. In jeder einzelnen Darmzotte verläuft eine Arteriole, eine Venole und ein Lymphgefäß. Die Arterie und die Venole vereinigen sich am Ende der Zotte und bilden ein Haargefäßnetz (Kapillaren). Man kann auf der Schleimhaut außerdem die Öffnungen der Darmdrüsen sehen: Im Bereich des Zwölffingerdarms heißen sie Brunner-Drüsen, im restlichen Dünndarm Lieberkühn-Drüsen. Sie produzieren den Darmsaft, der den Speisebrei weiterverdaut. Die Schleimhaut ist reich an Lymphknötchen oder

Der Verlauf des Dickdarms (Colon): Der Dickdarm beginnt im rechten Teil des Bauches, windet sich um den Dünndarm und endet am Anus. Er ist etwa 1,70 Meter lang. Seine Aufgabe besteht darin, die unverdaulichen Nahrungsreste aufzunehmen und die Zellstoffwände der pflanzlichen Nahrungsmittel zu zerstören. Er produziert Folsäure und das für die Blutgerinnung notwendige Vitamin K.

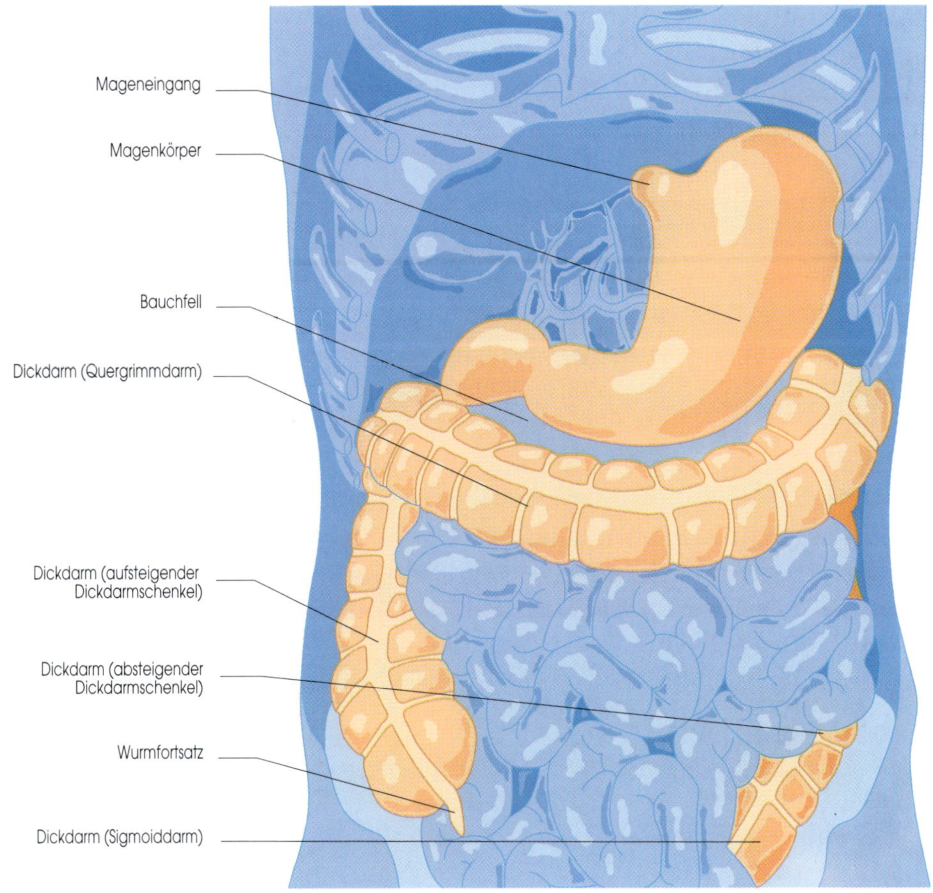

Die Bauchspeicheldrüse und die Leber sind für die Verdauung extrem wichtig. Diese Organe arbeiten, insbesondere bei der Fettverdauung, zusammen. Die in der Pankreasflüssigkeit enthaltenen Enzyme ermöglichen die Umwandlung der Nahrungsmittel und ihre Weiterverarbeitung durch die Leber und den Darm.

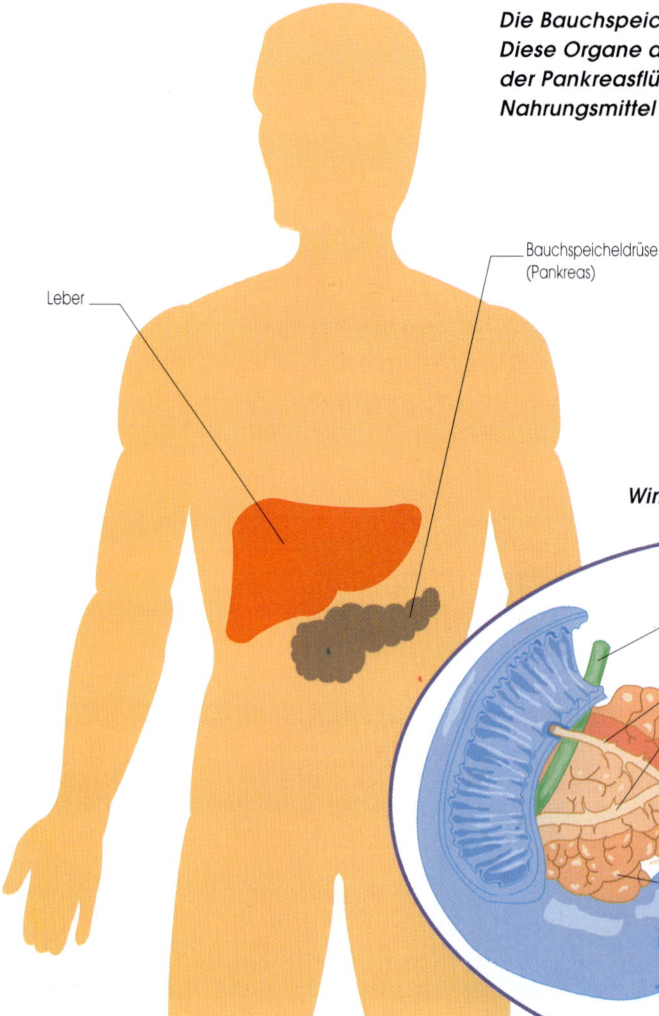

Die Bauchspeicheldrüse befindet sich im oberen Teil des Bauches vor der Wirbelsäule und hinter dem Magen. Sie produziert die Pankreasflüssigkeit, ein Verdauungsferment, und das Insulin, das für einen funktionierenden Kohlenhydrathaushalt (Zuckerstoffwechsel) im Stoffwechsel unabdingbar ist.

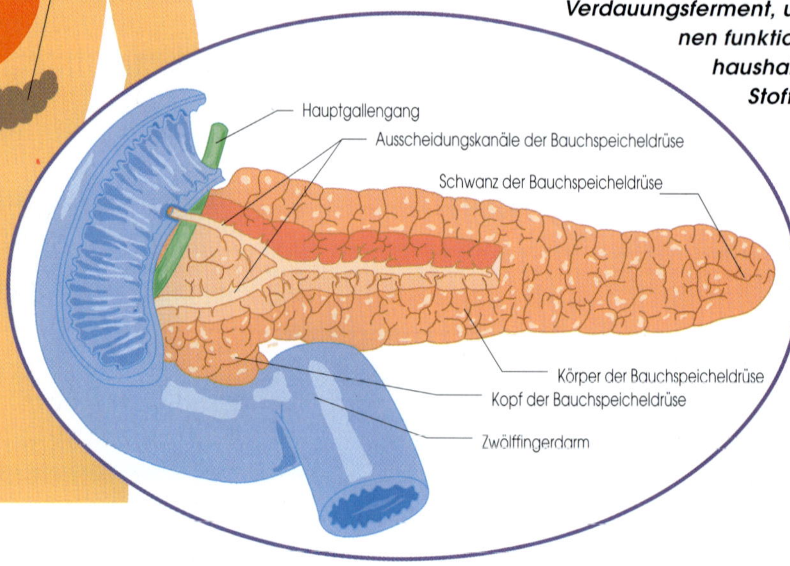

einer Sackgasse endet. Er ist sechs bis acht Zentimeter lang, sein Durchmesser beträgt fünf bis sieben Zentimeter, und er kann etwa 200 bis 300 Milliliter Inhalt aufnehmen. Im unteren seitlichen Teil des Blinddarms entspringt ein kleiner, sechs bis zehn Zentimeter langer Gang mit dem Innendurchmesser eines Bleistiftes: der Wurmfortsatz (Appendix). Dieser wird bei einer Blinddarmentzündung in der Regel entfernt. Sein Zustand und seine Lage sind bei jedem Menschen unterschiedlich.

Der senkrecht nach oben aufsteigende Dickdarm setzt beim Blinddarm an. Auf Höhe der Leber ändert er seine Richtung und verläuft dann horizontal. Anschließend beschreibt er eine weitere Kurve und steigt wieder nach unten ab (absteigender Dickdarm). In der linken Darmbeingrube, am Ende des absteigenden Dickdarms, erreicht er das Becken und wird Sigmoid genannt. Der Dickdarm umschließt den Dünndarm wie ein Rahmen. Das Endstück des Dickdarmes heißt Mastdarm oder Rektum, ist zwölf bis 14 Zentimeter lang und kann sich, wenn er gefüllt ist, ampullenförmig ausweiten (Rektalampulle).

• **Der After** (Anus) bildet den letzten Teil des Mastdarms und damit das Ende des gesamten Verdauungskanals. Der Anus ist ein kurzer, 1,5 bis zwei Zentimeter langer Kanal, der etwa 30 Millimeter von der Steißbeinspitze entfernt liegt. Der Anus ist von zwei Muskeln umgeben, dem inneren und dem äußeren Afterschließmuskel, die willentlich gesteuert den After öffnen oder schließen.

DIE VERDAUUNGSDRÜSEN

Zahlreiche Drüsen produzieren als Anhangsgebilde des Verdauungsapparates im Mund und im Bauch (Leber und Bauchspeicheldrüse) die für die Verdauung notwendigen Flüssigkeiten. Der Magen und die Därme sind mit eigenen Drüsen ausgestattet.

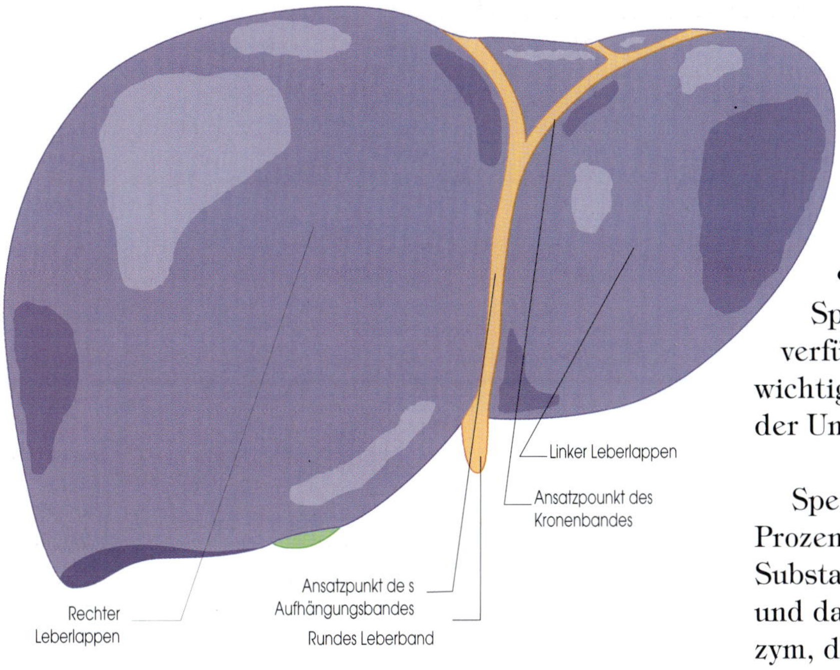

Die Leber ist die größte Drüse des Körpers und wiegt etwa zwei Kilogramm. Sie besteht aus vier Lappen, unter anderem einem linken und rechten Lappen, die in der Zeichnung links zu sehen sind. Die Abbildung unten zeigt den unteren Teil der Leber mit dem quadratischen und dem geschwänzten Leberlappen.

Die Speicheldrüse

Die Speicheldrüsen bestehen aus kleinen Bläschen oder Drüsenbeeren, aus denen kleine Kanäle herausführen. Diese Kanäle vereinigen sich und bilden einen Teil der Drüse, das einfache Läppchen. Jedes dieser Läppchen besitzt einen einzigen Ausscheidungsgang, der sich mit zahlreichen anderen, ähnlichen Kanälchen verbindet und das zusammengesetzte Läppchen bildet. Die Kanäle des Läppchens münden in einen gemeinsamen Gang. Der in den Drüsenbeeren produzierte Speichel wird in den Kanälen transportiert.

- **Die Ohrspeicheldrüsen** sind die größten Speicheldrüsen. Sie haben die Form eines Prismas und wiegen jeweils 25 bis 39 Gramm. Die innere Kopfschlagader (Carotis), die äußere Drosselvene und der Aurikulotemporalnerv durchqueren die Ohrspeicheldrüsen. Sie schütten über den Stenon-Gang, dessen Öffnung sich gegenüber dem zweiten oberen Mahlzahn befindet, Speichel in den Mund aus.

- **Die Unterkieferdrüsen** sind kleiner als die Ohrspeicheldrüsen und wiegen jeweils nur sieben bis acht Gramm. Ihr Ausführungsgang, der Wharton-Gang, öffnet sich neben dem Zungenbändchen auf einem kleinen Höcker, dem Unterzungenkarunkel.

- **Die Unterzungendrüse** ist die kleinste Speicheldrüse und wiegt etwa drei Gramm. Sie verfügt über zahlreiche Ausscheidungsgänge. Der wichtigste, der Bartholini-Gang, liegt neben dem der Unterkieferdrüse.

Speichel enthält etwa 95 Prozent Wasser, zwei Prozent Mineralsalze und drei Prozent organische Substanzen. Letztere bilden Schleimstoffe (Mucin) und das Ptyalin oder die Speichelamylase, ein Enzym, das die Verdauung der Amine einleitet. Jede Speicheldrüse produziert jeweils Speichel mit unterschiedlicher Zusammensetzung.

Die Bauchspeicheldrüse

Man könnte die Bauchspeicheldrüse (Pankreas) mit einer großen Speicheldrüse vergleichen, da sie ihr

Im unteren Teil der Leber befinden sich zwei kleine Lappen: der quadratische Lappen und der geschwänzte Lappen. Bei der Leichenöffnung (Autopsie) lassen sich Vertiefungen (Eindrücke in der Leber) wahrnehmen, die von den umgebenden Organen verursacht werden.

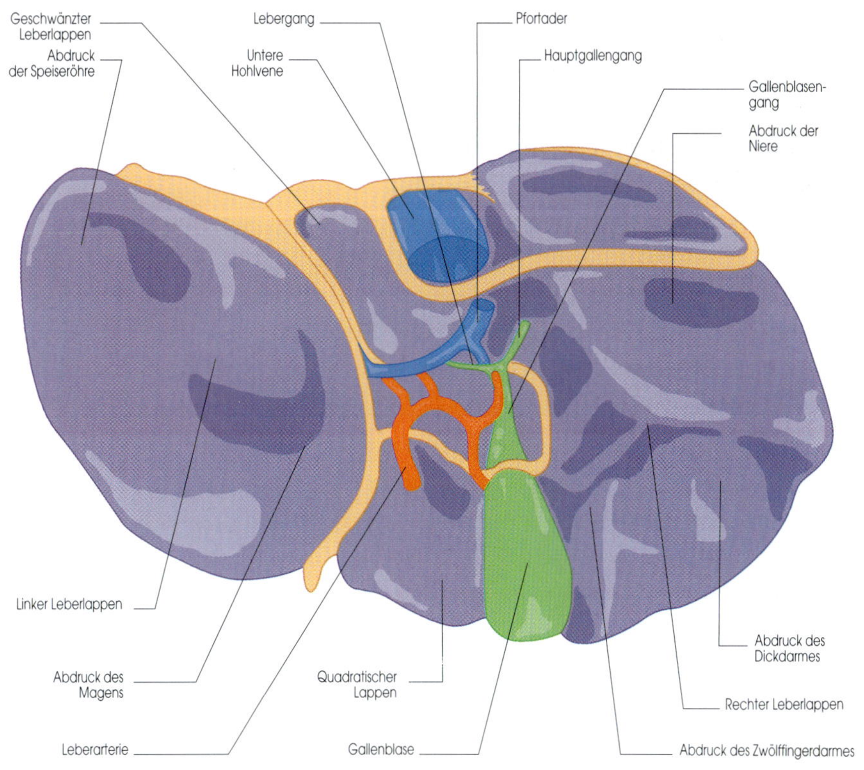

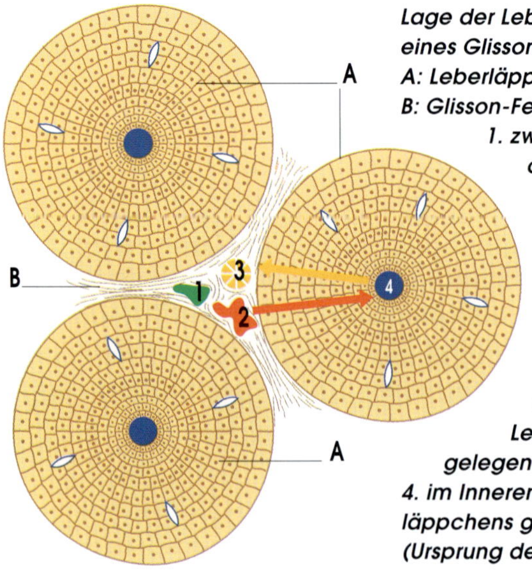

Lage der Leberläppchen und eines Glisson-Feldes:
A: Leberläppchen
B: Glisson-Feld
1. zwischen den Läppchen liegende Vene (Ast der Pfortader)
2. zwischen den Läppchen liegende Arterie (Ast der Leberarterie)
3. im Inneren eines Leberläppchens gelegener Gallengang
4. im Inneren eines Leberläppchens gelegene Vene (Ursprung der Lebervenen)

sehr ähnlich ist. Die Bauchspeicheldrüse liegt quer hinter dem Magen in der Bauchhöhle. Der breiteste Teil, der Kopf, ist vom Zwölffingerdarm eingerahmt. Die allgemeine Form ähnelt grob einem Farnblatt: Die Bauchspeicheldrüse ist 16 Zentimeter lang, vier Zentimeter hoch und zwei Zentimeter dick, sie wiegt etwa 70 Gramm.

Die Bauchspeicheldrüse besteht aus Kopf, Körper und Schwanz. Ein langer Sammelkanal durchzieht die Bauchspeicheldrüse in ganzer Länge: der Bauchspeicheldrüsengang oder Wirsung-Gang; sein Durchmesser zum Kopf hin nimmt langsam zu. In diesen Gang münden zahlreiche, von den Drüsenläppchen ausgehende Kanäle.

Die Bauchspeicheldrüse besteht wie die anderen Speicheldrüsen aus Läppchen, die ihrerseits aus zahlreichen einfachen Läppchen gebildet werden; diese entstehen jeweils durch die Anhäufung von Drüsenbeeren. Der Wirsung-Gang verläßt die Bauchspeicheldrüse am Kopfteil, vereinigt sich mit dem Hauptgallengang und mündet mit diesem auf Höhe einer kleinen Verdickung, der Vater-Ampulle, in den Zwölffingerdarm. Am Bauchspeicheldrüsenkopf entspringt aus dem Wirsung-Gang ein zusätzlicher Kanal, der Santorini-Kanal, der zwei Zentimeter oberhalb der Vater-Ampulle in den Darm mündet.

Die Bauchspeicheldrüse produziert eine Flüssigkeit, die zahlreiche Verdauungsfermente enthält. Außerdem entsteht in ihr das Hormon Insulin.

Die Leber

Die Leber ist eine Drüse, und zwar die größte des gesamten Organismus. Sie hat zahlreiche Funk-

Aufgaben der Leber

Die Leber hat zahlreiche lebenswichtige Aufgaben. Einige davon sind bisher noch nicht geklärt. Ihre wichtigsten bekannten Funktionen bestehen darin, einerseits Galle zu produzieren, andererseits Zucker zu verarbeiten.

Sobald die Nahrung im Darm ankommt, wird aus der Gallenblase Galle ausgeschüttet. Die Ankunft des Nahrungsbolus bewirkt nämlich eine Kontraktion der Gallenblase. Die Galle besteht aus Wasser, Mineralsalzen und Gallensalzen, die für ihren bitteren Geschmack verantwortlich sind, sowie aus Gallepigmenten, die ihr die Farbe verleihen, die vom Farbstoff (Hämoglobin) der zerstörten roten Blutkörperchen stammt. Die wesentliche Aufgabe der Galle besteht darin, die Verdauung und die Aufnahme von Fetten zu begünstigen. Außerdem stimuliert sie die Bewegungen der Darmmuskulatur (Peristaltik) und besitzt eine stark antiseptische Wirkung, die für Darmbakterien von Bedeutung ist.

Die Leber verarbeitet auch Zucker, oder mit anderen Worten: Sie bildet eine Art Zuckerspeicher für den Organismus. Alle über die Nahrung aufgenommenen Kohlenhydrate werden während der Verdauung in Zucker (Glukose) umgewandelt, der vom Darm aufgenommen wird und über die Pfortader in die Leber gelangt.

Der Zucker wird als Glykogen in der Leber gespeichert, die es im Bedarfsfall in Glukose zurückverwandelt und in das Blut abgibt. Auf diese Weise regelt die Leber sehr genau den Blutzuckerspiegel. Der Zuckeranteil im Blut ist in der Regel sehr stabil.

Wenn die Leber diese Regelfunktion nicht ausüben würde, befände sich nach den Mahlzeiten eine sehr große Menge Glukose im Blut, während Zucker umgekehrt in den Stunden der Nüchternheit völlig fehlen würde. Dies würde das lebenswichtige Gleichgewicht im Körper stören.

Zucker muß den Geweben immer zur Verfügung stehen. Wenn er in großen Mengen verbraucht wird, beispielsweise während intensiver körperlicher oder sportlicher Belastungen, müssen die Gewebe sofort wieder damit versorgt werden, was ohne Beteiligung der Leber nicht möglich wäre.

Diese einzigartige Eigenschaft der Leber, Zucker herzustellen, wurde von dem französischen Arzt Claude Bernard mit Hilfe von Laboruntersuchungen entdeckt. Durch eine Analyse des in der Pfortader und

Die Galle

Die Galle ist eine klare, goldgelbe und visköse Flüssigkeit. Sie wird von den Leberzellen kontinuierlich in einer Menge von etwa einem Liter pro Tag hergestellt und sammelt sich nach und nach in der Gallenblase.

in der Lebervene nach der Verdauung enthaltenen Blutes kann nachgewiesen werden, daß die Leber Zucker absorbiert. Nach einer Mahlzeit, wenn das Blut der Pfortader sehr zuckerhaltig ist, bleibt der Blutzuckerspiegel in den aus der Leber austretenden Venen normal. Offenbar speichert die Leber die Glukose dadurch, daß sie sie in Glykogen umwandelt.

Wenn dem Organismus keine Nahrung zugeführt wird, läßt sich das gegenteilige Phänomen beobachten: Das Blut der Pfortader hat einen geringeren Zuckergehalt als normal, während das Blut der Lebervenen noch immer der Norm entspricht.

Außer der Produktion von Galle und der Verstoffwechselung von Zucker erfüllt die Leber noch einige andere Aufgaben.

Die von der Leber produzierte Galle wird über ein System von Kanälen, die den Gallentrakt bilden, in den Darm geleitet. Die Galle wird von der Leber über den Lebergang ausgeschieden, der sich mit dem Gallenblasengang (von der Gallenblase herkommend) vereinigt. Beide zusammen bilden den Leber-Gallenblasen-Gang, der auf Höhe der Vater-Ampulle in den Zwölffingerdarm mündet. Etwa an der gleichen Stelle mündet der von der Bauchspeicheldrüse kommende Wirsung-Gang. Dadurch vermischen sich die Pankreasflüssigkeit und die Galle im Zwölffingerdarm und wirken gemeinsam auf die aus dem Magen kommenden Nahrungsmittel ein.

Der Mechanismus der Gallenfunktion ist einfach. Die Galle fließt über den Lebergang aus der Leber herab, steigt den Blasengang, der eine doppelte Funktion als zu- und ableitender Kanal der Gallenblase erfüllt, wieder hinauf und sammelt sich in der Gallenblase, die einer kleinen, birnenförmigen Tasche ähnelt, deren Wände extrem dehnbar sind. Es lassen sich drei Teile unterscheiden: der Boden, der Körper und der Hals der Gallenblase.

Die Gallenblasenwände bestehen aus glatten Muskelfasern (längs und ringförmig angeordnet). Innen sind die Wände mit einer Schleimhaut ausgekleidet. In der Gallenblase wird die Galle nicht nur gespeichert, sondern vor allem konzentriert. Der neunzigprozentige Wasseranteil, der in der aus der Leber stammenden Galle enthalten ist, wird in der Gallenblase wieder absorbiert, anders formuliert: Von dem täglich von der Leber produzierten Liter Galle gelangt nur ein kleiner Teil in den Darm.

Wenn die Nahrung vom Magen in den Zwölffingerdarm wandert, wird ein nervöser und hormoneller Mechanismus in Gang gesetzt, der dafür sorgt, daß sich die Gallenblase kontrahiert. Die darin enthaltene Galle wird anschließend in den Darm ausgeschüttet. Die Wand der Gallenblase scheidet auch Schleim aus, der sich mit der Galle vermischt und ihr die charakteristische Zähflüssigkeit verleiht.

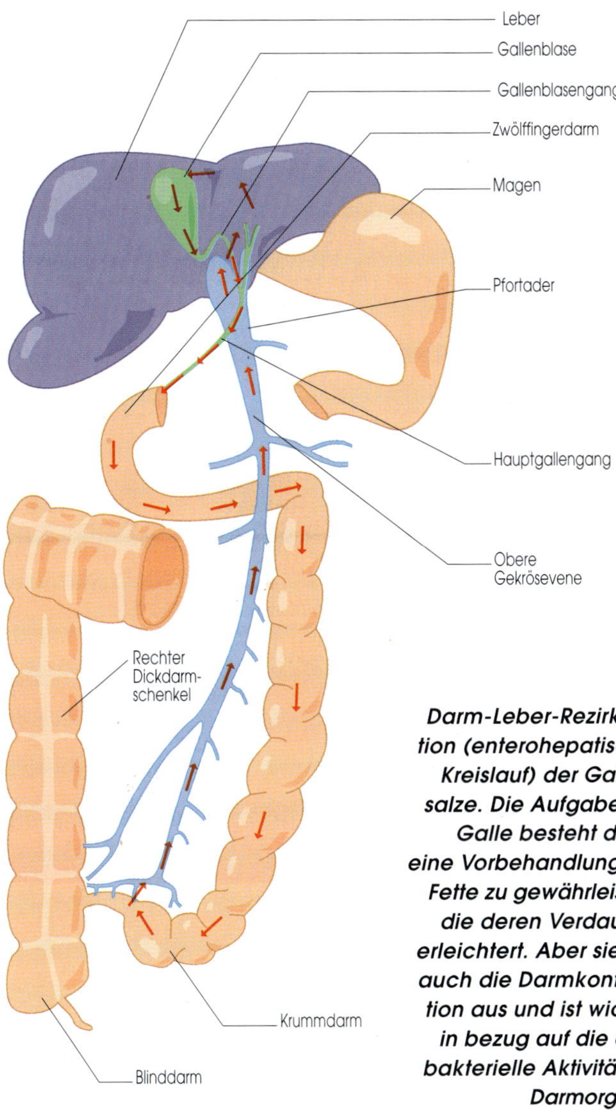

Darm-Leber-Rezirkulation (enterohepatischer Kreislauf) der Gallensalze. Die Aufgabe der Galle besteht darin, eine Vorbehandlung der Fette zu gewährleisten, die deren Verdauung erleichtert. Aber sie löst auch die Darmkontraktion aus und ist wichtig in bezug auf die antibakterielle Aktivität der Darmorgane.

Andere Aufgaben der Leber

Sie verarbeitet die Aminosäurenfette, die über das Blut der Pfortader in die Leber gelangen. Sie wirkt entgiftend, indem sie die zahlreichen giftigen Substanzen, die vom Darm absorbiert werden, inaktiv macht. Sie produziert die für die Blutgerinnung notwendigen Substanzen (Fibrinogen, Prothrombin), speichert Eisen und das aus der Nahrung stammende Kupfer. Eisen wird durch die Zerstörung der roten Blutkörperchen freigesetzt und ist für die Bildung des Blutfarbstoffes (Hämoglobin) unabdingbar. Die Leber verwandelt das Provitamin Karotin in Vitamin A. Während des fötalen Lebens produziert die Leber die roten Blutkörperchen und zerstört die verbrauchten roten Blutkörperchen.

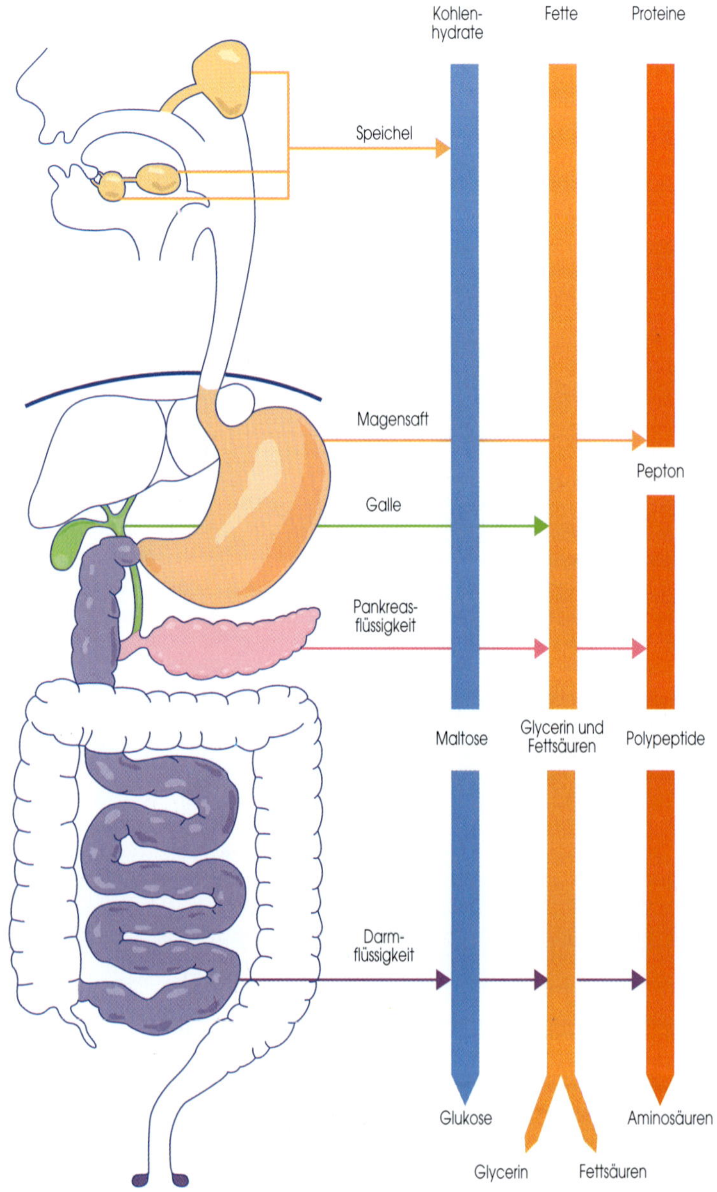

Das Schema zeigt die Umwandlung einfacher Nahrungsbestandteile durch die Verdauung. Der Vorgang der Verdauung findet in drei Phasen statt: im Mund, im Magen und im Darm. Die Nahrung erfährt in jedem Abschnitt eine bestimmte Behandlung, die darauf abzielt, die Nährstoffe auf ihre Verwertung vorzubereiten.

tionen: die für die Verdauung unabdingbare Galle auszuschütten, Zucker (Glukose) zu speichern und diesen nach und nach in das Blut abzugeben sowie vom Darm aufgenommene Giftstoffe (Toxine) abzubauen. Die Leber füllt die ganze rechte, unter den Rippenknorpeln liegende Körperregion (Hypochondrium) und einen Teil der Magengrube aus und reicht bis ins linke Hypochondrium. Sie liegt unter dem Zwerchfell oberhalb des Magens und der Gedärme. Das Organ wird von zahlreichen Bändern, die an der unteren Hohlvene verwachsen sind, in ihrer Position gehalten. Die Leber folgt den Bewegungen des Zwerchfells, mit der sie über die Hohlvene verbunden ist. Beim Einatmen schiebt sich die Leber über die Ebene der letzten Rippen hinaus und sinkt nach unten ab. Wenn ein Arzt die Leber eines Patienten abtasten will, bittet er deshalb den Patienten, tief einzuatmen.

Die Leber ist braunrot, ihre Konsistenz recht fest. Aber sie läßt sich eindrücken, das bedeutet, daß die Leber auf ihrer Unterseite Abdrücke der angrenzenden Organe aufweist – vor allem der Niere, des Magens und des Dickdarms.

Die Leber besteht aus zwei Teilen: einer gewölbten Oberseite, die mit dem Zwerchfell verbunden ist, und einer Unterseite, die besonders wichtig ist, weil sie zahlreiche Gefäße aufnimmt. Auf dieser Seite befinden sich auch drei Furchen, die der Form des Buchstabens „H“ entsprechen: zwei Furchen verlaufen längs von vorne nach hinten, die letzte quer. Eine der Längsfurchen ist von der Gallenblase ausgefüllt, in der die Galle gespeichert wird. Die Hohlvene verläuft am Grund dieser Furche. Die Querfurche wird Leberhilus oder Leberpforte genannt. Hier münden zwei dicke Blutgefäße in das Organ, die Leberarterie und die Pfortader, und hier entspringt der Lebergang, in dem die Galle befördert wird. Die Leberarterie schafft das für die Ernährung der Leber notwendige Blut heran, die Pfortader transportiert das vom Darm kommende Blut, das mit Verdauungsprodukten gesättigt ist. Diese müssen von der Leber verarbeitet werden. Das gesamte Blut, das in diesen dicken Gefäßen ankommt, verteilt sich im ganzen Organ über ein feines Kapillarnetz und fließt über die Lebervenen, die in die untere Hohlvene münden, ab.

Die Leber setzt sich aus zahlreichen Körperchen von der Größe eines Hirsekorns zusammen. Diese sogenannten Leberläppchen kann man mit bloßem Auge sehen: Sie sind durch Zwischenräume voneinander getrennt, die Glisson-Felder oder Periportalfelder heißen. In diesen verlaufen die Gefäße, die von der Leberarterie und der Pfortader kommen. Sie dringen in die Leberläppchen ein und verästeln sich dort um die Zellen, die entlang der Achse des Läppchens strahlenförmig angeordnet sind. Nachdem das Blut durch das Kapillarnetz zwischen den Zellen hindurchgeflossen ist, tritt es über die zentrale Vene eines jeden Läppchens, die seine Achse bildet, aus.

Alle Leberläppchenzentralvenen münden in zunehmend dickere Gefäße bis hin zu den Lebervenen, die die Leber verlassen. Außerdem verlaufen zwischen den Zellen, in umgekehrter Richtung zu den Gefäßen, die Gallengänge, die die von den Zellen produzierte Galle aufnehmen. Die Kanälchen vereinigen sich, bilden immer dickere

Diese Bilderfolge verdeutlicht den Schluckvorgang; der Nahrungsbolus ist grün dargestellt. Im Mund vollziehen sich wichtige Umwandlungsvorgänge der Nahrung. Man unterscheidet hiervon drei Arten: mechanische (durch Kauen), physikalische (durch den Speichelfluß) und chemische (durch ein im Speichel enthaltenes Ferment).

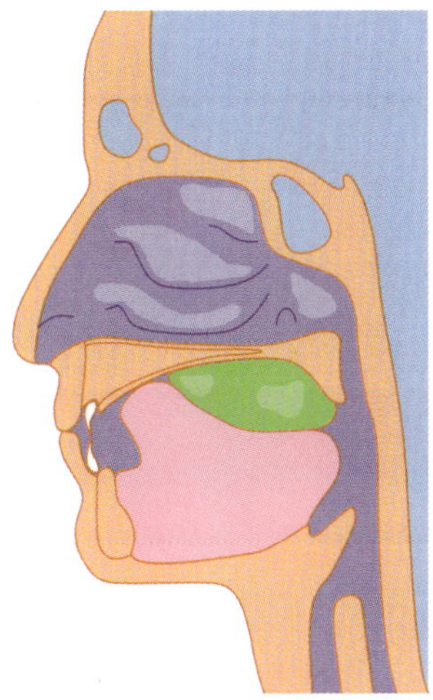
1

Der Schluckvorgang gliedert sich in drei Phasen:
- *Die erste Phase – sie verläuft im Mund – ist die des Kauens und Schluckens des Nahrungsbolus. Die Zunge hebt sich gegen den Gaumen und drückt den Bolus in den Rachen (1, 2, 3).*
- *Die zweite Phase vollzieht sich im Rachen und wird durch einen nervösen, reflektorischen Mechanismus bewirkt: Die Atemwege schließen sich, und der Kehlkopf hebt sich, während sich der Rachen verengt (4, 5).*
- *In der dritten Phase, die in der Speiseröhre stattfindet, kontrahieren sich die Muskelfasern in der Speiseröhrenwand, um den Nahrungsbolus zum Magen zu schieben (6, 7).*

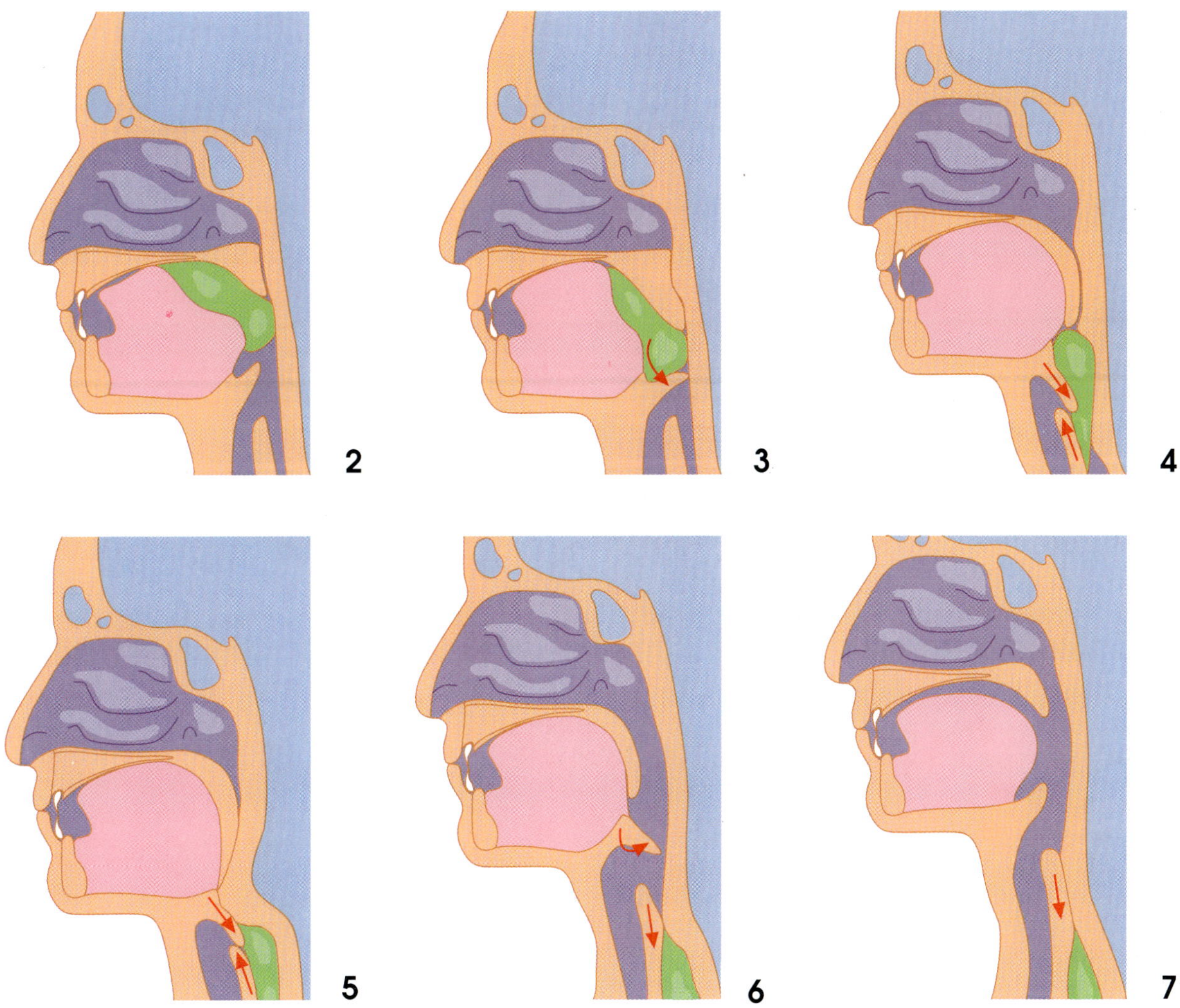

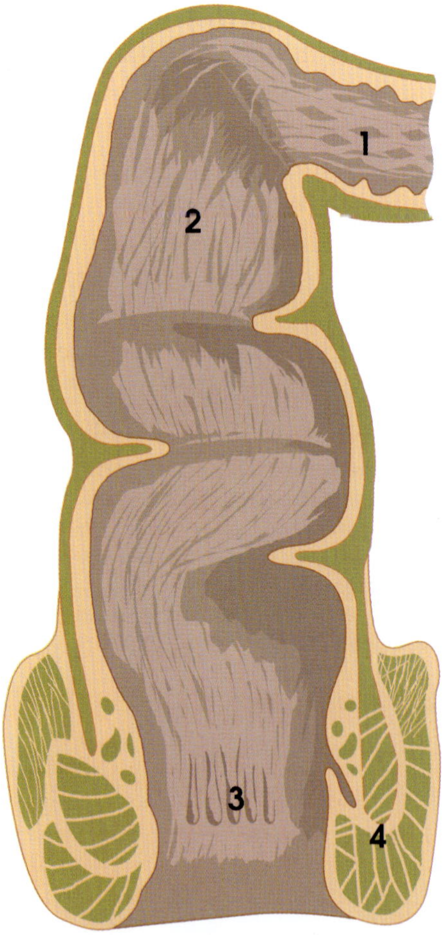

Das Endstück des Darmes:
1. Sigmoiddarm
2. Mastdarm
3. Analkanal
4. Afterschließmuskel

Gallengänge und verlassen die Leber über einen Kanal, der Lebergang genannt wird.

DIE VERDAUUNG

Unter dem Begriff Verdauung werden mechanische, physikalische und chemische Vorgänge zusammengefaßt. Sie bewirken die Umwandlung der Nahrungsmittel in Substanzen, die von den Zellen des Körpers aufgenommen werden können. Der Verdauungskanal ist der Ort für die Verdauungsvorgänge, die im Mund beginnen, im Magen fortgesetzt und im Darm beendet werden.

Die Verdauung im Mund

Die Nahrung wird im Mund stark verändert. Dies geschieht auf dreierlei Weise: mechanisch (Kauvorgänge), physikalisch (Speichel) und chemisch (durch ein im Speichel enthaltenes Ferment). Am Kauvorgang beteiligt sind die Gesichtsmuskeln. Diese „Kaumuskeln" bewegen den Unterkiefer abwechselnd nach oben und links und rechts zur Seite. Ergänzt wird das Kauen durch Einspeichelung. Sie bewirkt, daß trockene Nahrungsmittel mit dem im Speichel enthaltenen Wasser verdünnt werden. Der Schleim (Mucin) hingegen vermischt die einzelnen Nahrungsbestandteile miteinander. Chemisch wird die Nahrung durch Ptyalin, das die Amide (Maltose und Dextrin) angreift, umgewandelt. Die Wirkung des Ptyalin ist begrenzt, da die Nahrung nur einen kurzen Moment im Mund verbleibt. Die Speichelwirkung setzt sich aber bis in den Magen fort.

Die Nahrungsmittel werden im Mund zu einer teigigen Masse reduziert, die von der Zunge, den Wangen und den Lippen zu einer Art Kugel modelliert wird, dem Nahrungsbolus. Dieser Bolus wird geschluckt. Der Schluckvorgang besteht aus drei

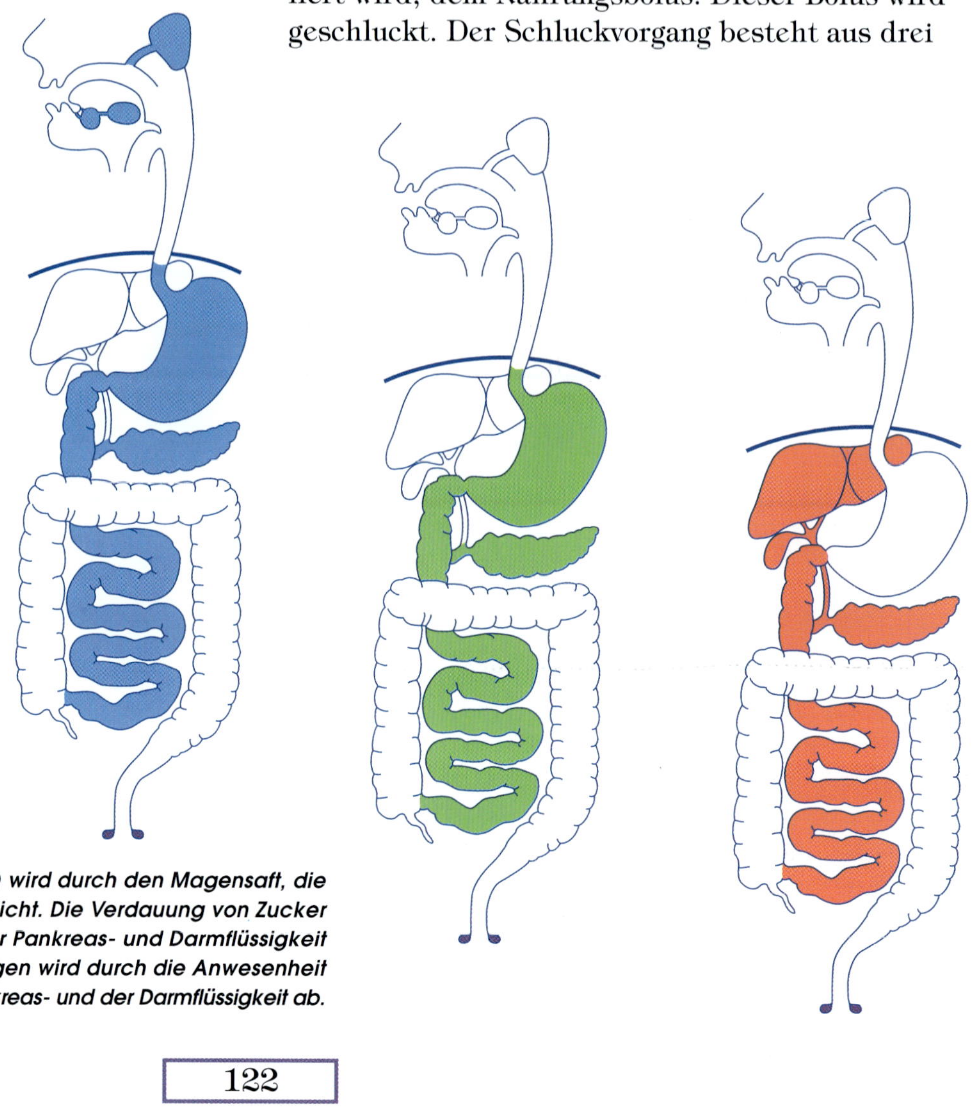

Die Verdauung der Eiweißstoffe (Proteine) wird durch den Magensaft, die Pankreas- und die Darmflüssigkeit ermöglicht. Die Verdauung von Zucker beginnt mit dem Speichel und wird von der Pankreas- und Darmflüssigkeit fortgesetzt. Die Verdauung der Fette dagegen wird durch die Anwesenheit der Galle begünstigt und hängt von der Pankreas- und der Darmflüssigkeit ab.

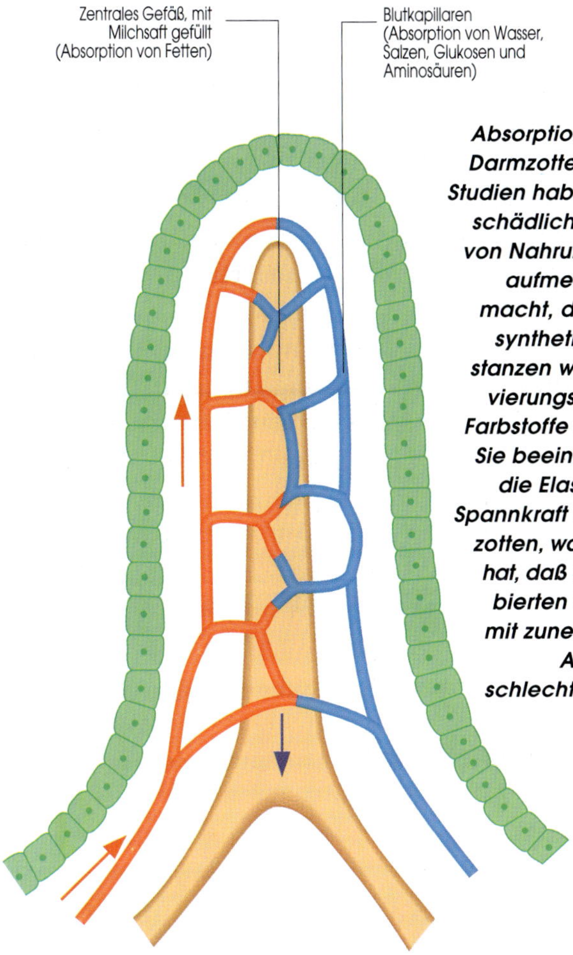

Absorption über die Darmzotten: Neuere Studien haben auf die schädliche Wirkung von Nahrungsmitteln aufmerksam gemacht, die zu viele synthetische Substanzen wie Konservierungsmittel und Farbstoffe enthalten. Sie beeinträchtigen die Elastizität und Spannkraft der Darmzotten, was zur Folge hat, daß die absorbierten Nährstoffe mit zunehmendem Alter immer schlechter gefiltert werden.

Phasen: Die erste vollzieht sich im Mund und wird willentlich kontrolliert. Der Mund ist dabei zwangsläufig geschlossen, und der Nahrungsbolus wird von der Zunge in den hinteren Teil des Mundes geschoben. Die zweite Phase findet im Rachen statt und hängt von einem nervösen reflektorischen Mechanismus ab, dem Verschließen der Atemwege. Dieser Reflex wird automatisch ausgelöst. Das Gaumensegel hebt sich und verschließt die Nasenhöhlen. Die dritte Phase vollzieht sich in der Speiseröhre und ist ebenfalls abhängig von einem reflektorischen Mechanismus. Die ringförmig angeordneten Muskelfasern der Speiseröhre ziehen sich zusammen, lassen den Nahrungsbolus langsam zum Magen wandern und verhindern, daß er wieder nach oben gelangt oder unterwegs steckenbleibt.

Alle Schluckreflexe werden durch den Reiz ausgelöst, den der Nahrungsbolus auf das Gaumensegel und die Schleimhäute der Mandeln und des Rachens ausübt.

Die Verdauung im Magen

Die geschluckten Bissen sammeln sich im Magen. Hier werden sie intensiv mit Magensaft durchtränkt und durch die Bewegungen des Magens weiterbearbeitet. Die Nahrungsboli verwandeln sich auf diese Weise allmählich in Speisebrei (Chymus). Damit wird im Magen der im Mund begonnene Prozeß der Zerkleinerung und Zersplitterung vollendet. Die Bewegungen des Magens zeigen sich in rhythmischen und unwillkürlichen Kontraktionen (peristaltischen Bewegungen). Auf der Ebene der Pförtnerhöhle (Erweiterung vor dem Magenpförtner) ist die Peralistik stärker.

Drüsen, die vor allem am Magengrund zu finden sind, produzieren Salzsäure. Diese Drüsen müssen ein ausreichend saures Milieu schaffen, damit Verdauungsenzyme wie das Pepsin ihre Wirkung entfalten

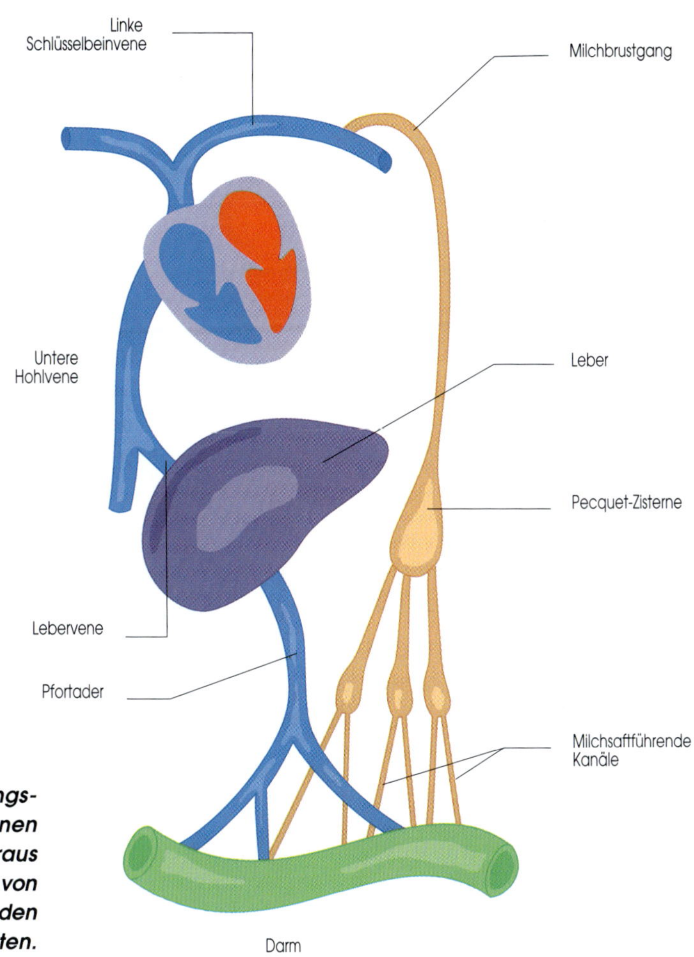

Schematische Darstellung der Assimilation: Der gesamte Verdauungsprozeß besteht für den Organismus darin, sich die Nährstoffe anzueignen (Assimilation), die er absorbiert, und sie dann umzuwandeln, um daraus eigene Substanzen herzustellen. Dieses komplexe System wird besonders von lebenswichtigen Organen wie dem Verdauungsapparat, dem Herzen, den Blutgefäßen und den milchsaftführenden Gefäßen unterhalten.

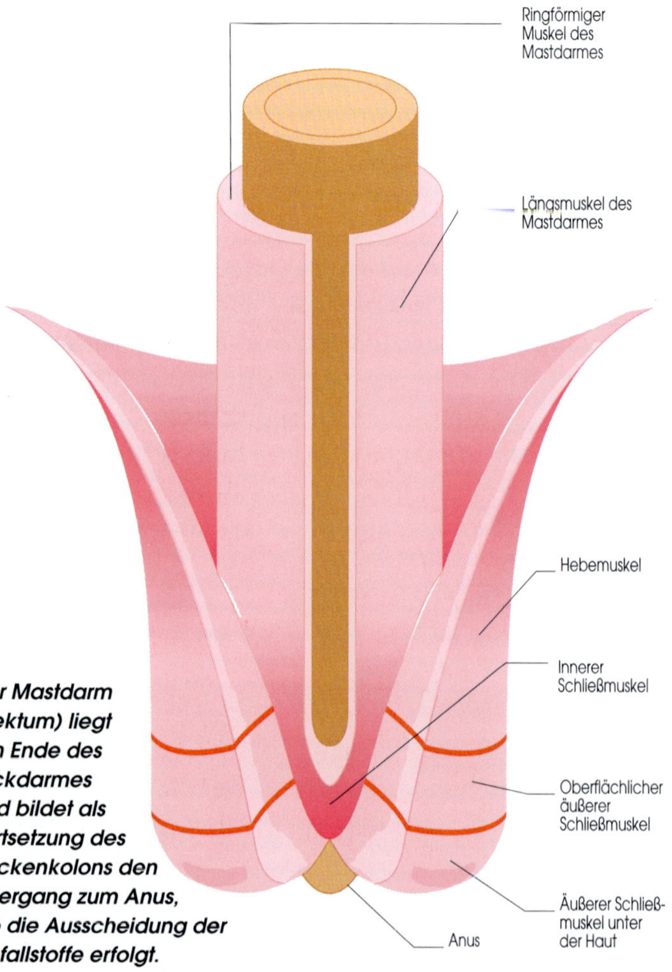

Der Mastdarm (Rektum) liegt am Ende des Dickdarmes und bildet als Fortsetzung des Beckenkolons den Übergang zum Anus, wo die Ausscheidung der Abfallstoffe erfolgt.

können. Die Salzsäure zersetzt die Bindefasern im Fleisch, zerstört in der Nahrung enthaltene Keime und unterstützt die Öffnung des Magenpförtners. Pepsin ist ein Enzym oder Ferment, das Proteine angreift und diese in kleinere Teile (Peptone und Polypeptide) aufspaltet. Diese Substanzen sind jetzt zwar wasserlöslich, doch noch immer zu komplex, um in dieser Form von den Zellen aufgenommen werden zu können. Diese aus zahlreichen Aminosäuren aufgebauten Substanzen werden anschließend im Darm weiter aufgespalten.

Im Magen beginnt die Verdauung der Proteine, etwa der nahrhaften Bestandteile von Fleisch; im Darm wird sie fortgesetzt. Schleim (Mucin) wird von den Schleimhautzellen des gesamten Magens produziert und hat die Aufgabe, die Schleimhaut vor der ätzenden Wirkung des Magensaftes zu schützen. Da die Magenwand wie alle lebenden Gewebe aus Eiweißbausteinen (Proteinen) besteht, könnte sie vom Magensaft angegriffen werden. Der Magen würde sich also theoretisch selbst verdauen: Ein Phänomen dieser Art tritt bei Magengeschwüren auf. Doch normalerweise bildet das Mucin einen wirksamen Schutzschild.

Die Magensekretion wird nervös und chemisch reguliert und unterliegt damit einem doppelten Einfluß.

Der nervöse Mechanismus setzt zuerst ein, und zwar gleich zu Beginn der Mahlzeit: Eine stark verdauende Flüssigkeit wird ausgeschüttet. Dieser Sekretionsvorgang wird durch den Anblick, den Geruch und den Geschmack der Speisen ausgelöst.

Der chemische Mechanismus beginnt anschließend: Die chemisch ausgelöste Produktion einer Flüssigkeit setzt nach etwa einer halben Stunde, nachdem die Nahrung im Magen angekommen ist, ein; der Magen beginnt sich zu leeren, nachdem er gefüllt wurde. Die Bewegungen des Schließmuskels, der für den Magenpförtner verantwortlich ist, werden von der Magensäure reguliert. Der Pförtner schließt sich wieder, nachdem eine gewisse Menge des Speisebreis in den Zwölffingerdarm vorgedrungen ist, und öffnet sich nur, wenn der Säuregehalt des Speisebreis durch die Sekrete der Leber und der Bauchspeicheldrüse neutralisiert wurde. Es handelt sich hierbei um eine vom Nervensystem gesteuerte und diesem angehörende reflektorische Funktion.

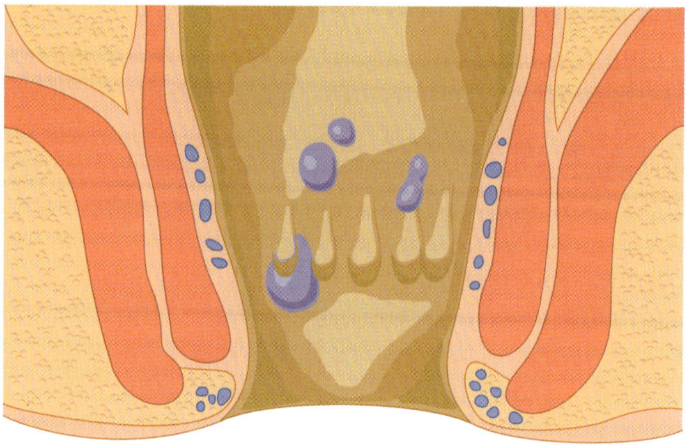

Hämorrhoiden können durch erbliche Einflüsse begünstigt werden, aber auch durch chronische Verstopfung, sitzende Lebensweise, Bewegungsarmut und Darmentzündungen.

Die Verdauung im Darm

Amide, Zucker und Fette wandern unverändert vom Mund in den Darm. Nur gekochte Amide werden teilweise durch das im Speichel enthaltene Ptyalin umgewandelt.

Der Darm arbeitet mit drei verschiedenen Sekreten: Galle, die in der Leber produziert wird, Pankreasflüssigkeit und Darmflüssigkeit. Die Galle stammt aus der Gallenblase. Beim Austritt aus diesem Organ enthält sie Mucin, Mineralsalze, Cholesterin, Gallensalze und Pigmente. Es handelt sich also nicht im eigentlichen Sinne um eine Verdauungsflüssigkeit, da die zur chemischen Veränderung der Nahrungssubstanzen notwendigen Fermente fehlen.

Galle erfüllt dennoch eine wichtige Funktion: Sie emulgiert die Fette und bereitet diese dadurch auf die Verdauung durch die in der Darm- und Pankreasflüssigkeit enthaltenen Enzyme vor. Dicke Fetttropfen teilen sich durch die Wirkung der Galle in kleinere Tropfen, die wesentlich besser von den Enzymen angegriffen werden können. Wenn die Fette verdaut sind – also nach der Aufspaltung ihrer Bestandteile in Glycerin und Fettsäuren – verbindet sich die Galle mit den Fettsäuren, denn in dieser Form können die Fette von den Zellen aufgenommen und verwertet werden.

Die Galle erfüllt eine weitere wichtige Funktion: Die Säure des Speisebreis, der aus dem Magen kommt, wird im Zwölffingerdarm neutralisiert. Darmenzyme können nur in einem basischen Milieu reagieren. Die Verdauung im Darm könnte ohne basische Umgebungsbedingungen gar nicht stattfinden. Ferner erleichtert die Galle die Absorption von Kalzium, verstärkt die peristaltischen Bewegungen des Darmes und sorgt für ein gutes Gleichgewicht der Bakterienflora des Darmes, indem sie das Wachstum bestimmter schädlicher Bakterienarten hemmt.

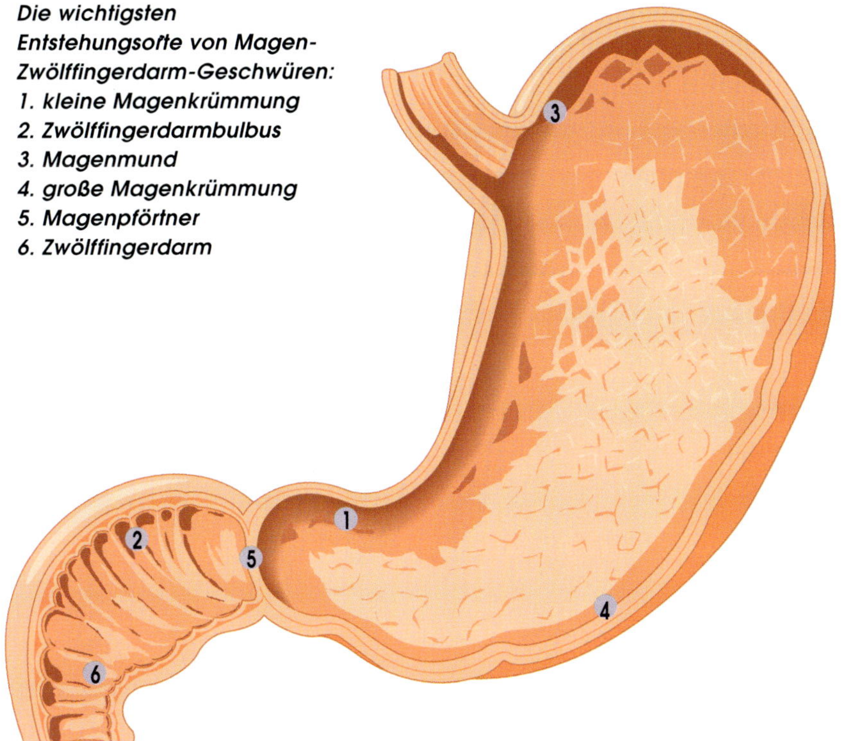

Die wichtigsten Entstehungsorte von Magen-Zwölffingerdarm-Geschwüren:
1. kleine Magenkrümmung
2. Zwölffingerdarmbulbus
3. Magenmund
4. große Magenkrümmung
5. Magenpförtner
6. Zwölffingerdarm

Soll die Bauchspeicheldrüse ihre Flüssigkeit absondern, muß sie durch ein Hormon, das Sekretin, stimuliert werden. Der saure Speisebrei wirkt auf die Schleimhaut des Zwölffingerdarms und löst so die Produktion von Sekretin aus. Die Sekretion der Bauchspeicheldrüse wird auch durch das Nervensystem stimuliert. Die Pankreasflüssigkeit wird gleichzeitig mit der Galle in den Zwölffingerdarm ausgeschüttet.

Zu den organischen Substanzen gehören drei Arten von Enzymen: das Trypsin, die Amylase und die Lipase. Die Amylase der Bauchspeicheldrüse wirkt wie das im Speichel enthaltene Ptyalin, wandelt aber wesentlich wirksamer Amide in Maltose um. Die Lipase emulgiert und verseift Fette, indem sie sie teilweise in Fettsäuren und Glycerin umwandelt. Das Trypsin greift Proteine an und setzt die zum Teil vom Pepsin im Magen begonnene Verdauungsarbeit fort, wobei es auf die Polypeptide einwirkt und diese zu Aminosäuren umwandelt.

Die Darmflüssigkeit wird von zahlreichen Drüsen produziert, die im Darm liegen (Lieberkühn-Drüsen).

Zu den wichtigsten Mineralsalzen gehören die Karbonate, die dem Magensaft seine Laugenwirkung (Alkaliwirkung) verleihen.

Die Darmflüssigkeit enthält organische Substanzen, unter anderem sechs Hauptfermente: die Amylase, Maltase, Invertase (Saccharase), Laktase, Lipase und das Erepsin. Außerdem produziert der Zwölffingerdarm Mucin, das auch hier die Aufgabe hat, die Schleimhaut des Zwölffingerdarmes vor der Säure des aus dem Magen stammenden Speisebreis zu schützen, solange diese noch nicht von den

Darmflüssigkeiten neutralisiert wurde. Die Fermente der Darmflüssigkeit wirken folgendermaßen: Die Amylase wandelt Amide in Maltose um. Die Maltase spaltet Maltose in Glukose, die Invertase teilt die Saccharose in Glukose und Fruktose, die Laktase bewirkt den gleichen Vorgang bei der Laktose, die in Glukose sowie Galaktose aufgespalten wird, und das Erepsin greift die Polypeptide an und wandelt sie in Aminosäuren um.

Am Ende des Verdauungsvorgangs im Darm sind, abgesehen vom Wasser und von Mineralsalzen, alle Substanzen aus der Nahrung so umgewandelt worden, daß sie die Darmschleimhaut durchdringen können. Dieser nährstoffarme Darminhalt ist milchig trübe und heißt deshalb Milchsaft.

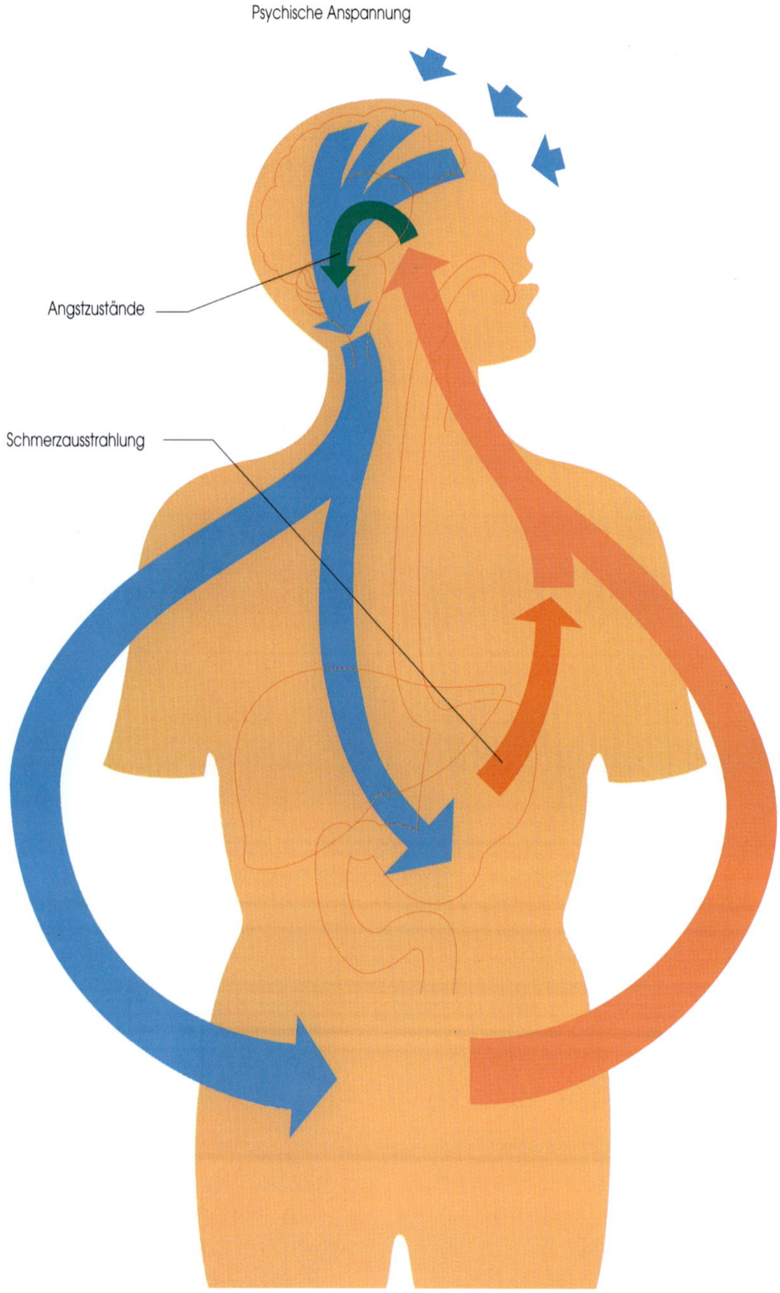

Der Milchsaft

Während der Darminhalt, vom Speisebrei zum Milchsaft verändert, langsam vorwärts gleitet, nehmen die Zellen die Substanzen nach und nach auf. Der Milchsaft erfährt außer der chemischen Behandlung eine mechanische Bearbeitung. Diese vollzieht sich in pendelnden, segmentalen und peristaltischen Kontraktionen. Auch die Ileozäkalklappe wird durch eine plötzliche peristaltische Kontraktion überwunden. Sie schließt sich dann aber sofort wieder, um den Rückfluß des Milchsaftes in den Dünndarm zu verhindern.

Im Dickdarm findet kein Verdauungsvorgang im engeren Sinne mehr statt. Der Darminhalt enthält in diesem Zustand fast keine Nährstoffe mehr. Die Reste der Verdauung werden mit dem Stuhl ausgeschieden. Der Darminhalt wird also nach und nach in Kot umgewandelt, wobei er einen großen Teil des in ihm enthaltenen Wassers verliert und besonderen Veränderungen unterliegt, die von den Darmbakterien bewirkt werden. Die im Milchsaft enthaltene Wassermenge wird vorwiegend im aufsteigenden Schenkel des Dickdarms, in dem die Pendelbewegungen besonders stark sind, verringert. Der Darminhalt, dem Wasser entzogen wurde, wird durch starke peristaltische Kontraktionen durch den Quergrimmdarm in den absteigenden Dickdarmschenkel befördert, den er etwa neun Stunden später, nachdem die Nahrung den Magen verlassen hat, erreicht. Nach einer gewissen Zeit (16 bis 18 Stunden) befindet sich im Sigmoiddarm eine ausreichende Menge an Darminhalt, der in den Mastdarm wandert.

In vielen Fällen sind Magen-Darm-Geschwüre eine Erkrankung mit psychosomatischer Komponente, die mit Streß und Ängsten zu tun hat. Psychische Spannungen wirken auf das sympathische Nervensystem, das die Produktion von Magensäure aktiviert. Diese Wechselwirkung kann zur Entwicklung eines akuten Magen-Darm-Geschwürs beitragen.

Die Ausweitung der Rektalampulle löst bald darauf das Bedürfnis nach Darmentleerung aus. Die Defäkation ist ein reflektorischer Akt, der dadurch eingeleitet wird, daß die Wände des Mastdarms gedehnt werden. Sie kann willentlich für eine bestimmte Zeit kontrolliert und verhindert werden.

DAS HARNSYSTEM

Wenn wir essen, entstehen in unseren Geweben Abfallstoffe, die in unser Blut aufgenommen werden. Jedoch sind diese Abfallstoffe für unseren Organismus giftig und müssen ausgeschieden werden. Diese Funktion, schädliche Substanzen aus dem Blut zu entfernen, in Wasser aufzulösen und als Urin auszuscheiden, erfüllen die Harnorgane. Die Nieren haben hierbei eine dreifache Aufgabe: Sie filtern das Blut, um es zu reinigen, regulieren die für die Ausscheidung notwendige Wassermenge und kontrollieren die Wassermenge, die in unserem Körper verbleiben muß, um das Flüssigkeitsvolumen konstant zu halten. Die Nieren sind der Ort der Hydroxylierung von Vitamin D und der Synthese von Erythropoetin, das für die Produktion roter Blutkörperchen eine Rolle spielt.

DIE NIEREN

Die Nieren liegen zu beiden Seiten der Wirbelsäule in der Bauchhöhle zwischen dem zwölften Brustwirbel, an dem die letzte Rippe ansetzt, und dem dritten Lendenwirbel. Rechts stehen sie mit dem aufsteigenden, links mit dem absteigenden Dickdarmschenkel in Verbindung. Die Nieren sehen bohnenförmig aus, bestehen aus widerstandsfähigem Gewebe und sind dunkelrot.

Sie sind etwa zwölf Zentimeter lang, sechs Zentimeter breit und drei Zentimeter dick. Bei Frauen wiegen sie etwa 125 Gramm, bei Männern etwa 145 Gramm. Häufig ist die linke Niere kleiner als

Die Harnorgane

Das Harnsystem besteht aus zwei Nieren (Ausscheidungsorganen) und zwei Nierenbecken mit ihrem jeweiligen Harnleiter, durch die der Harn in die Blase gelangt. Auch die Blase selbst (Harnreservoir) und die Harnröhre, durch die der Harn schließlich aus dem Körper abfließt, sind Teil des Systems.

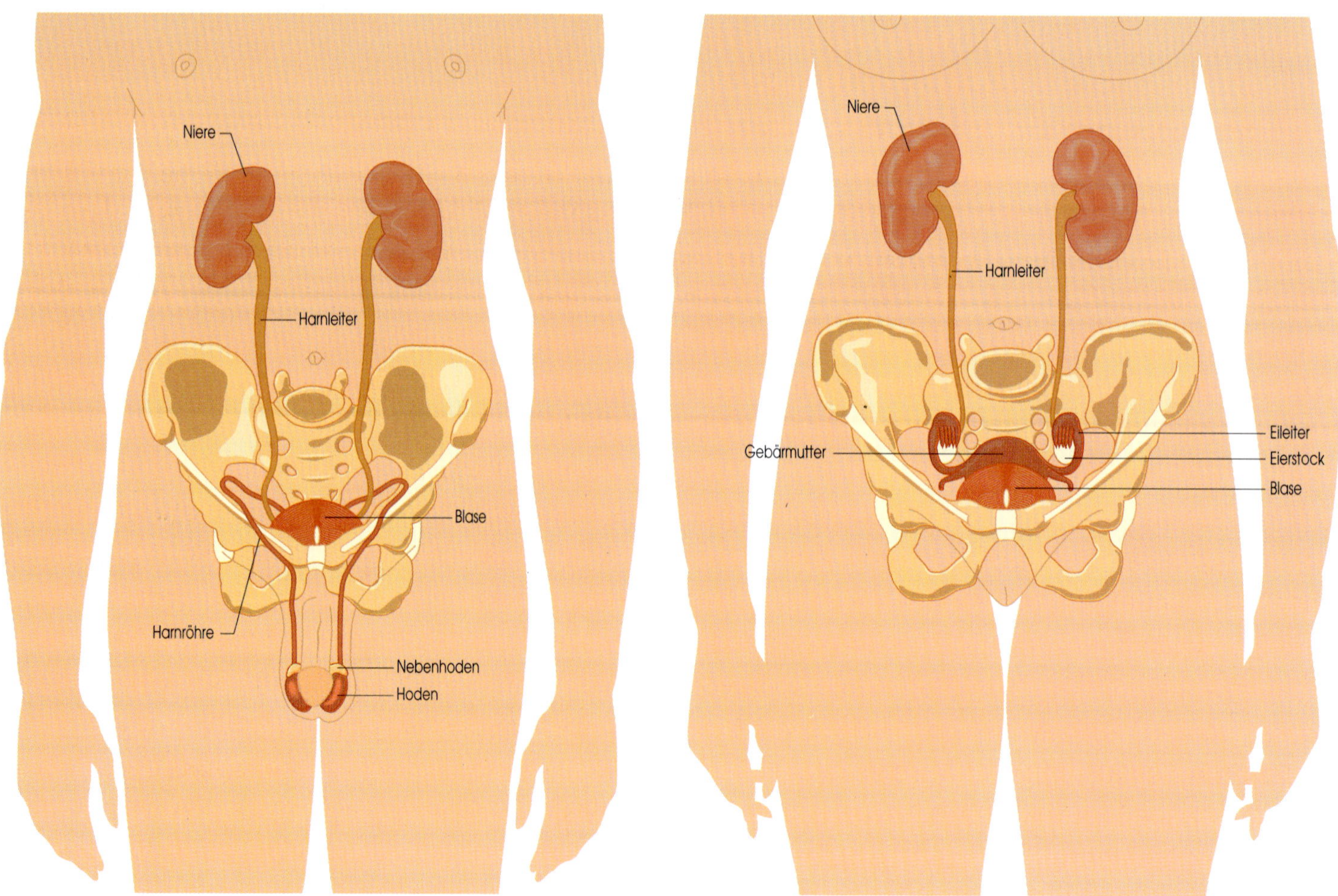

Schematische Darstellung der Nieren und des Urogenitaltraktes des Mannes (links) und der Frau (rechts).

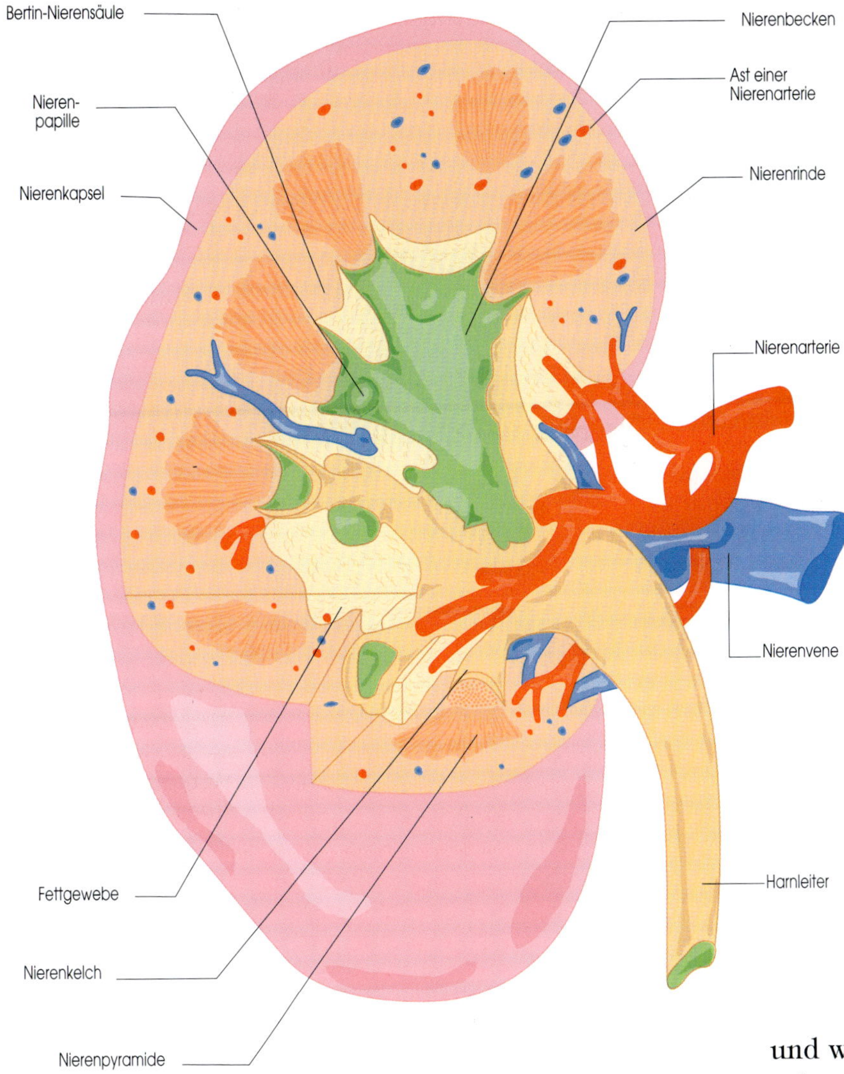

Das Nierenbecken

Die Nierenkelche treffen zusammen und bilden das Nierenbecken. Es hat die Form eines Trichters und nimmt den aus den Kelchen fließenden Harn auf. Die Wände enthalten eine Muskelschicht, die sich aufsteigend in den Kelchen und Papillen fortsetzt. Hier wird die Muskelschicht dicker und bildet so den Papillenschließmuskel. Der schmalere Teil des Nierenbeckens geht in den Harnleiter über.

Schematischer Schnitt durch die Niere: Der Harnleiter, der die Fortsetzung des Nierenbeckens bildet, transportiert den in der Niere gebildeten Harn in die Blase. Auf der Höhe der Nierenpforte verlaufen von vorne nach hinten die Nierenvene, die Nierenarterie und der Harnleiter.

die rechte und liegt ein wenig weiter oben. Jede Niere hat zwei Ränder: einen äußeren konvexen und einen inneren konkaven Rand mit einer Vertiefung – hier treten die Gefäße ein und aus – sowie zwei Oberflächen und zwei Pole. Die oberen Pole sind von Organen bedeckt, die die Form kleiner zerknautschter Kissen haben, den Nebennierendrüsen. Eine fetthaltige Bindegewebsschicht umhüllt die Nieren. Diese Stützgewebe sind jedoch nicht sehr solide, weshalb die Nieren in bestimmten Situationen nach unten gleiten können. Man kann bei den Nieren wie allerdings auch bei anderen Organen angeborene Anomalien beobachten: Es kann eine Niere fehlen oder eine dritte vorhanden sein; auch ungewöhnliche Form oder Lage kommen vor.

Die Nieren sind der eigentliche Blutfilter des Organismus. Anatomisch bestehen sie aus einer äußeren Zone, die dunkler und kompakter ist (Nierenrinde), und einer inneren Zone, die heller und weniger kompakt ist (Nierenmark). Die Marksubstanz ist durch eine bestimmte Anzahl von Malpighi-Nierenpyramiden unterteilt. Die abgerundeten Spitzen dieser Pyramiden bilden die Nierenpapillen. Der Harn fließt tropfenweise aus den Papillen und wird von Nierenkelchen gesammelt, die genau unter den Nierenpapillen liegen.

Die kleinen Nierenkelche führen in größere Nierenkelche, die ihrerseits wiederum in einen größeren Hohlraum münden: das Nierenbecken. Auf mikroskopischer Ebene bestehen die Malpighi-Nierenpyramiden aus „Nierenknäueln", den eigentlichen Blutfiltern. Ein Nierenknäuel besteht aus einem Kapillargefäß, das um sich selbst zu einem Knäuel gewickelt und von der Bowman-Kapsel umgeben ist. Die Substanzen, die von den Kapillaren und den Kapseln aus dem Blut gefiltert wurden, fließen in ein Kanälchen, das sich mit anderen vereinigt und den Papillenkanal bildet. Dieser Kanal mündet in die Spitze der in jedem Nierenkelch enthaltenen Papille. Die Kapillargefäße der Nierenknäuel bestehen aus mikroskopischen

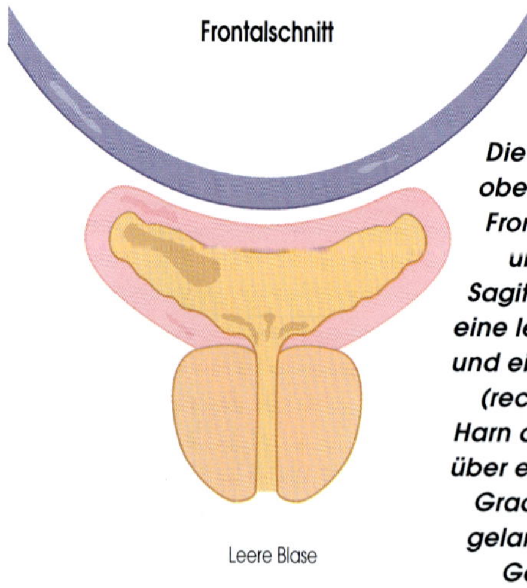

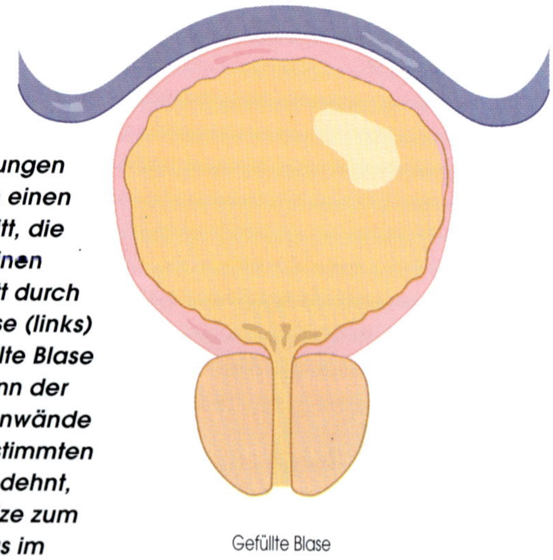

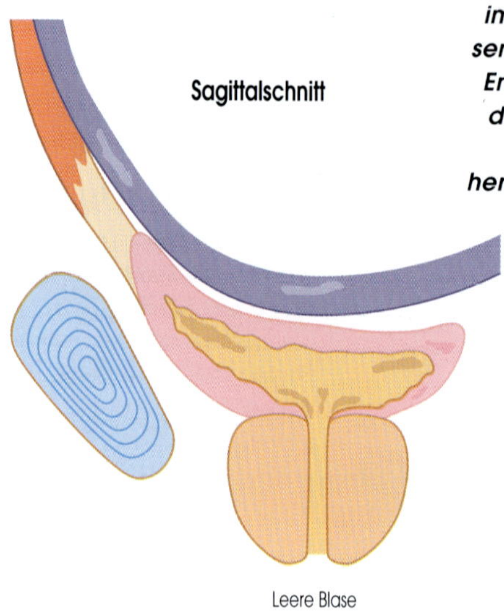

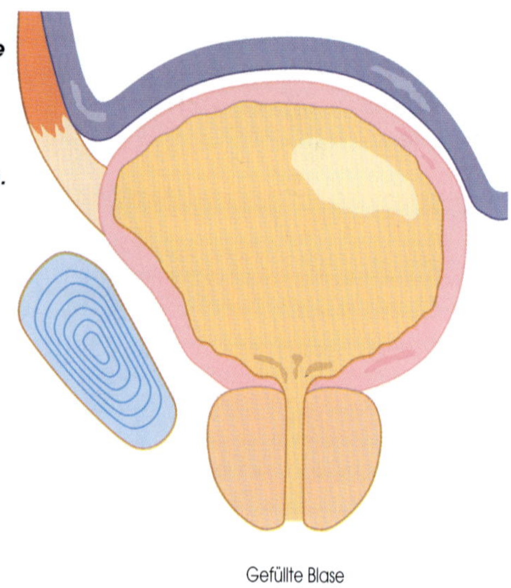

Die Darstellungen oben zeigen einen Frontalschnitt, die unteren einen Sagittalschnitt durch eine leere Blase (links) und eine gefüllte Blase (rechts). Wenn der Harn die Blasenwände über einen bestimmten Grad hinaus dehnt, gelangen Reize zum Gehirn, das im Gegenzug Nervenimpulse aussendet, um die Entspannung der Schließmuskeln herbeizuführen.

Arteriolen, die sich verzweigen, um die Oberfläche zu vergrößern, auf der der Filtervorgang stattfindet. Die Arteriolen selbst gehen aus Verästelungen der Nierenarterie hervor.

Die Venen, die das gereinigte Blut wegführen, vereinigen sich in zwei Nierenvenen, die das Organ auf der konkaven Seite neben der Nierenarterie verlassen und in die untere Hohlvene münden. Der von den Nieren produzierte Harn wird über die Harnwege (Nierenbecken, Harnleiter, Blase und Harnröhre) ausgeschieden.

DIE HARNLEITER

Wir besitzen zwei Harnleiter. Die Harnleiter sind etwa 30 Zentimeter lange Kanäle, die den Harn von den Nierenbecken zur Blase leiten. Die Öffnungen der Harnleiter, die die Form einer Hasenscharte haben, befinden sich am hinteren Teil der Blase.

DIE HARNBLASE

Die Blase ist das Speicherorgan, in dem sich der von den beiden Nieren kommende Harn sammelt, bevor er ausgeschieden wird. Die Blase ist ein muskulöses Hohlorgan, das im kleinen Becken hinter dem Schambein liegt. Die rückwärtige Wand befindet sich bei Frauen vor der Gebärmutter, bei Männern vor dem Mastdarm. Die Aufnahmefähigkeit der Blase beträgt etwa 350 Milliliter. Harndrang entsteht bereits, bevor die Blase vollständig gefüllt ist. Die Stimulation der Blasenwände löst dann diesen Reiz aus. Die Blasenwände können sich weiter ausdehnen, wenn die Blase nicht geleert wird. Das Bedürfnis zu urinieren verschwindet dann zunächst und kommt etwas später wieder.

Die Blasenwände sind bei Frauen dehnbarer als bei Männern, was erklärt, warum Männer durchschnittlich am Tag häufiger Wasser lassen müssen als Frauen. Die große Elastizität verdankt die Blase den Muskeln, die sie umgeben. Die Muskelfasern sind in drei Schichten in allen Richtungen angeordnet. Sie ermöglichen dem Organ, sich zu dehnen und wieder zusammenzuziehen, sobald der Harn ausgeschieden ist.

Die Harnleiter verlaufen so durch die Blasenwand, daß sie dem Druck unterworfen sind, der entsteht, wenn der Harn sich sammelt: Der Druck der Blasenwand blockiert die Öffnungen der Harnleiter, so daß der Harn normalerweise nicht in die Nieren zurücksteigen kann. Auf der gegenüberliegenden Blasenseite liegt um die Öffnung der dort beginnenden Harnröhre herum ein doppelter Muskelring, der teilweise innerhalb der Blase (innerer Schließmuskel) und außerhalb der Blase (äußerer Schließmuskel) liegt. Der erste Muskelring besteht aus glatten Muskelfasern und öffnet sich von selbst, wenn der Druck in der Blase zu hoch ist. Im Gegensatz dazu unterliegt der aus quergestreifter Muskulatur bestehende äußere Schließmuskel willentlicher Kontrolle; er kann sich aber auch selbständig lösen, wenn der Druck zu groß wird. Die Harnleiter sind mit sensiblen Nerven ausgestattet, die eine Schmerzempfindung ermöglichen.

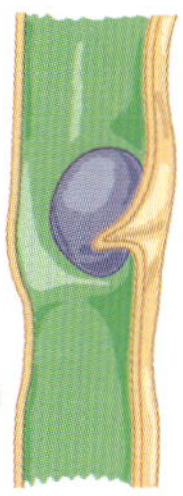

Blockierter Stein im Harnleiter

DIE HARNRÖHRE

Die Harnröhre leitet den Harn von der Blase nach außen. Sie ist bei Männern wesentlich länger (etwa 25 Zentimeter) als bei Frauen (etwa drei Zentimeter). Bei Frauen mündet die Harnröhre vor der Vagina auf Höhe der Vulva. Bei Männern ist die Harnröhre am Blasenausgang von der Vorsteherdrüse (Prostata) umgeben und nimmt dort die Mündungen der Samenbläschen auf. Die Harnröhre gelangt schließlich durch den Beckenboden hindurch in den Penis, wo sie in den Schwellkörper eingebettet liegt und sich über die gesamte Länge des Penis erstreckt. Die Harnröhre mündet an der Spitze der Eichel, nachdem sie sich zum kahnförmigen Endabschnitt innerhalb der Eichel (Fossa navicularis urethrae) erweitert hat.

DAS WASSERLASSEN

Die Harnsekretion findet kontinuierlich statt. Der Harn wird zur Blase geleitet und dort gesammelt. Wenn die Blase einem zu großen Druck ausgesetzt ist, verspüren wir das Bedürfnis zu urinieren. Die Reize gehen von der Blasenwand aus und gelangen über die Beckennerven und den Unterbauchnerv zum Gehirn, das Impulse aussendet, die zur Entspannung der Schließmuskeln und zur Kontraktion der Muskeln der Blasenwand führen. Dieser Reflex ist nur bei kleinen Kindern und Wildtieren spontan. Bei Menschen und dressierten Tieren ist „Sauberkeit“ erlernt. Das Wasserlassen kann kontrolliert und gegebenenfalls verhindert werden. Wir können sogar willentlich urinieren, ohne daß ein aktuelles Bedürfnis spürbar ist. Davon abgesehen sind die Nervenzentren, die für das

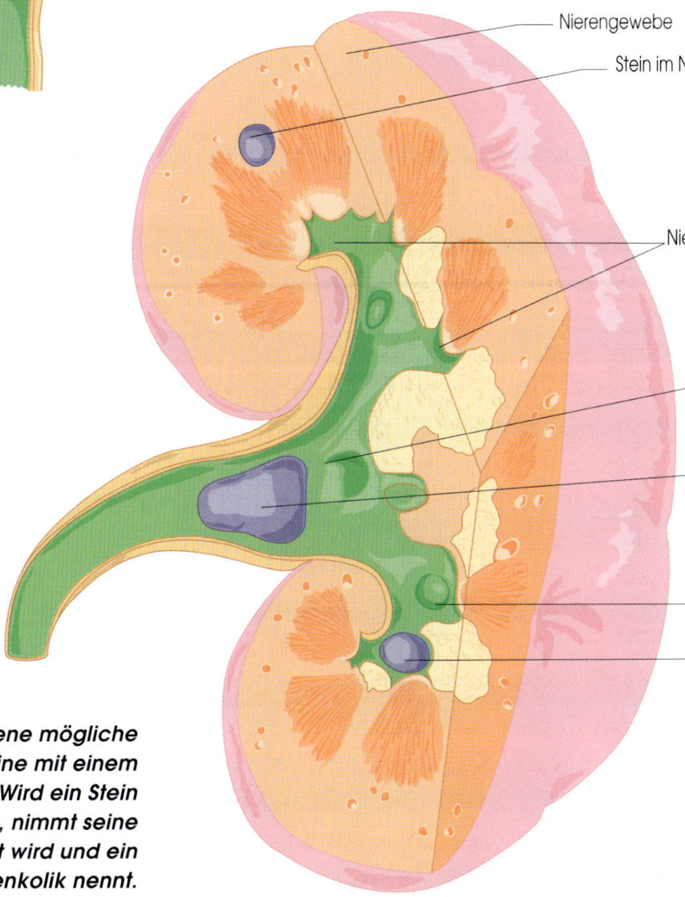

Der Längsschnitt durch eine Niere zeigt verschiedene mögliche Orte für Harnsteine. Im allgemeinen gelangen Steine mit einem Durchmesser von fünf Millimeter leicht in die Blase. Wird ein Stein an einer engen Stelle des Harnleiters blockiert, nimmt seine Größe zu, wodurch die Harnsperre verstärkt wird und ein krampfartiger Schmerz entsteht, den man Nierenkolik nennt.

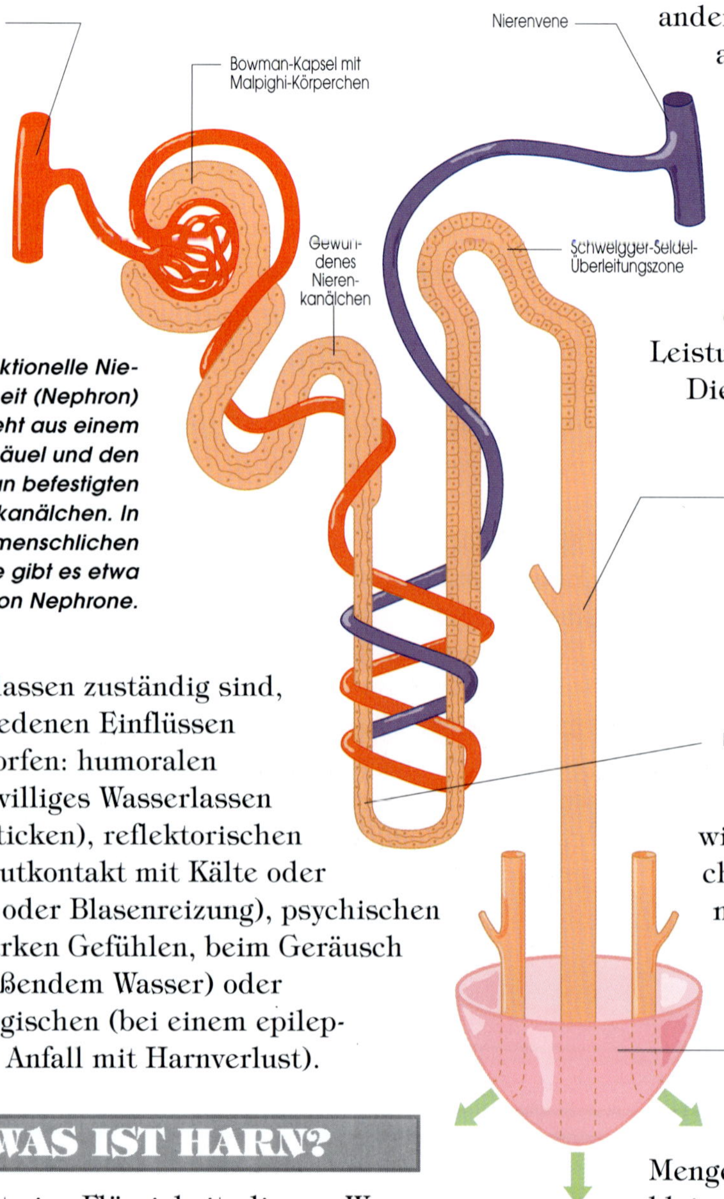

Die funktionelle Niereneinheit (Nephron) besteht aus einem Nierenknäuel und den daran befestigten Nierenkanälchen. In einer menschlichen Niere gibt es etwa eine Million Nephrone.

Wasserlassen zuständig sind, verschiedenen Einflüssen unterworfen: humoralen (unfreiwilliges Wasserlassen bei Ersticken), reflektorischen (bei Hautkontakt mit Kälte oder Wasser oder Blasenreizung), psychischen (bei starken Gefühlen, beim Geräusch von fließendem Wasser) oder neurologischen (bei einem epileptischen Anfall mit Harnverlust).

WAS IST HARN?

Harn ist eine Flüssigkeit, die aus Wasser besteht, in dem Mineralsalze und gelöste organische Substanzen enthalten sind. Die Zusammensetzung sieht folgendermaßen aus: In einem Liter Harn befinden sich 955 Gramm Wasser, 25 Gramm Harnstoff, 0,5 bis 1 Gramm Harnsäure, 10,5 Gramm Natriumchlorid, 8 Gramm Mineralsalze (Phosphat, Sulfat) und andere Substanzen wie das Kreatinin. Die Wassermenge ist deutlichen Schwankungen unterworfen, während die im Laufe von 24 Stunden ausgeschiedene Menge der anderen Elementarstoffe stabil bleibt.

Der Harnstoff ist ein Endprodukt des Eiweißstoffwechsels. Harnstoff wird vor allem in der Leber produziert, die eiweißhaltige Substanzen verarbeitet. Die täglich ausgeschiedene Menge (30 bis 35 Gramm) kann bei stark fleischhaltiger Ernährung oder bei anhaltender Muskelanstrengung zu- und andererseits bei vegetarischer Ernährung abnehmen.

Abgesehen vom Harnstoff enthält Harn auch Kreatinin. Die Menge dieses Eiweißzerfallsprodukts gilt als Maßstab für die Wirksamkeit der Nierenfilter. Mit Hilfe der Bestimmung der Kreatininanteile im Blut und im Harn kann die Filterleistung der Nieren beurteilt und eine mögliche Leistungsschwäche festgestellt werden.

Die Harnsäure entsteht beim Zerfall von Nukleoproteinen (Zellkernbestandteilen). Der Harnsäurespiegel steigt bei fleischhaltiger Ernährung an.

Ein Überschuß an Harnsäure im Organismus kann Erkrankungen wie Gicht oder Nierensteinleiden begünstigen. Die Harnsäure ist ebenso wie bestimmte, beim Zerfall von stickstoffhaltigen Verbindungen entstehende Substanzen wie Kreatinin, Xanthinbasen und Oxalsäure ein charakteristischer Bestandteil des menschlichen Harns.

Bei pflanzenfressenden Tieren sind diese Harnbestandteile nicht nachweisbar.

Der Harn enthält darüber hinaus zahlreiche Salze, vor allem Natriumchlorid (Kochsalz) in einer Menge von acht bis zehn Gramm pro Liter, und in kleineren Mengen Natrium- und Magnesiumsulfat (vier Gramm) und alkalische Phosphate (drei Gramm).

Alle Eigenschaften, Bestandteile sowie die Konzentration des Harns können in Abhängigkeit von normalen oder krankhaften Umständen schwanken. Die Stoffe, die bei bestimmten Erkrankungen am häufigsten im Harn nachgewiesen werden können, sind Blut, Eiweiß und Zucker (Glukose). Normalerweise können diese Substanzen den Nierenfilter nicht passieren – besonders Eiweiß und Glukose nicht. Diese Substanzen treten im Harn meist infolge einer Erkrankung auf, deren Ursprung nicht zwingend die Nieren sein müssen.

Größere Mengen von Zucker, aber auch von Eiweiß, können vor allem als Folge einer Zuckerkrankheit (Diabetes mellitus), deren Ursprung eine Funktionsstörung der Bauchspeicheldrüse ist, im Harn nachgewiesen werden.

DIE GESCHLECHTS-ORGANE

Die Geschlechtsorgane dienen der Fortpflanzung und Arterhaltung. Die Rollen, die den beiden Geschlechtern dabei zukommen, ergänzen sich gegenseitig und haben daher beträchtliche anatomisch-physiologische Unterschiede der weiblichen und männlichen Organe zur Folge.

Die männlichen Geschlechtsorgane produzieren die männlichen Keimzellen (Spermien) und bringen diese in das Innere der weiblichen Geschlechtsorgane. Ein Spermium trifft auf die weibliche Keimzelle (Ei), befruchtet diese und zeugt dadurch neues Leben.

Die weiblichen Geschlechtsorgane produzieren die weibliche Keimzelle (Ei) und bewahren sie nach ihrer Befruchtung auf, damit sie sich zu einem neuen Individuum entwickeln kann, das durch die Geburt zur Welt kommt.

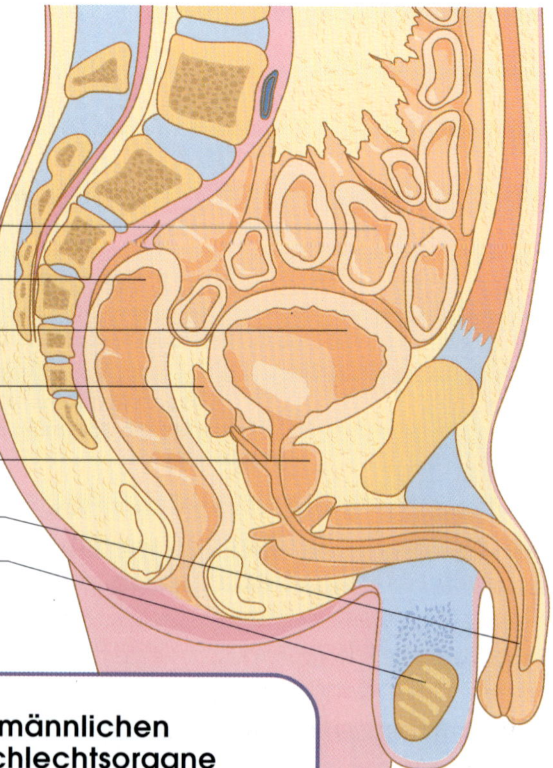

Die männlichen Geschlechtsorgane

Die männlichen Geschlechtsorgane bestehen aus Hoden, Samenleitern, Samenbläschen, Penis, Harnröhre, Hodensack, Prostata und Cowper-Drüsen und sind anatomisch eng mit dem Harntrakt verbunden (Urogenitaltrakt).

Die Prostata liegt unter der Blase. Sie produziert die Ejakulatsflüssigkeit, die anschließend über den Prostatakanal nach außen abgegeben wird.

DER MÄNNLICHE GESCHLECHTSAPPARAT

Die Hoden

Hoden sind ovale Drüsen, die sich in einer Art Beutel, dem Hodensack (Scrotum), befinden. Dieser ist in zwei Teile geteilt: Die beiden Hoden sind im Inneren des Hodensacks jeweils von einer derbfibrösen weißlichen Bindegewebshaut (Tunica albuginea) umgeben, von der Gewebebälkchen ausgehen, die pyramidenförmige Räume bilden. Hierin befindet sich das spezifische Hodengewebe mit einem kleinen, stark gewundenen Kanal, dem Samenkanal.

Die Spermien werden in einem besonderen Prozeß (Spermatogenese) im Inneren der Hoden produziert. Dies geschieht in den Zellen, die die Wände des Samenkanals bilden.

Danach gelangen die Spermien in den ableitenden Kanal, der die Hoden mit dem entsprechenden Samenbläschen verbindet. Alle ableitenden Kanäle steigen am inneren Rand der Hoden bis zur Öffnung des Leistenkanals auf, dringen in ihn ein und erreichen das Becken. Dort münden die Kanäle in Samenbläschen. Die Samenbläschen, die eigentlichen Samenzellenspeicher, liegen zwischen Blase und Mastdarm.

Der Penis

Die Samenzellen gelangen bei der Ejakulation, durch die das Sperma herausgeschleudert wird, in die Harnröhre. Die zum ableitenden Harnsystem gehörende Harnröhre ist der Kanal, der an die Spitze des Penis führt und durch den der Harn aus der Blase nach außen gelangt. Sie bildet das gemeinsame Endstück der männlichen Harnwege und der Geschlechtsorgane.

Der Penis (auch „Glied" genannt) kann sich steif-elastisch aufrichten (Erektion), um die Spermien während der

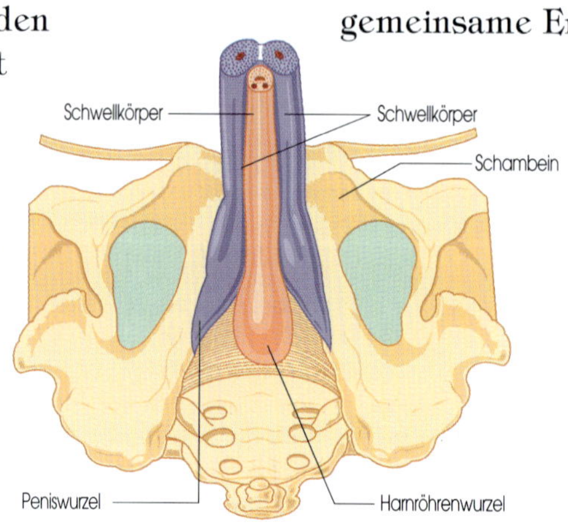

Die drei Schwellkörper bei erigiertem Penis: Wenn der Mann sexuell erregt ist, füllen sich die Schwellkörper mit Blut und werden länger und dicker.

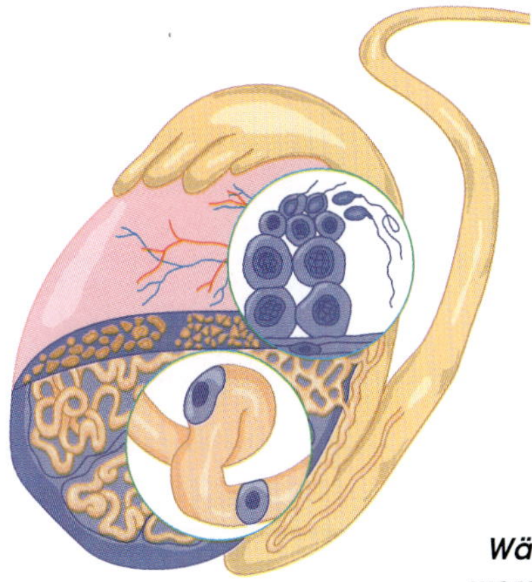

Die Hoden, die männlichen Geschlechtsdrüsen, liegen in einer Hautfalte unter der Bauchhöhle. Der Hoden ist von einer Bindegewebsschicht umgeben, die sich in das Innere des Organs verlängert, wodurch Scheidewände entstehen, die es in Logen unterteilen. Diese enthalten die um sich selbst gewundenen samenführenden Kanäle. In den Wänden der Samenkanalzellen werden die Spermien produziert.

Kopulation in den Vaginalkanal der Frau zu plazieren. Der Penis entspringt am unteren Ende des Bauches vor dem Schambein unmittelbar oberhalb des Hodensacks. Er ist zylindrisch und hat ein dickeres kegelförmiges Ende, die Eichel. Diese weist an ihrer Spitze die Harnröhrenmündung auf, die ihrerseits von einer Hautfalte, der „Vorhaut", geschützt wird.

Der Penis besteht aus dem Harnröhrenkanal und drei erektilen Organen: dem Schwellkörper, der Harnröhre und den beiden Schwellkörpern des Penis. Die Schwellkörper des Penis haben die Form von zwei nebeneinanderliegenden Zylindern. In einem Winkel, der unten von den beiden Schwellkörpern gebildet wird, liegt der Schwellkörper der Harnröhre, der die Harnröhre umschließt und zwei Verdickungen bildet: vorne die bereits beschriebene Eichel und hinten die Harnröhrenwurzel. Die drei erektilen Organe weisen etwa die gleiche Struktur auf. Sie bestehen aus einer umhüllenden faserhaltigen Membran (Tunica albuginea), von der Bälkchen ausgehen, die die Schwellkörper in kleine, untereinander verbundene schwammartige Hohlräume unterteilen. Wenn sich die Hohlräume mit Blut füllen, nimmt das Volumen des Penis zu, und er wird härter. Dieses Phänomen bezeichnet man als Erektion.

Die Prostata

Zum männlichen Geschlechtsapparat gehören auch Drüsen: die Vorsteherdrüse (Prostata) und die Cowper-Drüsen. Ihre Größe und Aktivität wird von Sexualhormonen beeinflußt.

Im sexuell inaktiven Zustand produziert die Prostata etwa einen Milliliter Flüssigkeit. Diese Menge nimmt bei sexueller Erregung deutlich zu. Die beiden Cowper-Drüsen, die jeweils die Größe einer Erbse haben, liegen hinter der Harnröhrenwurzel und münden in die Harnröhre. Die Prostata und die Cowper-Drüsen schütten eine Flüssigkeit aus, die gemeinsam mit den Spermien das Sperma bildet.

Vor der Ejakulation tritt zuerst die von den Cowper-Drüsen abgegebene Flüssigkeit aus, um den Peniskanal von allen Harnresten zu reinigen und als Gleitmittel zu dienen. Danach wird die Flüssigkeit der Prostata ausgeschüttet. Zum Schluß wird die visköse Flüssigkeit der Samenbläschen, die die Spermien enthält, abgegeben.

Die Prostata ist für die Befruchtung zwar nicht unentbehrlich, aber doch von Bedeutung, denn durch ihr Sekret wird die Menge des Spermas vergrößert und seine Zähflüssigkeit verringert, wodurch die Befruchtungsfähigkeit verbessert wird.

Die Ejakulation

Der Penis erigiert dadurch, daß sich die Blutgefäße erweitern. Während der Erektion ist die im Penis zirkulierende Blutmenge etwa acht- bis zehnmal größer als im Ruhezustand.

Die Vorhaut

Die Vorhaut ist am unteren Teil der Eichel mit einer dünnen Hautzunge, dem Vorhautbändchen, angewachsen. Normalerweise kann sich ihr vorderes Ende, die Vorhautöffnung, zurückziehen und die Eichel vollständig entblößen.

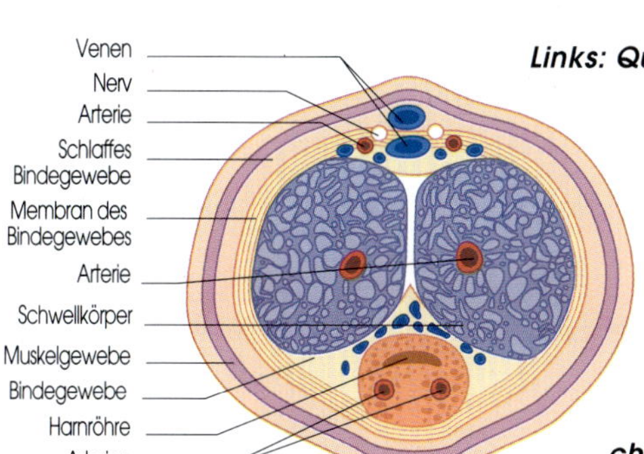

Links: Querschnitt durch den Penis. Durch die Harnröhre fließt Harn oder Sperma. Rechts: Längsschnitt durch die Penisspitze. Die Vorhaut kann mit einem breiten Ring verglichen werden, der die Eichel im Ruhezustand bedeckt und während der Erektion entblößt. Sie ist mit dem Vorhautbändchen hinten an der Eichel befestigt.

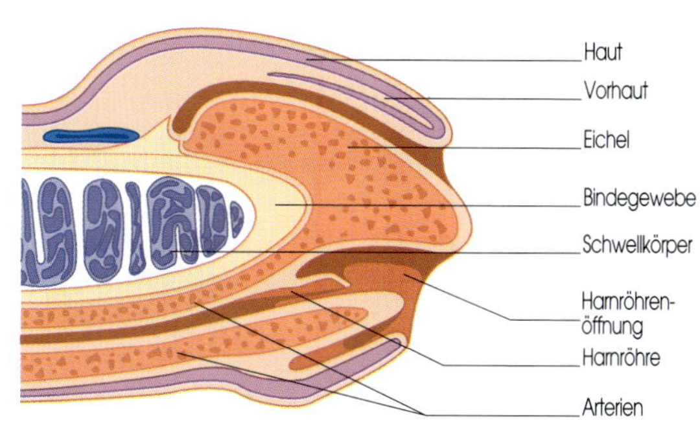

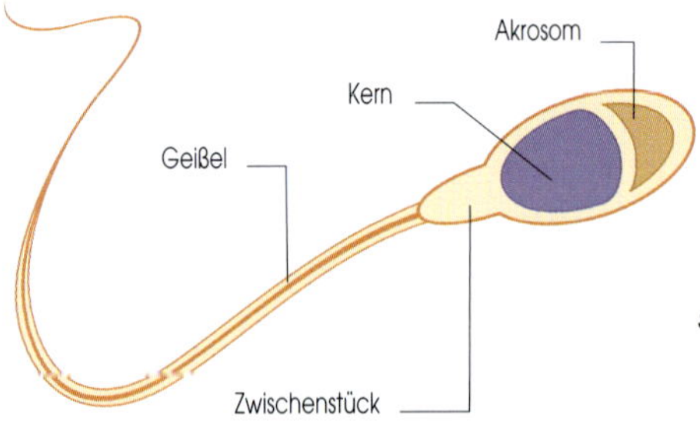

Die Spermien sind die männlichen Fortpflanzungszellen. Diese sehr beweglichen Zellen, von denen in einem Milliliter Sperma etliche Millionen vorhanden sind, dienen der Erhaltung der Spezies Mensch.

Reibt die Eichel an den Wänden der Vagina, werden rhythmische Kontraktionen der Muskelwände der Samenbläschen ausgelöst, die ihren Inhalt in die Harnröhre ausschütten. Hier vermischen sich diese Sekrete mit den von der Prostata und den Cowper-Drüsen produzierten Flüssigkeiten und werden dann nach außen geschleudert (Ejakulation). Der Zeitpunkt der Ejakulation wird auch als Orgasmus bezeichnet.

Die bei jedem Koitus ausgestoßene Spermamenge beträgt etwa zwei bis vier Milliliter. In jedem Milliliter sind 48 bis 120 Millionen Spermien enthalten, was etwa 200 bis 400 Millionen Spermien pro Ejakulation ergibt.

Ein Spermium ist nicht länger als 0,05 Millimeter. Es besteht aus einem birnenförmigen „Kopf", der über einen verengten Teil, den „Hals", mit einem leicht aufgeblähten Körper verbunden ist, der in einem langen fadenförmigen und beweglichen Schwanz, der Geißel, endet.

Die Spermien beginnen sich zu bewegen, sobald sie mit der von der Prostata produzierten Flüssigkeit in Berührung kommen. Von diesem Moment an wird ihre Fortbewegungsgeschwindigkeit im Verhältnis zu ihrer mikroskopischen Größe deutlich größer: Sie können drei bis vier Millimeter pro Minute zurücklegen und sich 30 bis 40 Stunden lang mit gleichbleibender Geschwindigkeit in der Vagina bewegen. Nach Ablauf dieser Frist verlieren sie ihre Beweglichkeit und ihre Befruchtungsfähigkeit.

Die chemische Zusammensetzung der Sekrete des weiblichen Geschlechtsapparates, die leicht basisch sind, begünstigen die Bewegungen der Spermien. Die Strecke vom Gebärmutterhals bis zur Öffnung des Eileiters, in dem sich die Eizelle befindet, wird in wenig mehr als einer Stunde zurückgelegt. Die Befruchtung findet in dem Augenblick statt, in dem eine einzige Samenzelle in das Ei eindringt.

Eine große Menge von Spermien ist dennoch unabdingbar. Man geht davon aus, daß ein Mann dann steril ist, wenn die Anzahl der Spermien im Ejakulat weniger als 60 Millionen beträgt, was einem Viertel des normalen Durchschnittswertes entspricht. Jedes Spermium gibt bei der Berührung mit der Zellkrone, die die Eizelle schützt, eine geringe Menge eines Diffusionsenzyms (Hyaluronidase) ab, das die von der Eizelle errichtete Barriere nach und nach zerstört. Um diesen Effekt zu erzielen, ist die Anwesenheit vieler Millionen Spermien notwendig. Schließlich erreicht nur eine einzige Samenzelle die Eizelle und befruchtet sie.

DER WEIBLICHE GESCHLECHTSAPPARAT

Die weiblichen Geschlechtsorgane entwickeln die Eizelle, bewahren sie nach ihrer Befruchtung auf und ermöglichen neun Monate lang die weitere Entwicklung des neuen Lebens. Zu den weiblichen Geschlechtsorganen gehören die Eierstöcke, die Eileiter, die Gebärmutter, die Vagina und die Vulva.

Die Eierstöcke

Die Eierstöcke bilden den grundlegenden Teil der weiblichen Geschlechtsorgane. Die beiden Eierstöcke – es können ausnahmsweise auch drei sein – liegen auf beiden Seiten der Gebärmutter.

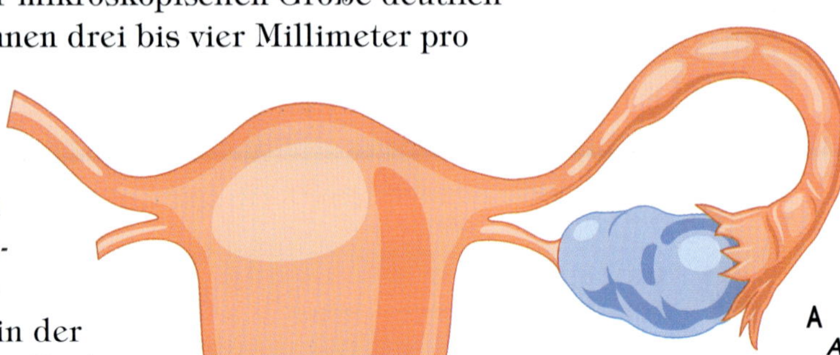

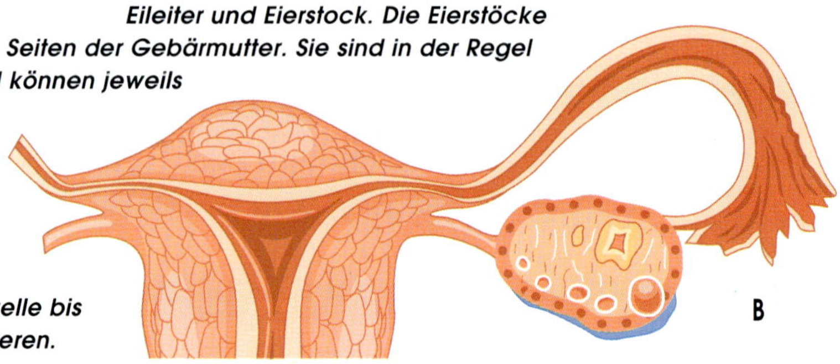

Ansicht auf (A) und Querschnitt durch (B) Eileiter und Eierstock. Die Eierstöcke liegen im Becken auf beiden Seiten der Gebärmutter. Sie sind in der Regel etwa 2,5 Zentimeter lang und können jeweils bis zu zwölf Gramm wiegen. Die Eierstöcke sind mit den Eileitern verbunden, die innen mit einer mit Flimmerhaaren versehenen Schleimhaut, dem Flimmerepithel, ausgekleidet sind und die Eizelle bis in die Gebärmutter transportieren.

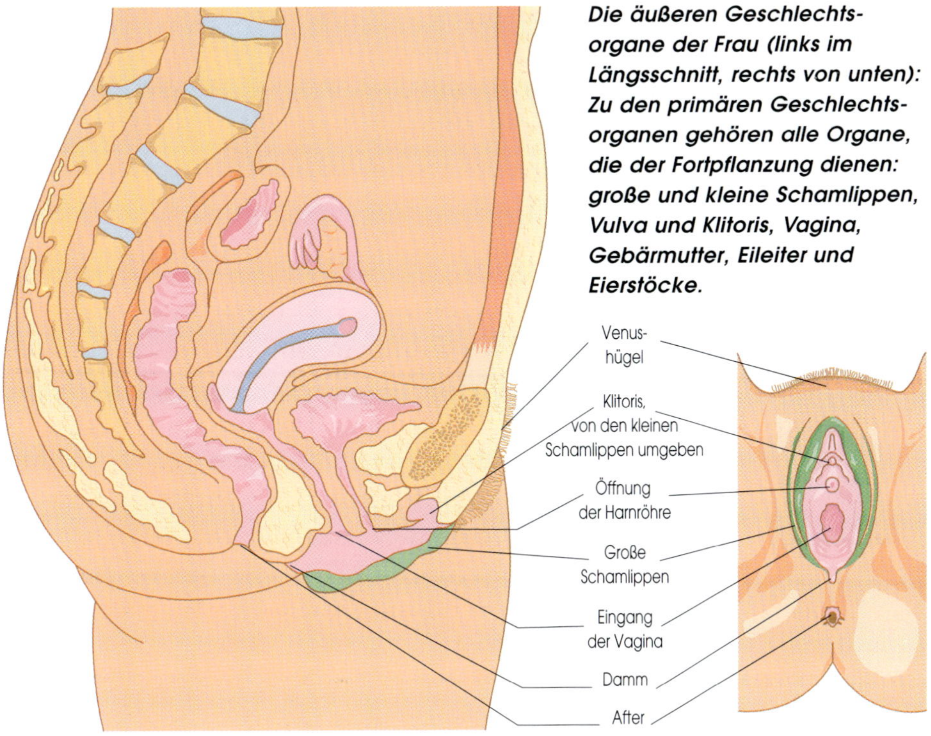

Die äußeren Geschlechtsorgane der Frau (links im Längsschnitt, rechts von unten): Zu den primären Geschlechtsorganen gehören alle Organe, die der Fortpflanzung dienen: große und kleine Schamlippen, Vulva und Klitoris, Vagina, Gebärmutter, Eileiter und Eierstöcke.

Während der weiblichen Geschlechtsreife haben sie die Größe von Pflaumen, und der rechte Eierstock ist häufig größer als der linke. Ihre Größe nimmt nach der Menopause stark ab. Sie werden von einer Falte des Bauchfells, dem breiten Gebärmutterband, in ihrer Position gehalten und stehen durch das Gebärmutter-Eileiter-Band mit der Gebärmutter in Verbindung.

Die Eizellen reifen nacheinander während der geschlechtlichen Entwicklung der Frau heran. Die Eizellen sind in kleinen Bläschen, den Graaf-Follikeln, enthalten, die mit einer hellen Flüssigkeit gefüllt sind. Bei jungen Frauen befindet sich eine große Anzahl von Follikeln und Eizellen im Eierstock, aber die Anzahl der reifen Eizellen stellt nur einen kleinen Teil der Gesamtmenge der Eizellen dar. Im Monatszyklus platzt ein Follikel, und eine Eizelle löst sich vom Eierstock. An dieser Stelle entsteht an der Oberfläche des Eierstocks eine Narbe. Wenn man die äußere Oberfläche eines Eierstocks einer geschlechtsreifen Frau betrachtet, sieht man mehrere Follikel in verschiedenen Entwicklungsstadien und mehr oder weniger frische Narben.

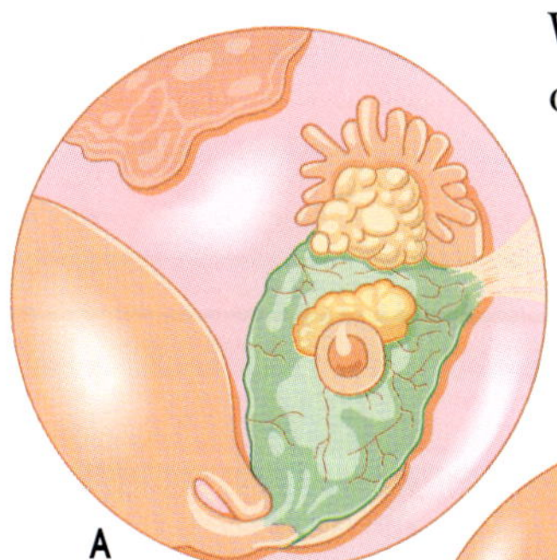
A

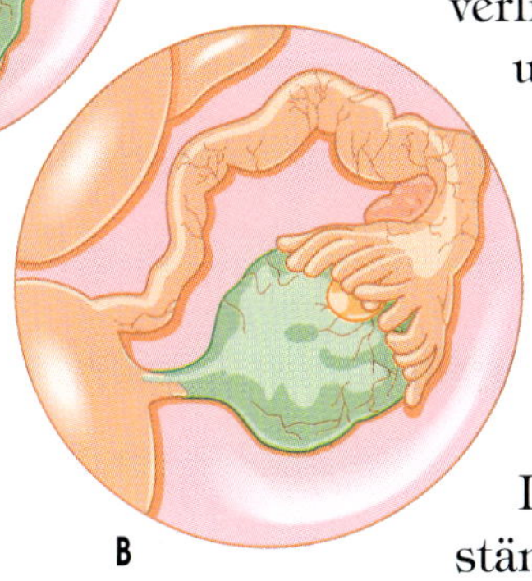
B

Durch das Laparoskop betrachtet, zeigt Abbildung A den Zustand von Eileiter und Eierstock kurz vor dem Eisprung. Abbildung B verdeutlicht, was in dem Moment geschieht, in dem das Follikel platzt: Die Zotten des Eileitertrichters greifen um den Eierstock und nehmen das Ei auf, das gerade gesprungen ist.

Die Eileiter

Der Durchmesser der Eileiter ist auf der Seite der Gebärmutter geringer als auf der Eierstockseite. Die Eileiter sind etwa zwölf Zentimeter lang. Die Schleimhäute der Eileiter bestehen aus Epithelgewebe, dessen Zellen mit Wimpern ausgestattet sind. Sie können Flimmerbewegungen ausführen, mit deren Hilfe das reife Ei in die Gebärmutter wandert.

Die Gebärmutter

Die Gebärmutter ist ein Hohlmuskel, der in der Beckenhöhle horizontal zwischen Blase und Mastdarm, vertikal zwischen der Vagina und den Dünndarmschlingen liegt. In normaler Lage ist die Gebärmutter im Verhältnis zur Achse der Vagina nach vorne geneigt und berührt fast die Blase. Sie bildet im Verhältnis zur Körperachse einen offenen Winkel nach vorne. Ihre Form ist mit einer umgedrehten Birne vergleichbar. Größe und Gewicht schwanken je nachdem, ob die Frau schon einmal schwanger war oder nicht. Die Größe der Gebärmutter nimmt aufgrund des Blutandrangs während der Menstruation zu. In der Menopause verliert die Gebärmutter ihre Funktion und schrumpft.

Die Gebärmutter besteht aus Boden, Körper und Hals. Der Boden, gedrungen und breit, liegt in Höhe des oberen Beckens. Der nach unten gerichtete Hals ragt in die Tiefe der Vagina hinein. Die Gebärmutter wird durch ihre ständige Verbindung mit der Vagina und durch verschiedene Bänder in ihrer Position gehalten: den „breiten" Bändern, den „runden" Bändern und dem Gebärmutter-Kreuzbein-Band. Die Gebärmutter besteht aus drei verschiedenen Schichten: der serösen Schicht, der Muskelschicht und der Schleimhautschicht. Die

Die Vagina ist ein Kanal von sechs bis sieben Zentimeter Länge. Sie beginnt hinter der Vulva, endet am Gebärmutterhals und verbindet die inneren mit den äußeren Geschlechtsorganen. Sie erfüllt drei Funktionen: Sie ist Geburtskanal, ermöglicht die Regelblutung und – durch Aufnahme des Penis – die Befruchtung.

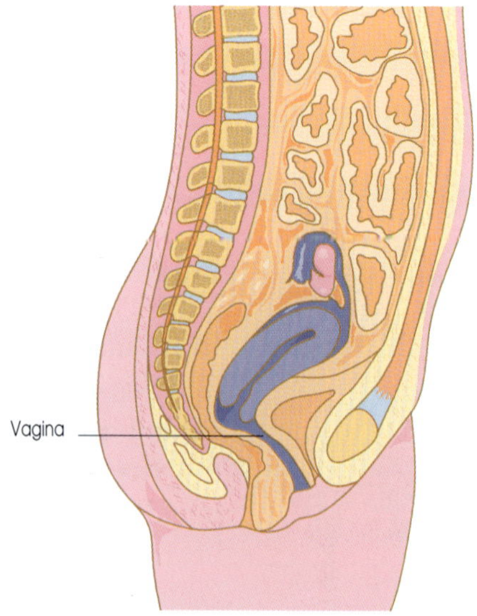

äußere seröse Schicht wird vom Bauchfell gebildet, das sich über Gebärmutter und Blase ausdehnt. Die mittlere muskuläre Schicht bildet die Organwand, bestehend aus glatten Muskelfasern, die während einer Schwangerschaft an Größe zunehmen und eine rote Färbung bekommen. Die Schleimhaut kleidet die gesamte innere Höhle aus und setzt sich oben bis in die Eileiter, unten bis in die Vagina fort.

Die Vagina

Die Vagina mißt sechs bis sieben Zentimeter. Sie ist ein Kanal mit einem ungleichmäßigen Innendurchmesser (etwa 2,5 Zentimeter), der in Nähe der Vulva enger und in Nähe des Gebärmutterhalses weiter ist. Diese Ausmaße sind relativ, da die Vagina sehr dehnbar ist, was bestimmte Maßnahmen der Geburtshilfe erleichtert und den Durchtritt des Kindes bei der Geburt ermöglicht. Der engste Teil in Höhe der Vaginalöffnung unterliegt der willentlichen Kontraktion eines sehr elastischen Muskels, des Scheidenschließmuskels.

Wenn die Vagina leer ist, liegen die vorderen an den hinteren Wänden an. Die Wände bestehen aus einem Bindegewebe, das viele elastische und muskuläre Fasern enthält. Das Bindegewebe ist von einer Schleimhaut bedeckt, die sich am vorderen Ende der Vagina, an dem die Vulva beginnt, einfaltet und eine Membran bildet: das „Jungfernhäutchen" (Hymen), das die Vaginalöffnung teilweise verschließt. Es ist in der Mitte fast immer perforiert und weist unterschiedlich viele Öffnungen auf: ein einziges Loch, zwei kleine oder mehrere kleine Löcher.

Vergleichende Darstellung der Zusammensetzungen von Muttermilch und Kuhmilch. Diese Zahlen haben lediglich informativen Charakter, denn sie schwanken in Abhängigkeit von Ernährung, Rasse, geographischem Ort und allgemeiner Gesundheit der Frau.

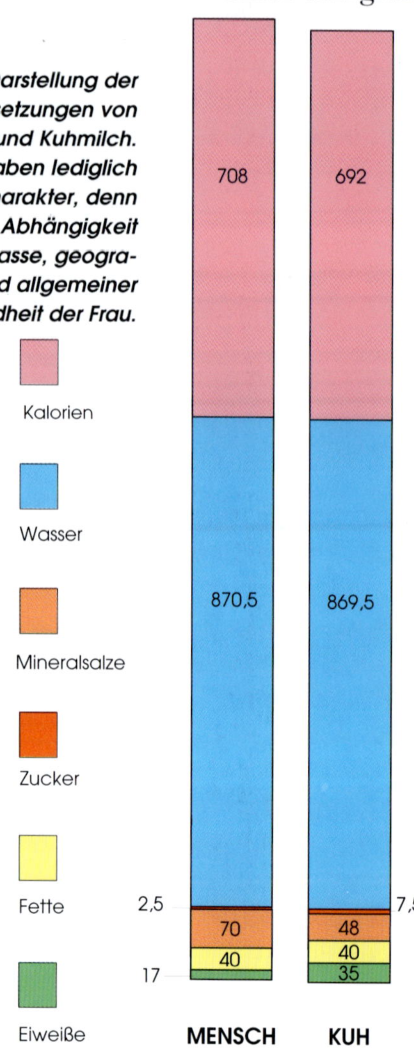

Die Vulva

Unter dieser Bezeichnung werden die äußeren weiblichen Geschlechtsorgane zusammengefaßt.

Die großen Schamlippen sind zwei Hautfalten, die auf der Außenseite von Haaren bedeckt sind. Sie beginnen am unteren Teil des „Venusbergs" – einer von der Seite sichtbaren Erhöhung über dem Schambein, die von den Leistenbeugen begrenzt wird – und erstrecken sich bis zum Damm. Die großen Schamlippen sind bei jungen Frauen groß und fest; mit zunehmendem Alter werden sie weicher. Sie haben die Aufgabe, die innenliegenden Geschlechtsorgane zu schützen, sind sehr elastisch und öffnen sich beim Gebären problemlos.

Unter den großen Schamlippen liegen die kleinen Schamlippen, die mit zunehmendem Alter größer werden.

Der Vaginalkanal wird von den kleinen Schamlippen begrenzt. Er hat die Form einer Spalte, wenn die Schamlippen geschlossen sind, und die Form eines Trichters, wenn sie geöffnet sind. Auf der elliptischen Oberfläche unterscheidet man von oben nach unten den Scheidenvorhof, die Harnröhrenöffnung und die äußere Öffnung der Scheide. In Höhe des Scheidenvorhofs befinden sich die Ausgänge der Bartholin-Drüsen. Diese Drüsen geben eine Substanz ab, die dazu dient, die äußeren Geschlechtsorgane zu befeuchten. Die Sekretion nimmt mit der sexuellen Erregung und beim Geschlechtsverkehr zu. Die Klitoris ist ein kleines erektiles Organ, das in Ansätzen (rudimentär) dem Penis entspricht. Sie liegt im Winkel der oberen Verbindung der kleinen Schamlippen und besteht im Inneren aus muskulären Scheidewänden, die kleine Alveolen bilden.

DIE WEIBLICHE BRUST

Mitten auf der Brust befindet sich der Warzenhof, ein pigmentierter Kreis von etwa vier Zentimeter Durchmesser. Seine Größe ist variabel; während der Schwangerschaft kann sie sogar bis zu sechs oder sieben Zentimeter betragen. Die Farbe wiederum ist von der Hautpigmentierung abhängig. Während der Schwangerschaft nimmt der Warzenhof eine dunklere Farbe an, zugleich bildet sich außen ein Ring (sekundärer Warzenhof).

Im Bereich des Warzenhofs sieht man kleine erhöhte Gebilde, die Montgomery-Drüsen, die aus besonders wichtigen Talgdrüsen bestehen; während der Schwangerschaft werden sie größer. In der Mitte des Warzenhofs liegt die Brustwarze, ein zylindrisch-kegelförmiges Gebilde. Ihre Farbe ähnelt der des Warzenhofs, und ihr Ende weist 15 bis 20 winzige Löcher auf, die Milchgangsmündungen, aus denen die Milch austritt.

Unter der Haut, die die Brust bedeckt, liegt zum Schutz der milchproduzierenden Drüse eine dicke Fettschicht. Sie besteht aus 24 bis 28 Hauptlappen, die ihrerseits in sekundäre und tertiäre Lappen und schließlich in Läppchen und Drüsenbeeren unterteilt sind. Jedes dieser Gebilde besitzt einen Ausführungsgang, der an den Lappen ansetzt, zur Brustspitze hin mit den anderen Ausführungsgängen zusammenläuft und in der Brustwarze endet.

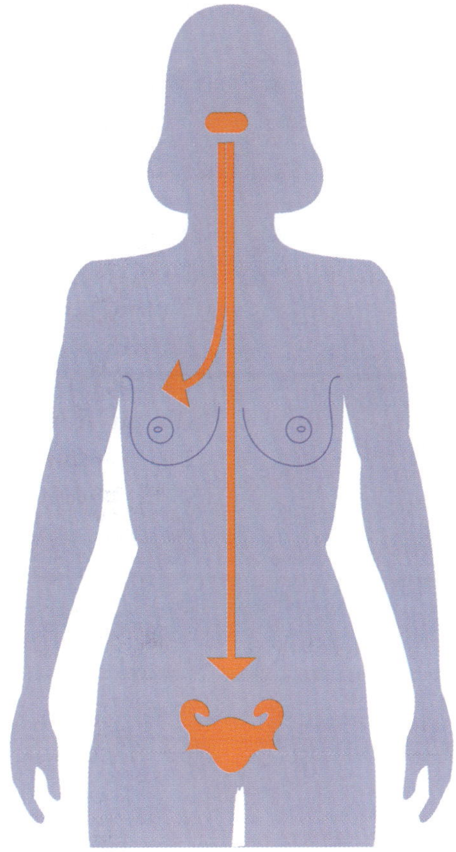

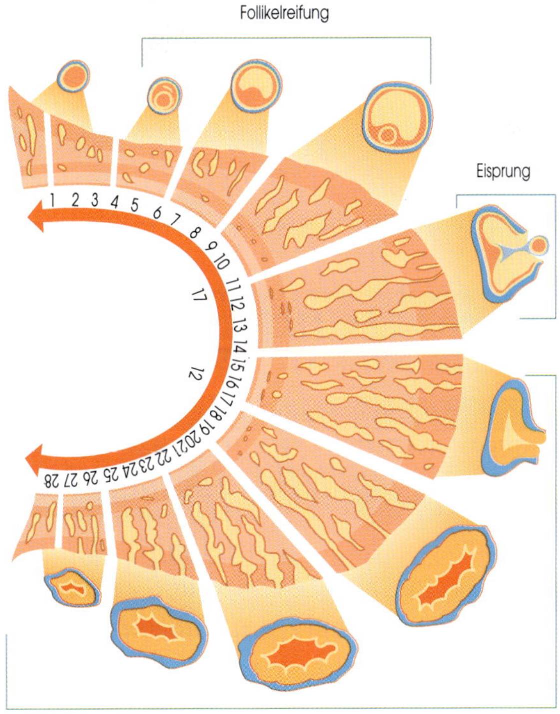

Der durchschnittliche Monatszyklus von 28 Tagen kann in zwei Phasen unterteilt werden. Die vom Follikelhormon bestimmte Phase der Follikelreifung dauert vom ersten bis zum 14. Tag. Ist die Zeit gekommen, platzt der Follikel und gibt das Ei frei; in der zweiten, der Follikel-Lutein-Phase, schüttet das zum Gelbkörper gewordene Follikel Progesteron oder Lutein aus. Findet keine Befruchtung statt, stellt der Gelbkörper die Produktion von Progesteron und Östrogen ein, was die Menstruation auslöst. Die Hypophyse spielt im Monatszyklus eine wichtige Rolle, da sie die Produktion des Follikelreifungshormons und des Luteinisierungshormons auslöst und dabei einem in den Zellen einprogrammierten biologischen Rhythmus folgt.

Der Mechanismus der Milchsekretion

Unmittelbar nach der Niederkunft nehmen die Milchdrüsen ihre Funktion auf. Zunächst geben sie die Vormilch (Kolostrum) ab, eine gelbe, visköse und saure Flüssigkeit, die Eiweiß, Fettpartikel und maulbeerförmige Körperchen enthält. Ihr Nährwert ist zwar gering, doch ist diese Flüssigkeit aufgrund ihrer reinigenden Eigenschaften für den Säugling wichtig: Sie begünstigt die Ausscheidung des bei der Geburt im Darm des Neugeborenen enthaltenen „Kindspech" (Mekonium). Nach drei oder vier Tagen wird das Kolostrum von der Milch, einer weißen, undurchsichtigen, süßlichen Flüssigkeit, abgelöst.

Beide Brüste zusammen können in 24 Stunden 1.000 bis 1.500 Gramm Milch abgeben. Sie besteht aus einer Flüssigkeit, dem sogenannten Laktoplasma, und festen Fettpartikeln und enthält Wasser, Eiweiß, Zucker (Laktose), Mineralsalze und Fette.

Das Nervensystem ist hinsichtlich der Milchproduktion von entscheidender Bedeutung, denn es wirkt auf den sekretorischen Teil der Drüse und auf das Gefäßsystem ein. Brust und Gebärmutter stehen in enger Beziehung: Wenn die Gebärmutter bei der Geburt ihren Inhalt abstößt, schwellen die Drüsen an und bereiten sich auf das Stillen vor. Der vordere Lappen der Hypophyse schüttet ein milchtreibendes Hormon aus (Prolaktin) im Gegensatz zu den hemmenden Östrogenen.

Verschiedene Faktoren beeinflussen Qualität und Menge der Milchsekretion, etwa wie sich die Mutter ernährt, ob sie Medikamente oder anregende Mittel einnimmt und ob sie Stimmungsschwankungen unterliegt.

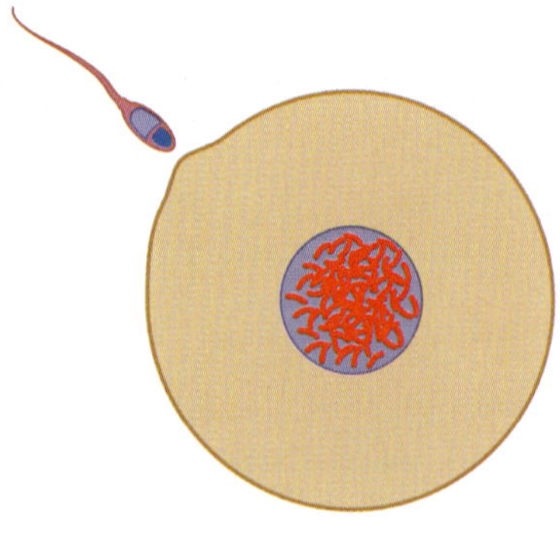

Die Phasen des Eisprungs:

1. Eindringen des Spermiums in die Eizelle. Durch die gemeinsame Anstrengung von Millionen gleichartiger Samenzellen überwand dieses Spermium die Hülle der Eizelle.

DER MENSTRUATIONSZYKLUS

Die Fruchtbarkeit der Frau beginnt mit der Pubertät und endet mit der Menopause. Dieser Lebensabschnitt ist von der Abfolge der Menstruationszyklen geprägt, deren offensichtlichstes Zeichen die Menstruation ist. Die Menstruation wird gewöhnlich „Regel" genannt.

Der Menstruationszyklus wird von der Hypophyse beeinflußt, die die Funktion der Eierstöcke mit Hilfe zweier Hormone steuert, des Follikelreifungshormons (FSH) und des Luteinisierungshormons (LH), die auch Gonadotropine genannt werden.

Der Zyklus kann in zwei Phasen unterteilt werden:

• **Während der ersten Phase** dringt einer der im Eierstock enthaltenen Follikel an die Oberfläche, reift heran und scheidet ein Hormon aus. Die Reifung des Graaf-Follikels vollzieht sich unter dem Einfluß des Follikelhormons Follikulin. Der Follikel besteht zuerst aus einer Zelle mit einem großen Kern, dem Ei, das von einer flachen Zellschicht umgeben ist. Diese in einer einzigen Schicht einfach angeordneten Zellen wuchern, stapeln sich in mehreren Schichten übereinander und bilden eine Art Kokon. Das Innere des so gebildeten Hohlraumes füllt sich mit einer Follikelflüssigkeit. Das Ei wird zur Seite gedrängt und wächst durch die Anhäufung von Speichersubstanzen, die aus Proteinen und Fetten bestehen und den „Eidotter" bilden. Der Follikel hat nun einen Durchmesser von 0,10 bis 0,15 Millimeter.

Das Eigewebe verdichtet sich rund um den sich entwickelnden Follikel und bildet eine Art widerstandsfähige Hülle (Theka). Der reife Follikel hat einen Durchmesser von ein bis zwei Zentimeter. Er wäre jetzt bei einer Echographieuntersuchung sehr gut sichtbar. Prall und durchsichtig springt er an die Oberfläche des Eierstocks und platzt, wobei er die Eizelle freigibt. Dieses Phänomen heißt Eisprung; mit ihm endet die erste Phase.

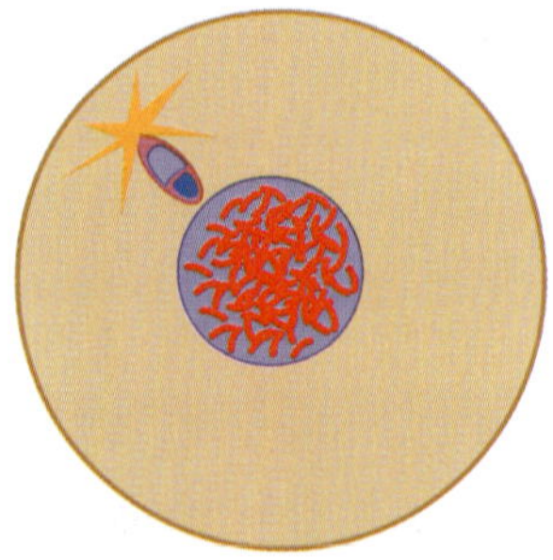

2. Der Kopf des Spermiums dringt in den Dottersack ein. Die männliche Zelle hat ihren Schwanz verloren; er ist jetzt überflüssig.

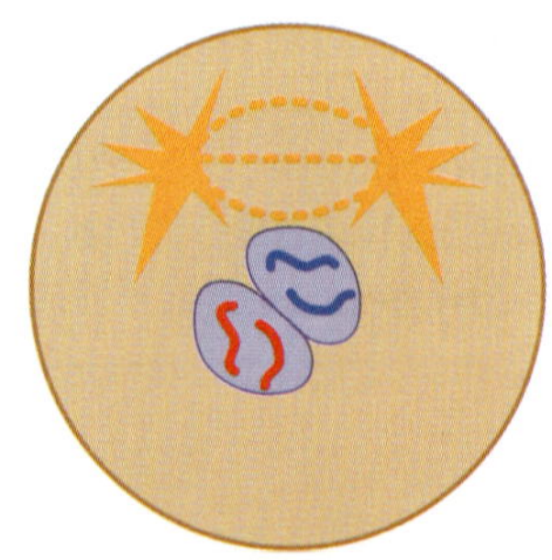

3. Vereinigung von Eizelle und Spermium. Der Kopf des Spermiums ist der männliche Vorkern, der Kopf der Eizelle der weibliche Vorkern.

• **Die zweite Phase** ist im wesentlichen eine Zeit der Vorbereitung auf die Schwangerschaft. Im Eierstock verwandelt sich der geplatzte Follikel in den Gelbkörper, der Progesteron oder Lutein ausscheidet. Unter der Wirkung des Progesterons vollziehen sich Veränderungen in der Gebärmutter, deren Schleimhaut dicker wird. Die Kapillargefäße weiten sich und transportieren mehr Blut, während die Gebärmutterdrüsen in einen Zustand intensiver Tätigkeit eintreten. Wenn das Ei befruchtet ist, beginnt die Schwangerschaft. Die Gebärmutterschleimhaut, die sich verändert hat, nimmt das Ei auf, das aus dem Eileiter kommt und sich in ihren Falten einnistet. Die Regelblutung wird für einen Zeitraum von neun Monaten unterbrochen.

Wird die Eizelle nicht befruchtet, stirbt sie ab. Der Gelbkörper verschwindet, und die Menge der Eierstockhormone im Blut verringert sich. Die Gebärmutterschleimhaut löst sich ab und wird ausgeschieden, was die eigentliche Menstruation auslöst: Die Gebärmutter stößt die überentwickelte Schleimhaut durch eine Blutung ab. Mit der Regelblutung beginnt ein neuer Zyklus.

Die Regelblutung ist das äußerlich sichtbare Kennzeichen des Monatszyklus. Die Menge des abgehenden Blutes beträgt 50 bis 100 Milliliter. Es handelt sich dabei um ungerinnbares Blut, das mit Schleimhautresten und Sekreten aus Gebärmutter und Vagina vermischt ist.

Die Menstruation ist sehr häufig von allgemeinen Symptomen begleitet: psychischen Depressionen oder Erregung, Reizbarkeit, Verdauungsstörungen oder Schmerzen im Unterbauch. Wenn die Menstruationsbeschwerden sehr stark sind, können sie Zeichen einer Funktionsstörung der Eierstöcke sein.

Fruchtbare und unfruchtbare Phase

Nach dem Platzen des Follikels hat die Eizelle eine Lebensdauer von 24 Stunden. Die Spermien überleben im weiblichen Geschlechtsapparat kaum länger. Damit eine Befruchtung stattfindet, muß der Geschlechtsakt am Vorabend, am Tag des Eisprungs oder aber am folgenden Tag stattfinden. Die fruchtbaren Tage sind allerdings selten und schwierig festzustellen.

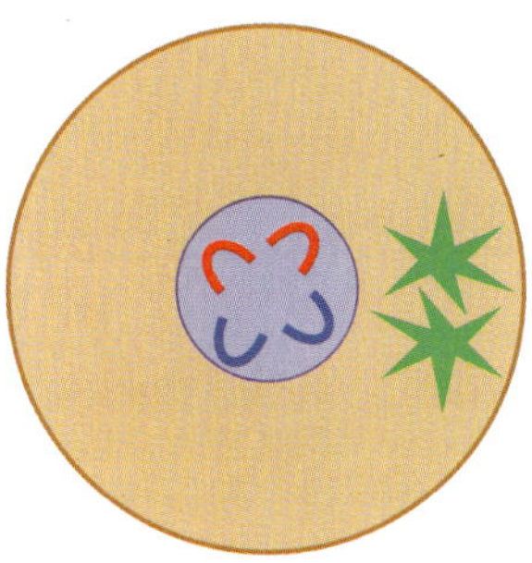

4. Die beiden Vorkerne mit jeweils 23 Chromosomen vereinigen sich. Es entsteht ein einziger Kern.

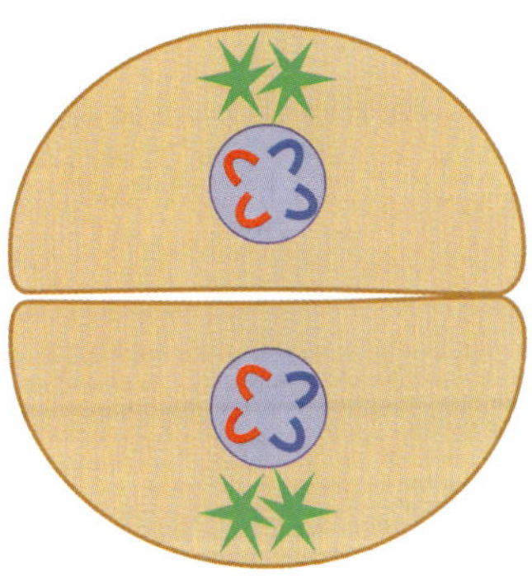

5. Der neue Kern enthält 46 Chromosomen und teilt sich sofort in zwei Teile. Dies ist die erste Zellteilung.

Die Körpertemperatur ist vor dem Eisprung niedriger. Sie steigt jedoch im Moment des Eisprungs und an den folgenden Tagen an.

Geht man von einem regelmäßigen Zyklus von 28 Tagen aus, vollzieht sich der Eisprung meist etwa am 14. Tag. Bei einem unregelmäßigen Zyklus läßt sich die fruchtbare Zeit nicht vorhersagen.

Darüber hinaus reagiert der weibliche Zyklus besonders empfindlich auf psychische Einflüsse.

Der Eisprung oder das Ausbleiben des Eisprungs kann also in den unerwartetsten und unvorhergesehensten Momenten infolge eines starken Gefühls, einer klimatischen Veränderung oder während des Geschlechtsaktes stattfinden.

DIE MENOPAUSE

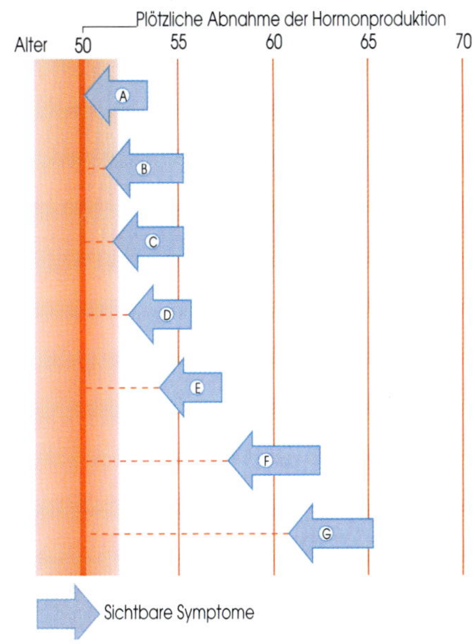

*Beschwerden, die mit dem Beginn der Menopause auftreten können:
A: Symptome der Menopause.
B: Schwund der Vaginalschleimhaut.
C: Inkontinenz.
D: Austrocknen der Haut (Faltenbildung).
E: Inkontinenz beim Husten oder Niesen.
F: Entkalkung der Knochen.
G: Arteriosklerose.*

Die Menopause findet natürlicherweise zwischen dem 45. und 55. Lebensjahr statt. Die Frau verliert die Fähigkeit der Fortpflanzung, und ihre Geschlechtsorgane beginnen sich zurückzubilden.

Die Menopause tritt dann ein, wenn sich die Geschlechtshormone deutlich verringern oder

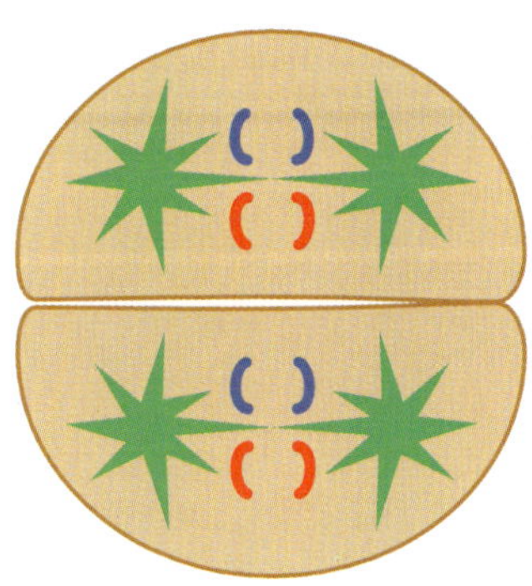

6. Die beiden Tochterzellen teilen sich in zunächst 4, dann 8, schließlich in 16 und 32 Zellen.

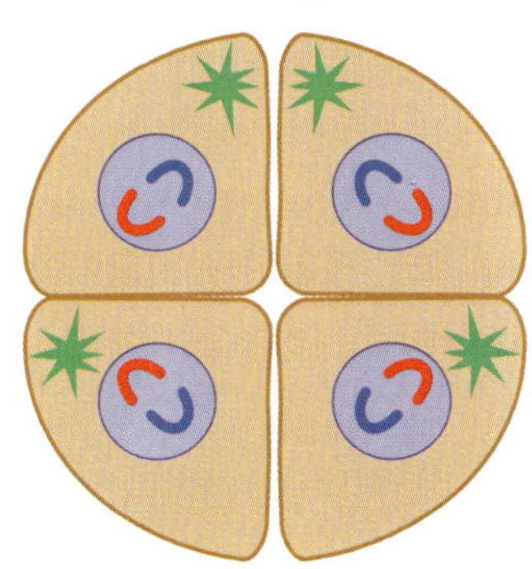

7. Bald bildet sich ein Zellhaufen, der wie eine Maulbeere aussieht und daher Maulbeerkeim heißt. Dies ist das erste Entwicklungsstadium der Eizelle.

völlig verschwinden. Die Drüsen, die den Eierstock beeinflussen oder von ihm beeinflußt werden (Hypophyse, Schilddrüse, Nebennieren) müssen sich dieser neuen Situation anpassen; ein vorübergehendes Ungleichgewicht der Drüsenfunktionen ist die Folge. Häufig treten Störungen des Gefäßsystems (Hitzewallungen), des neurovegetativen Systems (Migräne) und Verdauungsprobleme auf. In schwereren Fällen zeigen sich andere hormonell bedingte Veränderungen wie gewisse Anzeichen einer Vermännlichung (Haarwuchs im Gesicht, Verhaltensänderungen) oder gesteigerte sexuelle Lust. Zu dieser schwierigen, aber notwendigen Anpassung des Organismus kommen emotionale Probleme wie Reizbarkeit und Unruhe.

Obwohl die Menopause keine Krankheit ist, lassen sich die damit zusammenhängenden Störungen mit einer ärztlich verordneten hormonellen Substitutionsbehandlung mildern. Darüber hinaus kann durch regelmäßige medizinische Kontrollen die Gefahr von Knochenschwund (Osteoporose) verringert werden.

DIE STERILITÄT

Die Begriffe Sterilität und Unfruchtbarkeit müssen genau unterschieden werden.

- **Unfruchtbarkeit** liegt vor, wenn die für die Fortpflanzung notwendigen Bedingungen bei beiden Partnern gegeben sind, aber die Befruchtung aus einem bestimmten Grund nicht stattfindet.

- **Sterilität** liegt vor, wenn ein physiologisches oder mechanisches Problem bei einem der beiden Partner vorliegt, das medizinisch nicht behoben werden kann.

Die Ursachen von Sterilität oder Unfruchtbarkeit können mit Hilfe zahlreicher Untersuchungen (Spermiogramm, Hysterogramm, Röntgen, Laboranalysen) nachgewiesen und häufig entsprechend behandelt werden. Abgesehen von medikamentösen oder chirurgischen Behandlungen sind bestimmte Techniken künstlicher Befruchtung relativ erfolgreich. Neue Methoden konnten die Sterilitätshäufigkeit in den entwickelten Ländern deutlich senken.

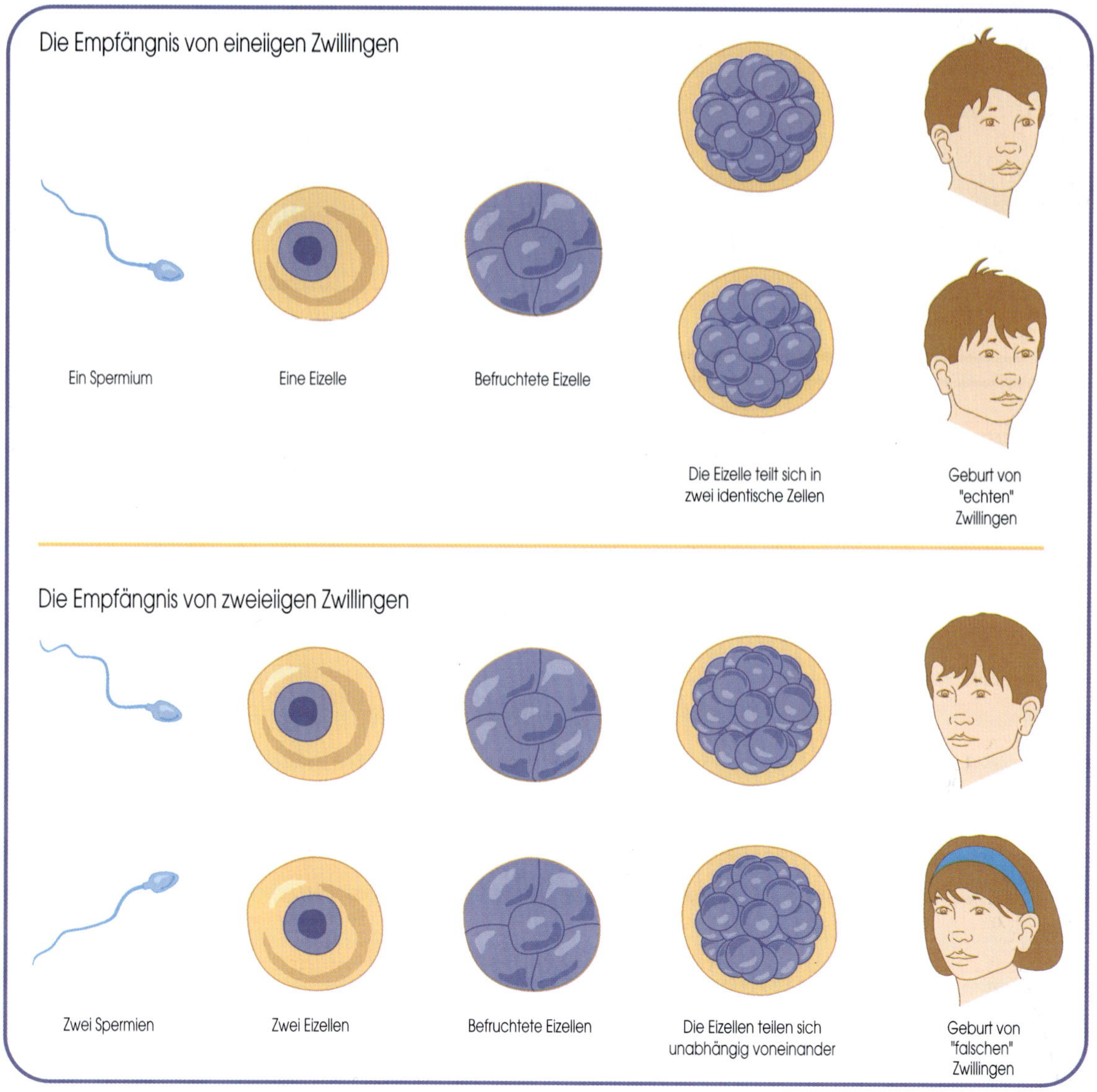

Im Gegensatz zu echten (eineiigen) Zwillingen, die aus einem einzigen Ei entstehen, gehen die falschen (zweieiigen) Zwillinge aus zwei getrennten Embryonen hervor und entwickeln sich an zwei verschiedenen Mutterkuchen. Sie können unterschiedlichen Geschlechts sein.

REGISTER